ハチはなぜ大量死したのか

Fruitless Fall

The Collapse of the Honey Bee and the Coming Agricultural Crisis

Rowan Jacobsen

ローワン・ジェイコブセン◎著

中里京子◎訳／福岡伸一◎解説

文藝春秋

ハチはなぜ大量死したのか

［目次］

序章　ハチが消えた　8
巣箱という巣箱を開けても働きバチはいない。残されたのは女王バチと幼虫そして大量のハチミツ。〇六年秋、北半球から四分の一のハチが消えた

第一章　あなたのその朝食は　14
リンゴにプラムに梨、アーモンド。あなたが食べるその果実はみな、ミツバチの授粉で生まれたものだ。花から花へ飛び回るそのミツバチによって

第二章　集団としての知性　34
ハチ一匹には一ミリグラムの脳しかない。が、コロニー全体は、それぞれの役割を分担し、複雑な共同作業をする。それはまるで一つの知性である

第三章　何かがおかしい　77
養蜂家は当初、その害をダニのせいにした。しかし、それでは説明のつかないことがあまりに多い。集団としての知性が失われたようだったのだ。

第四章　犯人を追う　91
携帯電話の電磁波。遺伝子組み換え作物から宇宙人まで。さまざまな説が取り沙汰されるなか、一人の遺伝子学者がウイルス・ハントに乗り出すが

第五章　夢の農薬　114
それは農家にとっては「夢の農薬」だった。種をひたせば、組み込まれ、成長後も植物の全てにいき渡る。しかも昆虫の神経にだけ作用するのだ

第六章　おかされた巣箱を見る　135
全滅、全滅。私は実際にCCDに犯された巣箱を見る。それは蜂の巣が脳だとしたら、まるでアルツハイマー病におかされているようなものだった

第七章　人間の経済に組み込まれた　164
二〇〇〇年代、アーモンドは金のなる木になった。いかにその生産量を増やすか。経済効率を第一に繁殖戦略がねらられ、ミツバチはまきこまれた。

第八章　複合汚染　182
ミツバチの二百万年におよぶ歴史のなかで、これほどストレスが多く環境が激変した時代はない。ＣＣＤはその複合した要因によるものなのか？

第九章　ロシアのミツバチは「復元力」をもつ　203
ロシアのミツバチは、ダニに対する耐性があった。なぜ？　そのミツバチが身をもって示した「自然の調整能力」は、問題を解く鍵になるのか。

第十章　もし世界に花がなかったら？　240
一億四千万年前、恐竜、哺乳類、鳥類そして昆虫がいるその世界に、花は一つも咲いていなかった。花の誕生で動物と植物の真の共生が始まった。

第十一章　実りなき秋　259
すでにそれは始まっている。中国の四川省で。ハワイの島で。ヒマラヤで。私たちは共に繁栄し、共に滅びるのだ。消えたハチはそのシグナルだ。

装幀　関口聖司

ハチはなぜ大量死したのか

序章

ハチが消えた

巣箱という巣箱を開けても働きバチはいない。残されたのは女王バチと幼虫そして大量のハチミツ。〇六年秋、北半球から四分の一のハチが消えた

二〇〇六年一一月一二日、夕刻のことだ。フロリダに広がるコショウボクの原野に足を踏み入れたデイブ・ハッケンバーグは、羽音をたてて忙しく飛び交っているはずのミツバチの数が少ないことに気づいた。商業養蜂家のハッケンバーグがこの養蜂場に置いていたのは、選りすぐった巣箱四〇〇個。よく晴れた穏やかな一日で、気温も摂氏一八度あり、飛行条件もよく、無数のミツバチが花蜜を求めて律儀に飛びまわっているはずだった。けれども飛んでいたのはせいぜい一〇箱分の蜂。四〇〇箱には遠くおよばなかった。

それでも彼はたいして気にかけなかった。外来種のコショウボクはフロリダの生態系を脅かしている厄介者だが、養蜂家にとっては花蜜の詰まったありがたい植物。過去数週間、蜂たちはせっせとこの花の蜜を運んできていた。が、いまは寒冷前線が南下していた。それで花蜜の供給が止まってしまい、餌がなくなったので飛んでいないのだろう。彼はそのぐらいにしか考えなかった。

ペンシルベニア有数の商業養蜂家であるハッケンバーグが、北のペンシルベニア州で蜂を越冬させるのをやめたのは、もう四〇年も前のことになる。フロリダで冬を過ごすのがはやりだした当初から避寒客のリストに名を連ねてきたミツバチは、一九六〇年代以来、晩秋のフロリダ詣でを繰り返してきた。ミツバチがアメリカ北東部の冬を越せないわけではない。冷たい巣箱の中央部にボールのようにかたまり、翅（はね）の筋肉を震わせて暖を取り、貯蔵した蜂蜜を餌にして食いつなげば越冬できる。だが、温暖な冬のほとんどを通して花蜜が得られるフロリダのほうが、越冬はずっと楽だ。

ハッケンバーグは燻煙器（くんえんき）に点火して、最初の巣箱に近づいた。数週間前に巣箱を置いたとき、コンディションは申し分なかった。元気のいい蜂、ぎっしりつまった成蜂と蜂児[*1]（はちのこ・ほうじ）、咲き乱れるコショウボクの花、とくれば、巣箱には今、冬をじゅうぶんに越せるだけの蜂蜜がぎっしり詰まっているはずだ。こんなに良い感触を得たのは久しぶりのことだった。

というのは、ここ二、三年、何かがおかしいという感覚をどうしてもぬぐいさることができなかった。それが何かはわからなかった。養蜂家に多くの災いをなす寄生虫のミツバチヘギイタダニでもないし、ハチノスムクゲケシキスイでも、ハチノスツヅリガでも、それ以外の害虫でもない。このような害虫のせいなら、兆候を見ればわかる。問題は何かほかの、もっと目立たないものだった。もし人生のほとんどを通してミツバチを見つめてきたのでなかったら、こんな懸念は打ち捨てていただろう。けれども、彼は蜂を知りぬいていた。蜂たちの行動の何かがおかしい。ひどく神経質になっている。

＊1．卵、幼虫、さなぎを含めた、成虫になる前の段階にいる若い蜂のこと。

懸念を抱いたのはハッケンバーグだけではなかった。二〇〇五年一月のある日、テキサス有数の商業養蜂家で親しい友人でもあるクリント・ウォーカーが、悲痛な声で電話をかけてきた。

「いなくなってしまったよ、デイブ」

「何がだい、クリント？」

「蜂だよ。みんな死にかけている」。ウォーカー蜂蜜会社が抱える二〇〇〇箱分の蜂の三分の二が突然死んでしまったという。

ハッケンバーグは、原因はダニに違いないとウォーカーに言った。養蜂家は過去一五年のあいだに、あらゆる問題をミツバチヘギイタダニのせいにする癖がついていた。「吸血鬼(バンパイア)ダニ」とも呼ばれる針先ほどの大きさのこの寄生虫は、蜂の幼虫と成虫に噛みつき、体液を吸って病原菌を移す。適切な処置をとらないと、コロニー全体が壊滅することもある。ヘギイタダニに汚染された巣箱を処置する薬剤はいくつか開発されたが、ダニは、それよりも速いペースで抵抗力をつけてしまった。一九九〇年代に猛威を振るったあとも、いまだに年間数万群におよぶ蜂を死に至らしめている。巣箱の蜂が全滅したのだとすれば、このダニが張本人である可能性は高い。けれどもウォーカーはそう思わなかった。彼のコロニーが壊滅したのは、ウエスト・テキサスの綿花畑で一カ月間花蜜を集めたあとだった。「今年の綿花畑は、いつもとどこか違ったのかもしれない」。ウォーカーはそうつぶやいた。

ほかにも気がかりな話を仲間の養蜂家たちから聞かされたハッケンバーグは、二〇〇六年八月に、ネブラスカで開かれた会合に参加した。出席したのは、十数人の商業養蜂家と五、六人のミツバチ研究者。出席者は、あれこれ原因を検討した。蜂を無理に移動させすぎたのではないか、新しい病気や寄生虫が発生したのではないかと。けれども、納得のゆく答えは見つからなかった。

　ともあれ、芳醇な流蜜シーズンが終わったばかりの、太陽が輝くフロリダ州ラスキンの広大な原野にいたハッケンバーグにとって、そんな懸念はどこか遠くの話だった。彼は期待に胸をふくらませて最初の巣箱のふたを開け、煙を焚いて蜂を鎮めてから、巣板（すばん）を引き上げた。たっぷり蜂蜜が詰まっている。いい蜂蜜だ。巣板を戻すと、次の板にとりかかった。巣箱から巣箱へと際限なく繰り返される、養蜂業につきものの過酷な作業だ。野原が異様に静かなことによようやく気づいたのは、パレット五台分の巣板をいぶしたあとだった。彼は助手を見て言った。

「グレン、蜂がいないんじゃないかい？」

　さらにいくつかの巣箱のふたを開けてみた。働きバチと呼ばれる外勤蜂がいない。女王蜂の周りに幼虫の世話をする役の若い内勤蜂がほんの一握りいるだけだ。

　嫌な予感がしてきたハッケンバーグは、巣箱から巣箱へと走り回り、次々にふたを開けていった。すべて空（から）だった。

　彼は恐怖におののきながら、ふたを開けるのももどかしく、いっそう素早いしぐさで巣箱をひっくり返すと、開いた底から中を調べていった。蜂はいない。健康な幼虫を見かけたような気がしたが、違った。外勤蜂は食糧を探しに毎日巣箱を離れる。しかし、内勤蜂は巣に留まって幼虫の世話をする。健康な幼虫の詰まった巣箱を放りだしてどこかへ行ってしまうことなど絶対にない。

　ハッケンバーグの四〇〇箱のコロニーは、わずかに三二群だけを残して、すべて壊滅していた。最初に彼の脳裏をよぎったのは「どこで間違ったんだろう」という思いだった。長いこと一〇〇〇万匹の小さな命の世話人としてミツバチの健康や栄養状態や幸せに毎日心を砕いてくれば、その命が失われたときに受けるショックは並大抵のものではない。

養蜂家は厳しく自分を責める。そしてまず、ダニを防ぐための小まめな手入れを怠ってしまったのではないかと考える。けれども、ダニがコロニーに寄生したとすれば、蜂の死がいが巣箱の入り口をカーペットのように埋め尽くすはずだ。それに幼虫の入っている育房にもダニがうごめき、巣箱の下にダニの死骸が散乱しているはずだ。ハッケンバーグの巣箱に蜂の死骸は見あたらなかった。彼は地面に手と膝(ひざ)をついて野原を這いまわった。顔を地面から数インチのところまで近づけて、少なくとも蜂が巻き込まれた犯罪の手がかりを教えてくれる遺骸を探そうとした。だが、一匹も見つからない。いったいミツバチに何が起きたのだろう？　何が起こったにせよ、飛び去る力はあったのに、戻ってこなかったわけだ。

ハッケンバーグは五八歳。その顔には、四五年にわたって戸外でミツバチを世話してきたしわが刻まれている。この長い年月、養蜂業が大きな変化にさらされる姿を見つめてきた。一種類の作物だけを栽培する単式農法の台頭から、蜂蜜の生産よりも授粉のためのミツバチの貸し出しで収益を上げる移動養蜂の時代の到来、そして一九九〇年代に生じたミツバチへギイタダニによるおびただしいコロニーの壊滅……。それでも、今フロリダのコショウボクの原野で目にしているような事態に遭遇したことは一度もなかった。蜂が死んだことは確かにある。でも、失踪したことは？　答えはノーだった。

空の巣箱の列の間にしゃがみ込んだハッケンバーグの頭にあったのは、経済的破綻のことだった。ネブラスカで開かれた八月の会合のことは考えなかった。あのとき問題になっていたのは、過敏になった蜂のことで、失踪した蜂のことではなかったから――。テキサスの綿花畑で死にかけているクリント・ウォーカーのコロニーのこともすぐには考えなかった。このような問題とフロリダにいる自分の蜂と何の関係がある？　このときもまだハッケンバーグは、自分が何かへまをやらかしただけだ、これは自分だけの問題なのだと信じていた。

けれども彼は間違っていた。秋が厳しい冬へと移るにつれ、東部沿岸の商業養蜂家たちは、活気ある巣箱がわずか数週間のうちに、何の兆候もなくゴーストタウンへと変わり果てる姿を目の当たりにしていた。不可解なミツバチの死は、時を待たずにアメリカ全土へ、そして世界中へと広がっていった。その後ハッケンバーグは三〇〇〇箱の巣箱のうち二〇〇〇箱を失うことになるが、それ以上の甚大な被害を受けた養蜂家もいる。ミツバチの喪失は、太古から続けられてきた生活様式、産業、そして文明の礎（いしずえ）をも脅かすことになった。

二〇〇七年の春までに、実に北半球のミツバチの四分の一が失踪したのである。

第一章

あなたのその朝食は

リンゴにプラムに梨、アーモンド。あなたが食べるその果実はみな、ミツバチの授粉で生まれたものだ。花から花へ飛び回るそのミツバチによって

七月のある朝。私はキッチンで朝食の用意をしている。息子には、オーガニック・シリアルの「ハニー・ナット・オーズ」、妻と自分にはアーモンド入りグラノーラ。その上にブルーベリーとチェリーを山高く積む。サイドディッシュは切り分けたメロン。アップルジュースとコーヒーも添える。色や歯ごたえや香りが五感を刺激するおいしい朝食だ。それでも、ミツバチがいなくなったら、こんなご馳走にはありつけなくなる。食卓にのぼるのは、風に受粉をまかせるオート麦と、それを浸す牛乳ぐらいしかなくなってしまうだろう。

なぜかというと、ブルーベリーもチェリーもメロンもリンゴもみな果実で、果実は特別だからだ。アーモンドのような木の実も、ただ種が大きいというだけで、やはり果実であることに変わりはない(アーモンドも、桃やプラムと同じように中心に固い核がある「核果(かくか)」だ。種の周りに柔らかい果肉があるのだが、その部分は食べられない。桃の場合は、実を食べて種は捨てるが、アーモンドはその逆だ)。コーヒー豆も、収穫時は果肉に包まれている。キュウリやトマトやピーマンやスカッシュ（キュウリのような形をした瓜科の植物）など、ふだん私たちが野菜だと思っている多くの作物も、実は果実の一種だ。果実は、野菜や肉や、その他もろもろの食物とちがって、食べられたがっている。できるかぎり動物の目を惹くよう、できるかぎり動物にとって美味になるようにと自然が仕組んだのだ（ほんのちょっと人間の植物育種家の力を借りたところもあるけれど）。

この自然のもくろみは大成功している。どれほど加工農業の最終段階にある食品になれ親しんでいようが、どれほど霊長類のルーツから離れようが、私は、よく熟した鮮やかなサファイア色のブルーベリーに原始的な反応を示してしまう。口の中にはつばがたまり、するすると手が伸びて、果実の奴隷になる。果物には目がない九歳の息子は、ケーキやクッキーには目もくれず、果汁がたっぷりつまったピンク色のスイカにとびついてゆく。

我が家の面々に確かに奏功しているこの自然のもくろみは、動物に果実を食べさせて、その植物の種を運ばせることにある。植物は、動けないという一大問題をこうやって解決してきたわけだ。これはいわば植物と動物が交わした太古からの盟約で、植物にとっても、動物にとっても、今までとてもうまく機能してきた。私たち霊長類もこの盟約に関わっていることは、ちょっと考えればすぐわかる。ついこの前にトイレが発明されるまで、種子の運搬に大きな役割を果たしていたのだから。

実は、植物と交わした盟約は、もうひとつある。こちらのほうは大きな動物がめったに関わらないので、重要さは変わらないのに見過ごされやすい。私たち人間は、社会基盤のあらゆる階層において、この自然界の盟約を見事に無視してきた。そして今、そのしっぺ返しを壊滅的な形で受けようとしている。

小学生ならだれでも知っていることだが、植物の一生をかいつまんでいうと、芽を出し、花が咲き、種のつまった実になり、実が地面に落ちて、振り出しに戻る、というものだ。一見すると、この過程は自己完結しているように見える。実が生（な）ることが最大のイベントで、花はただ、実の到来を告げる前ぶれ、単なる目の保養であるかのようだ。私は大人になるまで、花と実を結びつけて考えてみたことはほとんどなかったように思う。私にとって花とは道端に咲くデイジーやヤナギタンポポやノラニンジンのことで、果実はスーパーマーケットに売っているものだった。花と果実は、木や雑草がただ生み出すもので、特に関連があるとは思っていなかった。

それでも、もちろん花は風景画家の目を楽しませるために咲いているわけではない。花には非常に機能的な役割がある。この役割とは、ずばりセックスだ。花の目的は、同じ種の他の個体と遺伝物質を交換して繁殖を続けること。これがうまくいけば、花から果実が誕生する。

花がなければ、実も生らない。簡単なことだ。

とはいえ、花があれば必ず実が生るというわけではない。ほとんどの花には、オスの部分とメスの部分がある。細長い雄しべの先端の「葯（やく）」には、動物の精子にあたる花粉がついていて、果実を育てるためには、この花粉を、花の中心にある雌しべの「柱頭（ちゅうとう）」に運ばなければならない。うまく運ばれれば、卵子にあたる「胚珠（はいしゅ）」と結合して、「子房（しぼう）」（通常は花の奥に隠されている）の中で種が誕生し、果実ができるわけだ。

花の中には自分の花粉を使って自家受粉するものがあるが、これでは、生殖の本来の目的である遺伝子の交配が達成されない。そのためほとんどの花は、他の個体からの花粉でなければ受粉できないしくみになっている。そこで問題になるのが、花から花に花粉を運ぶ方法だ。食

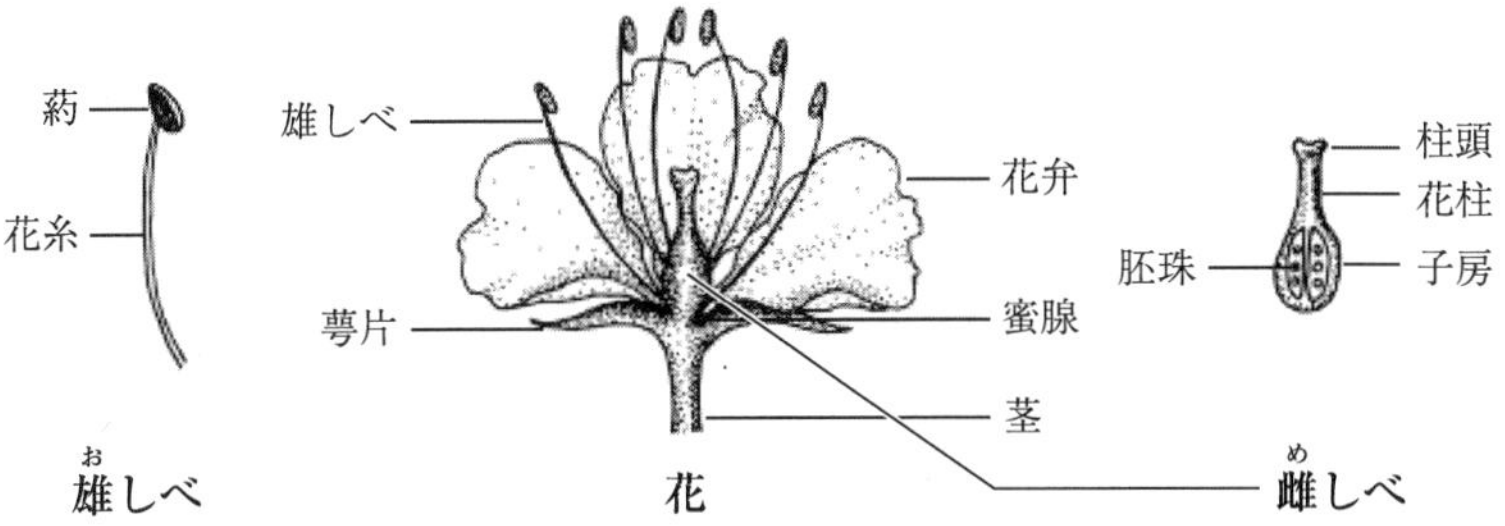

花のなりたちと各部の名称

用植物には、風にこの役目を担わせるものも少しはある。おもにトウモロコシやオーツ麦などの穀類だ。ごく軽い粉のような花粉を大量に作り出して風に乗せ、あとは運を天にまかせる。ちょうどダイレクトメールやインターネットのスパム広告のようなもので、契約をまとめるためには、山のような広告攻勢をしかけなければならない。イエローパインの花粉で車体がうっすらと白くなったり、ブタクサの花粉で鼻がむずむずしたりしたら、風が花粉交配の仕事にいそしんでいる証拠だ。

ダイレクトメールは無駄が多いから、ほとんどの食用植物は、宅配便を利用する。ひとつの花から花粉を集荷して、同じ種のほかの花に直接届けてもらうのだ。大方の鳥や哺乳類は、砂粒より小さい花粉粒を扱うにはあまりにも大きすぎて、この役目には適さない。だが昆虫ならぴったりだ。

昆虫は一億五〇〇〇万年にわたって、花をつける植物の生殖を手伝う侍女として働いてきた。

今では地球上の大部分の植物が生殖を昆虫に頼っている。もちろん昆虫が善意で仕事をするわけはないから、植物はちゃんと袖の下を用意している。たんぱく質が豊富な花粉も良質の健康食品だが、決め手は花蜜。ほとんどの花に備わる小さな井戸に湛えられたエネルギー豊かな砂糖水だ。虫が花蜜を飲みにくると、その体に粘着性のある花粉粒が付着する。虫がもっと花蜜を集めようと次の花に移ると、体に付いていた花粉粒のいくらかが柱頭に運ばれる。これで、手っ取り早い花のセックスは完了だ。ごくろうさん！

花蜜と花粉を食糧にしている昆虫はおびただしい数におよぶが、八〇〇〇万年ほど前、その一群であるハチが、これを特殊技能として発展させた。ハチ自体、その種類は二万種にもなるものの、花蜜採集の技を真に極め、人間がその技能を利用して文化を築くまでに至った蜂は、たった一種類しかない。学名を「アピス・メリフェラ」というセイヨウミツバチである（以降、特にことわらない限り、単にミツバチまたは蜂と記す）。この生命体がいかにその小さな背中に、現代の工業的農業のこれほど多くの部分を担うようになったかについては、本書のテーマの一つとして後ほど紹介することにしよう。

授粉という役割

人間と動物の生産的なパートナーシップについて考えるとき、まず念頭に浮かぶのは犬か馬だろう。犬は、人間の生活の質を高めてくれはするが、それ以外には、番犬となったり人の目の代わりを少々担うくらいにしか人間の暮らしに貢献していない。一方、馬は交通手段になるだけでなく、農業をまったく新しい次元に推し進める役割をも果たしたが、化石燃料を利用する技術の到来にともなって、田舎の農産展の見世物に落ちぶれてしまった。だがミツバチは違う。工業的農業が世界の食物生産を支配するようになり、他大陸からやって来た外来種の作物が栽培されるようになるにつれ、木箱と燻煙器を抱えた中年の養蜂家たちは、ますますあてにされるようになった。ハイテク手段への依存をますます強める農業にあって、これは驚くべき急所だと言えるかもしれない。

その一方で、これはまたすばらしいことでもある。養蜂家のいう「流蜜期」に、果樹園をミツバチが満たし、楽しげに花々に鼻をつっこんでは花蜜や花粉を巣に運ぶさまを見ていると、世の中すべてがうまくいっているような気分にさせられる。私たちは蜂のように花から食べ物を得ているわけではないけれども、原始的なレベルでは、同じ形、同じ香り、同じ色に惹かれるのだ。ハエやフンコロガシの心理を理解することはできなくても、蜂の心理は理解できる。

まして、蜂には称賛の念すら抱いてしまう。ミッション達成を促進すべく生み出したテクニック（ダンス、ナビゲーション、フェロモンによる意思疎通）、体内で作り出す驚くべき生産物（蜂蜜、プロポリス、蜂ろう、蜂パン）、そして巣内の驚異的な社会構造などはみな、人間のものとはまったく異なる優れた知能の産物であり、解明する価値のあるものだ。蜂は、どのような生命体にも成しえないことをやっている。

この時点ではまだ、息子のシリアルを彩るブルーベリーを受粉させる昆虫はほかにもたくさんいると言っておこう（アメリカ北東部の嫌われ者のブヨでさえ授粉に貢献している）。けれども、運ぶのに便利な木箱に五万匹も入ってやってきて、濃縮された花蜜を大量に溜め込むことに情熱を燃やすような昆虫はミツバチしかいない。この情熱は自然の奇跡である蜂蜜を人間にもたらしてくれる。それだけでなく、巣箱一箱分のミツバチは、一日に二五〇〇万個の花を他家受粉させることができる。単独で行動するブヨやハチドリをつかまえて、同じことをやらせたらどれだけかかるだろう。ミツバチは、今まで地球上に存在したなかでもっとも仕事熱心かつ統制のとれた季節労働者だ。今日、アメリカ合衆国の大部分のミツバチは、トラックの荷台に乗せられて一年中全国を駆け巡り、国内の農作物の花粉交配に精を出している。

それでも、なぜ季節労働者のミツバチが必要なのだろう？　レンタル・ミツバチが存在する前から、農作物は栽培されていたはずなのに。

たとえ担い手が誰であろうと季節労働者が必要なわけは、その仕事をする者が地元で調達できないからだ。人間の場合は、農作業を手伝おうとする地元の住民がほとんどの地域でいなくなってしまったためだが、蜂についても同じことが言える。カリフォルニアの広大なアーモンドの単作地帯には、野生の昆虫が住めるような天然の生息環境は残っていないし、ニュージャージーのブルーベリー農場が住宅地域に取り囲まれてしまったら、五キロメートルほどの地元の定住ミツバチの行動半径からは外れてしまうだろう。このような場所で花のセックスを成功させようとすれば、トラックに乗ってやってくるミツバチが唯一の頼りだ。もはや、大規模農業は移動養蜂なしには存在しえなくなってしまっている。[*1]

むかしは、養蜂家が農家に頼みこんで果樹園や畑に巣箱を置かせてもらったものだった。一エーカー（約四〇〇〇平方メートル）のリンゴの花は、ミツバチのコロニーにとっては思いがけないもうけもの。農家はリンゴを受粉させることができたし、養蜂家はミツバチに餌を提供して蜂蜜を手にすることができた。みんなが満足し、やりとりに報酬が発生することもふつうなかった。けれども、これからの各章で説明する複雑な要因の絡み合いにより、ここしばらく欧米のミツバチが激減する事態が生じている。その一方で、花粉交配を必要とする作物の作付面積は拡大する一方だ。そこで働き出したのが自由市場の原理。多すぎる作物と少なすぎる花粉交配手段。農家は大金を払ってでもミツバチを畑に呼び込もうと必死になった。

このアンバランスは、実は、ずっとひそかに進行してきたものだった。すでに百年も前、クランベリー農家は、ミツバチの巣箱が近くにあると収穫が二倍になることに気づいていたが、巣箱は人間の歴史のほとんどを通じて、いつも身近にあった。ヨーロッパでは、一九世紀の終わりまで、どんな農家でもひとつやふたつは巣箱を置いていたし、今でも多くの古い石造りの家の外壁に、巣を置くためのくぼみが残っている。花粉交配の担い手は、かつてはじゅうぶんにいたのだ。

ミツバチの上陸

ヨーロッパ人が「新世界（アメリカ）」に移り住んだとき、彼らはリンゴの木をいっしょに連れてきた。けれども、旧世界の生育環境と授粉パートナーが存在しない中、ほとんどの木はうまく育たなかった。ところが、ミツバチの巣箱を輸入した入植地では、リンゴの木が立派に根付いた。実際、あまりにもうまくアメリカの風土に適応したため、今ではアメリカ人の多くがリンゴはもとからアメリカにあったものと勘違いしている（「アップルパイのように極めてアメリカ的な」と

＊1．システム理論の観点から見ると、あらゆる発展中のシステムでは、より少ない支援手段に頼るようになる傾向がよく見られるが、これは最終的に復元力を失うことにつながる。復元力については第九章まで出てこないので、当分の間、頭の隅に押し込んでおいて結構だ。

いう成句があるほどだ)。入植者とリンゴの木の双方にとって運がよかったことに、ミツバチは植民地時代のアメリカ人に喜んで受け入れられた。一六二二年までにはバージニアに、一六三九年までにはマサチューセッツに導入され、[*2]それ以降ほどなくして、自力で飛ぶか、人間に運ばれるかして、東海岸全域に広がっていった。アメリカ独立戦争に従軍したある英国士官は、ペンシルベニアでは「ほとんどすべての農家に七、八箱の巣箱が置かれている」と書き残している。アメリカ合衆国初代大統領のジョージ・ワシントン(一七三二年~一七九九年)も一七八七年にマウント・ヴァーノンでミツバチを飼っていた。その頃までには、ミツバチがいつもアメリカにいたわけではないことを人々はほとんど忘れかけていたが、それを正そうとしたのがアメリカ合衆国第三代大統領のトーマス・ジェファーソン(一七四三年~一八二六年)だった。「ミツバチは我が国に自生していたわけではない……それがヨーロッパからもたらされたものであることについては、先住民(インディアン)も我々と意見を一つにしている。だがそれが、いつ、誰によってもたらされたのかは我々にも不明だ。ミツバチは一般的に、入植者に少し先んじて、国の奥へと進んできた。そのため先住民(インディアン)は、ミツバチを白人のハエと呼び、ミツバチの到来は白人入植者の接近を予告するものとみなしている」

白人もミツバチもその歩みと羽ばたきを止めなかった。ワシントン・アーヴィング(アメリカ人の作家。一七八三年~一八五九年)の著書『プレーリーの旅』には、オクラホマにおける蜂蜜採取の逸話が収録されている。オクラホマは当時のミツバチ最前線だった。

このさほど長くない歳月のうちに、西部の奥地にまで無数のミツバチが入り込んだことはまさに驚きに値する。先住民(インディアン)たちは、ちょうど水牛が他の部族の到来を知らせるように、ミツバチが白人の到来を告げるものと考えている。そしてミツバチの前進に反比例して、自分たちと水牛が後退してゆくと言う。私たちはいつもミツバチの羽音を農家や花壇と結びつけることに慣れ親しみ、この勤勉な小さな動物のいるところ、忙しく立ち回る人間がいるものと考えてきた。野生の蜂でさえ開拓前線から大きく離れて見つかることはほとんどないと聞く。彼らは文明の使者であり、大西洋側の国境から前進を続ける文明を断固として先導してきた。西部に早くから入植した者たちのなかには、ミツバチが最初にミシシッピ河を越えた年を知っているとうそぶく者もいる。先住民（インディアン）たちは、森の朽ちかけた木々が突然うるわしい香りを放つ甘さで満ちたことに驚き、この労せずに手に入った、生まれて初めて知る自然のぜいたくを夢中でむさぼっているという。

入植者は、ミツバチと手をたずさえて北米大陸全域に広がっていった。ミツバチが餌をえり好みしないおかげで、数多くのヨーロッパとアジアの果実や野菜はアメリカの大地に根付くことができた。ミツバチにとっても新世界はすばらしい場所だった。花粉交配の概念がほとんどなかった入植者たちは、ヨーロッパから持ち込んだ作物が新世界で大収穫をもたらした理由などおそらく考えてみもしなかっただろう。たまたま蜂蜜をとるためにミツバチを持ち込んだだけだったのだから。入植者たちは、自分たちも気づかないうちに、ヨーロッパではぐくまれた

＊2．そしておそらくそれより何年も前に、フロリダのセントオーガスティンにも。アメリカ合衆国の最も古い都市であるセントオーガスティンに入植したのはスペイン人だった。善きカソリック教徒であったスペイン人は、蜂ろうで作るキャンドルを教会に絶やさないようにするため、あらゆる征服地にミツバチを連れていった。ただしセントオーガスティン説を証明する航海日誌は現存しない。

豊穣の秘訣を持ち込んでいたわけである。[*3]

彼らの無知は、ときおりあきれるほどのレベルにまで達した。その愚かさのためにアメリカの農業が崩壊しなかったことが奇跡に思えるほどだ。二〇世紀に入ってもまだ、アメリカの多くの地域では、ミツバチが作物の活力を盗んでいると信じていた。ユタ州にいたっては、一九二九年にミツバチを州内に持ち込むことを禁じる法律さえ制定している。「アルファルファの花が種をつけるために必要な花蜜を蜂が奪ってしまう」という理由で。

巣箱近くの果実は味もよく、量も多く収穫できるという東海岸の住民の経験則にもかかわらず、この誤解は長く続いた。ジョン・ハーヴェイ・ラヴェルが一九一九年に出版した書物『花と蜂 The Flower and the Bee』には、今日と同じように巣箱を置いたクランベリーの湿地やキュウリの温室に関する記述がある。「蜂あるいは人の手によって授粉を行わなければ、キュウリ一本なりとも収穫することはできない」と。リンゴについては、野生の蜂ではじゅうぶんな授粉ができない理由を説明しているが、そこに描写されている情景は、不気味な既視感を抱かせるものだ。

リンゴを一マイル四方に区切った農地に植えた場合、これだけの広大な地域に咲く花を効果的に受粉させるのはほぼ不可能だ。だがこの問題は、飼育されたミツバチの群れを利用すれば解決できる。この目的にこれほど適した昆虫は他にない。数においても、勤勉さにおいても、さらには知覚能力においても花粉を運ぶ体の構造にしても、ミツバチは、他のあらゆる昆虫よりはるかに優れている。巣箱を設置したために驚くべき収穫を上げた果樹園の例は枚挙にいとまがない。ミツバチなくして果樹栽培は成り立たないという事実は、今日、衆人の認めるところである。

かくして、ミツバチは授粉作業に引っ張り出されるようになった。自然界には決して存在しないような植生にも対応し、さまざまな環境にも順応して働くミツバチは、アメリカの田園風景を塗り替えた景観設計家だと言ってもいいかもしれない。かつて農家は、土や水や日ざしの心配をしても、果実を実らせてくれる昆虫の心配まですることはなかった。だが、第二次大戦後、機械と農薬の導入が、家族農業を巨大な産業に発展させる機会を提供するとともに、レンタル・ミツバチは多くの農家にとって欠かせない存在になっていった。

一九六〇年代にはちょっとした副収入だった巣箱の貸し出しは、一九九〇年代までには、多くの商業養蜂家のおもな収入源へと姿を変えていた。繁殖に関わる能力は高く売れる。飼っているミツバチをトラックに載せて国中を引き回したがる養蜂家などいないが、中国産の安い蜂蜜のおかげで世界の蜂蜜価格が下落する中、養蜂家は蜂蜜を生産するだけでは生きていけなくなった。そんな折、花粉交配の仕事はまさに渡りに舟だった。最初は地元の農家を助けるだけのつもりだったのが、移動養蜂をとるか破産を宣告するかの瀬戸際まで追い詰められて、移動

＊3．荷馬車に巣箱を積み、文字通りその上に腰をおろしている開拓者の古い写真を見ると、いかに彼らがタフだったかと思わずにはいられない。控えめに言っても、ガタガタ揺れる荷馬車と馬と蜂という組み合わせは、一触即発の危険に満ち満ちている。M・G・デイダントは、一九一九年に書いた手引書『養蜂場とその管理　Outapiaries and Their Management』で次のように述べている。「馬でひかせた荷馬車に（巣箱を）載せる必要があるときは、逃げ出した蜂に刺される事態をじゅうぶん予測してもしたりない。万一トラブルが発生したときには、馬を荷馬車から解き放し、事態が鎮まるまで、怒り狂う蜂から身を潜めることが必要だ」

先はいよいよ遠くなっていった。

移動養蜂はアメリカが発明したわけではない。エジプトでは数千年前からナイル河沿いに咲く花を追って、ミツバチを荷船に乗せ、北へ南へと移動させていたし、ヨーロッパでは、ドナウ河、ラバ、人間の背中を使って花の季節を追いかけていた。だが、ミツバチをトレーラーに載せて、八〇〇〇キロもの距離を往復することがごくふつうのこととして行われるようになったのはアメリカだけだ。

そしてついに二〇〇六年秋、アメリカの養蜂業という朽ちかけていた樽の底が抜け落ちた。奇怪な現象がアメリカ全土にわたってミツバチのコロニーを殺し始めたのだ。第二次大戦中には六〇〇万箱、二〇〇五年には二六〇万箱あった巣箱の数が、記憶にある限りはじめて二〇〇万箱を切った。この現象には、その原因と同じように曖昧な名前がつけられた。「Colony Collapse Disorder（蜂群崩壊症候群）」と。マスコミがこの現象に気づいたころには、単に「CCD」と呼ばれるようになっていた。

カリフォルニアのアーモンドが花を咲かせ始めたとき、CCDは猛威を振るっていた。農園経営者はミツバチをかき集めようと必死になり、受粉費用は高騰して、二〇〇四年には巣箱一箱あたり五〇ドルだったものが、二〇〇七年には一五〇ドルにまで跳ね上がっていた。今日の養蜂業界は、アーモンドの花粉交配だけで年間二億ドル以上の収益を上げている。それにひきかえ、蜂蜜生産の売り上げは一億五〇〇〇万ドルどまりだ。

石油の場合と同じように、価格高騰は迫り来る不足の事態を予告する。フロリダの商業養蜂家が花粉交配の現金収入を得るために「六本脚の家畜」を平床トラックに載せて、二月のカリフォルニアのアーモンド、三月のワシントンのリンゴ、五月のサウスダコタのヒマワリとキャノーラ、六月のメインのブルーベリー、七月のペンシルベニアのカボチャ、と数千キロの強行軍を行ううちに、養蜂システムは崩壊寸前の境地をさまよった。今では、どれほど金を積もうとも、農産物の花粉交配に必要な数のミツバチ自体がもういないかもしれない。

ヨーロッパには、アメリカより規模の小さな商業養蜂家が数多くいる。それに移動させる距離も短く、長距離をトラック輸送するような機会はアメリカよりずっと少ない。だからヨーロッパのミツバチがアメリカのミツバチと同じような辛酸をなめているかどうかはわからないが、彼らも死につづけていることは確かだ。この状況は、カナダ、アジア、南米でも変わらない。システムは世界中で崩壊しかけている。

私たちは今まで、養蜂システムを当たり前のこととして享受してきた。自然がいつも面倒をみてくれてきたため、植物の生殖方法など知ろうともせず、特別の関心を払おうともしてこなかった。まるで、コウノトリが赤ちゃんを運んでくると信じている子供のように、なんとなくそうなっていることが、ずっとそうあり続けると無邪気に思っていたのだ。作物に花が咲けば、自然に実はなるだろうと。

だが、もうそんなことをあてにすることはできないし、ミツバチ以外に授粉の担い手の選択肢はない。私のグラノーラに入っているアーモンド一粒一粒は、蜂が作ってくれたものだ。息子のアップルジュースになったリンゴ一個一個も、複数の蜂の働きによるものだ。ブルーベリーもチェリーもメロンも蜂の手を借りている。私の飲むコーヒーでさえ、もとはパナマに暮らす蜂が作った豆だ。そしてもちろん、息子のシリアルには蜂蜜が入っている。蜂がいなければ、私たちの朝食は耐えられないほど味気ないものになってしまうだろう。

私のグラノーラにかける牛乳はどうだろう？　もちろん、牛乳は牛からきているし、最近チエックした限りでは、牛に受粉は必要ないらしい。とはいえ、牛は何を食べている？　我が家の場合、牛乳はバーモント州のシャンプレインヴァレーにあるモニュメント牧場の牛の乳で、ここの牛たちは、春と夏に、クローバーとアルファルファを食んでいる。この二種類の植物は、多くの酪農業にとって欠かすことのできない飼料だ。

夕食も影響を受ける。キュウリ、ズッキーニ、スカッシュ、カボチャなどのあらゆるウリ科植物は、ミツバチがいなくなったらメニューから消えてしまう。もちろん、ウリ科の植物の授粉は、自生の「スカッシュビー（蜂）」のほうがミツバチより得意だが、あなたの地元には、スカッシュビーはどれくらい残っているだろうか？　知らないって？　そう、実態は誰にもわからないのだ。

デザートも品切れになる。チョコレートの原料であるカカオの花粉を交配しているのは熱帯樹林に棲むハエなどの虫だが、このような昆虫も激減している可能性がある。マンゴーをはじめとするトロピカル・フルーツも、ハエや蜂によって花粉交配が行われている。二〇〇八年、アイスクリーム企業のハーゲンダッツ社は、アーモンド（製品名「ロッキーロード」）からチェリー（「バナナスプリット」）まで、約半数におよぶ製品の原料がミツバチの働きに頼っていることに気がついた。クローバーを餌にしている乳牛が生み出す生クリームも忘れるわけにはいかない。そこで同社は、二五万ドルをミツバチの研究に寄付し、世間の関心を喚起するために、その名も「バニラ・ハニー・ビー」という新しいフレーバーを売り出した（日本では未発売）。

花粉交配のすべて、あるいは一部をミツバチに頼っている作物は、合計すると百種類近くにもなる。これには、今まで挙げた作物に加えて、なし、プラム、桃、かんきつ類、キーウィー、マカデミアナッツ、ヒマワリ、キャノーラ、アボカド、レタス、キャロットシード、オニオンシード、ブロッコリなども含まれる。私たちが口にする食物の実に八〇パーセントが、多かれ少なかれ花粉媒介者のお世話になっているのだ。あなたの食べる牛肉も、草で育てられたとすれば、おそらく昆虫が授粉した植物を飼料にしていることだろう。石油と繊維産業を抱えるアメリカ南部有数の農産物である綿花も忘れないでほしい。綿花畑も、最近はじめて、豊作を確実にするためにミツバチの巣箱を借りなければならなくなった。

ミントティーをいれた私は、野草からとれた蜂蜜を一筋たらしてかきまぜる。そのとき衝動にかられて、ついスプーン一杯の蜂蜜を直接口に入れてしまう。麝香質(じゃこうしつ)の香りの微粒子に鼻腔をくすぐられ、私はそこに立ったまま、野の花の蜂蜜とは花のエッセンスが凝縮されたものであること、そして自然がくれた小さな奇跡であることを噛みしめる。そのしっかりしたスパイシーなフレーバーは、スーパーマーケットで売られている味気のない蜂蜜とはまったく違う。この四五〇グラムの蜂蜜には、牧草地の営みを切り取った一瞬と二〇〇万個の花の花蜜が凝縮されている。人はよく、ワインの「地味(テロワール)」について話したがるが、蜂蜜ほどその出自をあからさまに示している食べ物も飲み物もないだろう。バーモントの田園の住民は「景色は食べられないさ」とよく言う。けれども、スプーン一杯の蜂蜜を口にして、数万個の花と数千匹のミツバチの努力が自然のままのフレーバーとなって口の中いっぱいに広がるとき、私は異議を唱えたくなる。

この味はどの野の花のものだろう？　言い当てるのはむずかしい。それでも、この蜂蜜は地元の養蜂家が作ったものだから、おそらく我が家のキッチンの窓から見える野原の花々に近いにちがいない。私は家の外に出る。朝霧の残りが太陽に熱せられて蒸発している。おそらくきようは、灼け付くように暑い七月の一日になるだろう。庭はすでに自然の羽音で満ちている。ハチドリたちがベルガモットの所有権をめぐって争っているあいだに、マルハナバチがこの花の小さな花弁に降り立ち、長く突き出た「口吻」を花の中に差し込む。まるで、赤紫色の帽子をかぶろうとしているピエロのようだ。

腰の深さまで草が生えている野原を歩くと、一〇種類ぐらいの野草の花が咲いている。ミツバチは見当たらないが、さまざまな昆虫が花蜜探しに忙しい。スズメバチはアカツメクサの中を探り、茶色のイエバエに姿を似せた蛾はカワラマツバの中に鼻をつっこむ。毛のふさふさした、橙色のお尻のマルハナバチは、トウワタの細長い花の中に消える。自分が一〇分の一に縮んだ姿を想像してみると、新しい世界が開けてくる。とても小さいため、今まで背景の色に隠れてしまっていた花が目に入る。小さなゴールデンビーがオレガノの薄紫色の花弁にもぐりこみ、ユスリカと同じぐらい小さなコナジラミが今年最初のアキノキリンソウの上を細かな霧のように漂っている。

私は幸運にも、森に覆われて四方に広がる丘に囲まれた八〇〇〇平方メートルの牧草地を所有している。丘をさえぎるものは、ときおり見える赤い納屋と、白と黒のぶちのある乳牛だけだ。かつてこのような風景はアメリカのほとんどの地域でふつうに見られたが、あまりにも珍しくなった今では、都会の住人がバスツアーで観光にやってくる。ここは虫にとってもいい眺めだ。人の手が加えられず、農薬が使われず、たくさんの花々に満ちている。だからこそ、我が家のリンゴの木は、飼育されたミツバチの手を借りなくても毎年たくさんの実をつけるし、この土地では多くの野生植物が元気に茂るのだ。

私たちが地球を共有する二五万種の植物のうち、四分の三は野生の花粉媒介者の手を借りて繁殖を行っている。あなたがどこに暮らしていようと、ちょっと周りを見回して、このような花粉媒介者が働いている世界に目を向けてみてほしい。そしてそのあと、疲弊しきった現実の世界を見つめてみよう。ミツバチは野生の花粉媒介者の代わりに授粉を行って私たちの農業を発展させてくれているとはいえ、残りの二四万九九〇〇種の植物の面倒までみることはできない。これは自生する昆虫の働きにかかっている。そして、証拠をつかむことはなかなかできないものの、今、このような種の多くが、生息環境の破壊、農薬による中毒、外来種という三重の脅威にさらされているのだ。

この危機に気づいた者がいなかったわけではない。四五年前、レイチェル・カーソン（アメリカの生物学者。一九〇七年〜一九六四年）は、新種の農薬や殺虫剤が鳥の鳴かない「沈黙の春」をもたらすと警告した。人々はこの警告に耳を傾け、ＤＤＴが禁止された。だが彼女は「花粉交配が行われず、果実の実らない秋」が来ることも警告していた。ミツバチにとどまらず、野生のあらゆる授粉昆虫が消滅することをカーソンは憂慮していたのだ。

人間は、思っているよりはるかに野生の花粉媒介者の恩恵をこうむっている……昆虫による授粉が行われなければ、土壌を保持し肥沃にする未開墾地の植物は枯れはて、周辺の生態系に重大な影響がおよぶだろう。森や牧場に生えている草や低木や樹木のほとんどは、そこに自生する昆虫に頼って繁殖を繰り返している。このような植物がなくなれば、多くの野生動物や家畜の餌もなくなってしまう。今や、雑草を根絶やしにする耕作法や化学薬品による生垣や雑草の除去により、授粉昆虫の最後の聖域は破壊されかけ、命と命をむすぶ糸が断ち切られようとしている。

昆虫学者のスティーヴン・バックマンと作物生態学者のゲアリー・ポール・ナブハンは、一九九六年に著書『忘れられた花粉媒介者 The Forgotten Pollinators』でカーソンの警鐘をふたたび大きく鳴らした。この本は、私たちが土地利用のパターンを迅速に変えない限り、実りのない秋がやってくると示唆している。けれども、関心を寄せたものはほとんどいなかった。美しい声で鳴く鳥には多くの同情を寄せても、マルハナバチや、イチジクコバチや蛾の運命は誰も気にかけないのだ。今日、自生の授粉昆虫の状況を把握しているものは誰もいない。研究も行われていない。ほんのわずかに得られた証拠からは、ミツバチをもしのいで激減している状況がうかがわれる。このことが示唆する潜在的な破局については、本書の最終章で述べることにしよう。

土壌の多産性そのものすら疑わなければならない世界に生きるとは、なんと奇妙なことだろう。私たちは、農場とは豊かさにあふれた場所で、果実や野菜はほとんど自然発生的に地面から芽を出すと思いがちだ。ところが実際には、豊潤さが過去のものとなる時代はすぐ間近に迫っている。今、アメリカ中西部では、少しでも作物を育てたいと思えば、畑を化学肥料で固めなければならない。東西の沿岸地域とその間のあらゆる地域では、地元ではもはや自給自足することができなくなった花粉交配のために、ミツバチを外から運び入れなければならない。二五年前、小説家のマーガレット・アトウッドは『侍女の物語』(早川書房)を上梓し、ほとんどの人に子供ができなくなった世界において妊娠能力のある若い侍女が生殖手段のために売買されるという暗黒郷を描いた。これと同様の歪められた取引が、アメリカの畑ではもう数十年にもわたって繰り広げられている。

けれども今や、その侍女でさえ死にかけているのだ。

第二章

集団としての知性

ハチ一匹には一ミリグラムの脳しかない。が、コロニー全体は、それぞれの役割を分担し、複雑な共同作業をする。それはまるで一つの知性である

六五〇〇年前の蜂蜜狩り

スペイン、バレンシアにほど近い地中海沿岸の山中に、「バランク・フォンドー」と呼ばれる洞窟がある。新人が数千年間暮らしていたこの洞窟には、きっとネアンデルタール人もその前の数万年にわたって住んでいたに違いない。洞窟の壁に黒と黄土色で描かれているのは、人間のもっとも根本的な関心事――食物だ。ここには、狩りの獲物のほかに、六五〇〇年以上前のドラマチックな蜂蜜狩りの情景も描かれている。五、六人の人間が高い木にかけられた縄梯子をよじ登って、蜂が飛びかう洞に近づく。地上で見守る人々が歓声を上げる。と、ひとりが足を滑らせ、手を振り回しながら真っ逆さまに落ちていく……。

バランク・フォンドーの洞窟壁画

蜂蜜の採取は、いつだって危険な仕事だったが、人間は決してあきらめなかった。蜂蜜狩りを描いた洞窟壁画は、ヨーロッパから北アフリカ、ジンバブエ、南アフリカ、インド、インドネシア、オーストラリアに至るまで、地球上の広い範囲にわたって数多く発見されている。その基本的な情景はどれもさほど変わらない。絶壁あるいは高い木のこずえにかかった蜂の巣、縄、蜂蜜ハンター、たいまつ、蜂蜜を入れるひょうたんや籠。その周りを、怒り狂う蜂の群れが取り囲んでいる。

これはもう、どこかで聞いたことのある昔話といってもいいだろう。ほとんど超自然的な魅惑に惹かれる人間の性（さが）の物語だ。至福の喜びが手に入れられるなら、苦労も、痛みも、想像を絶する危険も、果ては死さえいとわない。蜂蜜は、人間が料理への想像力を働かせるようになったきっかけだったという人もいる。けれども私には、人類最初の中毒の兆しだったように思われる。

こう思うにはわけがある。氷河時代の末期、後退してゆく氷河に代わって現れたスペインの森に暮らす狩猟採集民の気持ちを想像してみてほしい。ふだんの食事は、しとめた動物の肉、筋だらけの葉と根っこ、そしてたまに手に入る果物しかない。この果物とて、ジューシーな栽培リンゴではなく、虫くいだらけの酸っぱい野生リンゴだ。それでも、今までの人生で口にしたもっとも甘い食べ物だったろう。そんなとき、うっかり木の洞に手を入れて、黄金色の夢のように甘い液体をすくい出したとしたら？

いや、私も夢中になると思う。もしあなたの考えている蜂蜜が、プラスチックの小さなクマの容器に入ってくる味気ない砂糖代用品のことを指すのなら、この感覚はわからないかもしれない。けれど、濾（こ）されていない生の野の花の蜂蜜、すなわち麝香（じゃこう）（ムスク）のような香りを放ち、幾層にも重なる複雑な味わいを持つスパイシーな蜂蜜をひと口でも味わえば、私の言うことはすぐにわかってもらえると思う。植物は何百万年もかけて、花とその付け根にある花蜜が、動物にとってたまらなく魅力的なものになるように工夫してきた。花蜜は、植物の繁殖戦略の取引材料だ。花蜜の糖分は平均一六パーセントで、フルーツジュースとおなじくらい甘い。その存在目的はただひとつ——花粉媒介者を惹きよせること。ミツバチは花蜜を集めて巣に運び、翅と体を一生懸命に動かして、糖分七〇パーセントになるまで水分を蒸発させ、蜂蜜として熟成させる。[*1] 蜂蜜には元の植物の風味がいくらか残るだけでなく、蜂の錬金術によって作られた風味も加わる。花がミツバチを招き寄せるために作った花蜜を、ミツバチが加工した最終製品である蜂蜜は、双方の欲望が純化された姿だ。もちろん、ホモサピエンスは植物が意図していたターゲットではないだろう。けれども人間はその進化を通して、甘いものへの嗜好にしがみついてきた。私たちはこの習性をどうしても捨て去ることができなかったのだ。

ビー・ライン

大昔の蜂蜜狩りの様子がどのようなものであったかについては、かなり正確に想像することができる。というのも、インドネシアとマレーシアの人里はなれた奥地では、いにしえからほとんど変わらない形で蜂蜜狩りが今でも行われているからだ。

蜂蜜狩りのハンターが「蜂の木」を探す方法はいくつかある。もっとも古典的な方法は次の通り。まず、蜂が花に止まっているときか、泉の水を飲んでいるときに何匹かつかまえて、箱か中空のアシの茎に入れる（蜂蜜を餌にすると簡単だ）。そして、一匹を空中に放つ。すると蜂は「ビー・ライン（bee line）」を描いて文字通り一直線に巣に飛び帰るはずだ。それを追い、ハンターは走って走って走りまくる。足首を捻挫しないよう、木に激突しないよう気をつけながら。この蜂を見失ってしまったら、次の一匹を放し、追いかけっこを再開する。予備の蜂の数がたくさんあって、そのときまでにハンターが命を落としていなければ、巣に辿り着いて、めでたしめでたしというわけだ。これよりエレガントなバリエーションは、蜂二匹と羅針盤を使うもの。まず蜂を一匹放し、飛んでいった方向に印をつける。次にハンターは、その蜂が飛んでいった方角に対しておよそ直角の方向に数百メートル離れ、二匹目の蜂を放して、飛んでいった方向をふたたびマークする。理論的には、この二つの方向が交わった地点に蜂の木があることになる。

＊1．蜂蜜と花蜜の関係は、メープルシロップと樹液の関係と同じだ。

驚かされるのは、アフリカの蜂蜜ハンターが、その名も「ミツオシエ」という名の鳥を使って蜂蜜狩りをしていることだ。このスズメぐらいの大きさの鳥は蜂の巣が大好物。けれども悲しいかな、巣を攻撃する武器がない。そのため、人を見ると、相手があとをついてくるまで興奮したように鳴き続け、隠された蜂の巣まで案内して、残り物のお相伴（しょうばん）にあずかるという算段だ。

同じ洞や木には何世代にもわたって蜂が巣をかけるため、そうした場所には、縄やはしごがすでにいくつもかかっている。とはいえ、安全ネットなしで空中サーカスを行っているさなかに、針を持った昆虫の群れが襲いかかってくるところを想像してほしい。蜂蜜狩りは、気弱な人には向かない職業だ。蜂蜜狩りは、蜂蜜ハンターにとっても養蜂家にとっても昔からのありがたい協力者、つまり煙がなければ不可能だ。煙は蜂をなだめる。そのメカニズムはいまだによくはわからないが、仲間が出す警戒フェロモンのにおいを嗅ぎとれなくさせるのかもしれない。

蜂蜜ハンターは、蜂の木の根元で火を焚いて蜂の感覚を麻痺させたあと、さらなる安全対策のために、たいまつを抱えて縄をよじ登り、巣の底を煙でいぶす。このおかげで危険性は、致命的な針の集中砲火のレベルから、二〇個程度のキスマークのレベルにまで低下する。このあと、竹などの軽い素材で作った尖った棒を差し込んで巣を切り取り、地面にいる助手にロープで降ろす。よい巣なら、一〇〇キロ以上も蜂蜜がとれる。

でも、こうすると蜂の巣を壊してしまうのでは、と心配になるむきもあるだろう。もちろんそうだ。もしじゅうぶんな資源があり、気候が穏やかであれば、蜂は巣を再建することができるが、そうでなければ一巻の終わりだ。実はこれこそ、人類が放浪をやめて定住をはじめるやいなや、ほとんどの地域で、旧石器時代の蜂蜜狩りをやめて蜂を飼い始めた理由のひとつだった。

蜂を飼う

蜂を飼う最初の試みは、ただ単に巣をもっと便利な場所に移すことだっただろう。なぜ蜂の木まで遠出する必要がある？　巣ごと枝を切って、持って帰ればいいじゃないか。こう考えて実行に移して以来、人間は蜂を飼い、蜂を移動させてきた。

初めて人間が作った蜂の巣は、木の穴のさまざまなバリエーションだった。インドでは泥や粘土で作った鉢を乾燥させたもの、エジプトとギリシャとローマ帝国では小枝で作った籠を粘土で覆ったもの、中世のヨーロッパでは、麦わらをコイル状にして隙間に牛糞を詰めたものを使っていた。[*2] 二〇〇七年に、イスラエルの考古学者が、今まで発見されたなかで最古のものとなる人工の蜂の巣を掘り出した。麦わらと粘土で作られた三〇個の完璧に形をとどめた蜂の巣が、紀元前九〇〇年前後に栄えた都市レホブの遺跡中央部から発掘されたのだ。「都会の養蜂」は今に始まったものではない。そして聖書がイスラエルを「蜜と乳の流れる土地」と呼んだのも、あながち比喩ではなかったわけだ。

ヨーロッパのミツバチは、ローマ帝国の崩壊のあと、しばらく悲惨な日々を送った。中世の暗黒時代にもっとも優れた養蜂を行っていたのは修道院だった。北ヨーロッパでは伝統的に、

＊2．修道院や家の外壁の壁龕によく作られたこの釣鐘の形をした巣は、蜂のモチーフを今でもあとに留めている。

「ログ・ハイブ」と呼ばれる縦型の巣を使っていたが、この巣では、蜂蜜と蜂ろうを採取するときに、蜂を殺すことが多かった。東ヨーロッパとロシアでは、「森林養蜂」が好まれた（つまり、蜂の木を見つけ、自分のものであることを示す印をつけて土地の所有者に使用料を支払ったあと、そのテリトリーに力ずくで押し入ろうとする者を、人間だろうがクマだろうが、容赦せずに滅多打ちにするというもの）。

このような養蜂の方法は、どれも巣を壊して蜂蜜を採るものだった。たとえ巣の外側に入り口を作って、そこから蜂蜜と蜂ろうを採るにしても、蜂の巣の中にある巣板（すばん）は破壊され、蜂はあらゆる資源を費やして新しい巣板を一から作らなければならない。そして、蜂がその冬をなんとか越せたとしても、余分な蜂蜜が得られるようになるまでには長い時間がかかる。このジレンマを回避するには、ロレンゾ・ロレイン・ラングストロス牧師の登場を待たなければならなかった。一八五一年一〇月三一日、ラングストロス牧師は、開いた口がふさがらないような歴史に残る大天啓に打たれたのだった。牧師の脳の神経細胞が思考爆弾を炸裂させて以来、蜂を飼う方法は根底からくつがえされてしまった。だが、この「ラングストロス革命」のインパクトを理解するには、まず蜂の巣の偉大さについて知る必要がある。

蜂の巣はなぜ六角形か

地球上には二万種ものハチが存在するといっても、大量の蜂蜜を作り出す蜂は一握りしかいない。複雑な都市社会を構築する蜂がそれだけしかいないからだ。ほとんどの蜂は単独行動をするか、そうでなければ、マルハナバチのように、一〇〇匹程度で群がって地面の中の単純な

「村」で暮らす。マルハナバチも蜂蜜を作りはする。実際、自然作家のベルント・ハインリッヒのように、マルハナバチの蜂蜜はミツバチのものより上質だと言う者もいる。けれども、彼らが作り出す蜂蜜は、幼虫の餌に供する分だけで、草で覆われた巣の中にあるいくつかの小さな「蜜つぼ」を満たすにすぎない。蜂ろうも生み出すが、蜜つぼといくつかの蜂児用の小部屋を作るためにしか使わない。巣板も作らないし、マルハナバチのコロニーでは、年老いた女王蜂も含めて、ほぼ全員が秋に死んでしまう。まだ交尾していない若い新女王だけが巣を離れて交尾を行い、地下の巣を探して冬眠し、春に目覚めて、自らのコロニーを築き上げる。

マルハナバチは無骨な開拓者タイプだ。驚くほど自立していて、畏怖の念を抱かされるほどだが、協調性に乏しい。コロニーがある程度の規模になったとたん、働き蜂は、女王が守らない限り、新しく産み出された卵を食べ始める。一方、ミツバチは、個々のメンバーの風采はあがらないけれども、忠誠心に富み、組織は厳格に統制されている。闘争が起こるようなことはまずない。マルハナバチがガリア人の村人だとすれば、ミツバチはローマ帝国の軍団だ。

マルハナバチや単独行動を行う蜂のいくらかは氷点下の気候でも飛ぶことができるが、ミツバチは摂氏一五度以下では飛ぼうとしない。さらには、雨の日も飛ばない。朝も他の蜂に比べて比較的遅く、夕べも早々に引き上げる。リンゴ栽培の専門家である私の友人は、ミツバチは組合労働者だと言う。条件が折り合わないことがいくつかあると、その日の就業をやめてしまうから。とはいえ、多くの組合と同じように、ミツバチのチームワークは驚くべき成功を生み出している。

この成功をまず確実にしたのが、巣の構成単位である六角形だ。ミツバチは、数万単位の集団で暮らす高度に社会的な昆虫として飛躍的な進化を遂げるため、効率的なインフラを構築する必要があった。蜂ろうを使い、個々の職人技を発揮して蜜つぼや育児用の小部屋を作る代わりに、力を結集して工場規模の倉庫と保育園を建設したらどうだろう？　六角形はこの目的にぴったりだった。三角形と四角形も無限に組み合わせていくことはできるが、六角形なら、同じ面積を覆うのに使う蜂ろうが少なくてすむし、丸い形の幼虫を入れるのにもより適している。六角形は、つきつめて言えば、隙間なく組み合わせることができる円形だから。

自然の蜂の巣には、蜂ろうでできた、入り口が六角形の円柱形の小部屋（巣房）がおよそ一〇万個ある。この六角形の巣房がぎっしり詰めあわされた板状の巣板は、巣房が背中合わせに結合された両面構造になっている。巣の中では、この両面構造の巣板が、成蜂がやっと通れるだけの間隔で、縦に何枚もぶらさがっている。図書館の本棚が、横ではなく縦に並んでいて、利用者が上下に動いて本を取り出す様子を想像してみて欲しい（脚が六本あって、体重が〇・五グラムだったらわけはない）。もちろん、六角形の巣房に入っているのは、本ではなくて食べ物と蜂児だ。

ミツバチが進化する前に暮らしていた熱帯地方には、巣を囲いたいと思わせる誘引はあまりない。アマゾンやフロリダ最南端の島々に住む人間たちが住居に壁を作らないことがあるように、アフリカやマレーシアなどの暖かい地方に住む蜂は、むきだしの巣板を木の枝から直接ぶらさげ、その周りをうごめく蜂でびっしりと覆う。

およそ二〇〇万年前のアフリカで、ミツバチのある一派がベランダ暮らしをやめることにした。この一派、「アピス・メリフェラ」（セイヨウミツバチ）はインドア生活を選び、乾燥した木の洞や岩の割れ目などに引っ越した。そして、巣の基部に小さな入り口を残す以外は、木の芽から集めた樹脂を練り合わせたプロポリスで隙間を埋めつくし、風雨に耐えられるようにした。この決断は、風雨や外敵からの防御力を高めただけでなく、思いがけない恩恵ももたらすことになった。熱帯以外の地域にも住めるようになったのである。ヨーロッパに入植するには、「冬」というちょっとした問題を克服しなければならなかった。セイヨウミツバチは、冬眠（哺乳類と爬虫類の標準的な解決策）、渡り（鳥や蝶）、一世代の死滅（ほとんどの昆虫）といった手段は選ばず、どちらかといえば人間的な「暖炉に火をくべ続ける」手段に訴えた。自分たちの体を使って熱帯地方を再現したのである。冬の間中、貯蔵した蜂蜜を使って代謝的に活性化した状態を維持するという方法で。

秋が殺風景な姿をさらすようになり、最後の花も姿を消すと、ミツバチのコロニーは幼虫を産み育てるのをやめ、巣の中央に身を寄せてかたまり、体を震わせ続ける。温かい中心部で守られているのは大切な女王だ。そして甘いものを食べ、体をくっつけ合って、厳しい日々を耐えしのぶ（我らバーモントの住人がやっていることとほとんど変わらない）。発熱は、翅の筋肉を振動させることによって行う。そして凍死するようなことがないように、塊の内側と外側を常にローテーションし続ける。

この努力はしっかり実を結んでいる。外の気温がマイナス三〇度近くまで下がる北国の冬でも、ミツバチの塊の中心部は、蜂蜜パワーに駆動されて、アフリカ並みの摂氏三五度前後を保つ。この冬を生きて越せるのは、約半数の蜂だけだ。残りは、老齢や厳しい環境に耐えきれずに命を落とす。けれど、コロニーが春の開花に備えて用意を始め、冬の終わりに女王がまた卵を産み始めたとき、蜂児を温かく守るにはこの数でじゅうぶんだ。

このように「インドア生活」を始めたことで、ミツバチが人間との間にパートナーシップを結ぶ準備はついに整った。つまり、人間は、ミツバチが自然界で望めるよりはるかに多くの営巣スペースを巣箱という形で提供し、蜂は人間に、我らが狩猟採集民の祖先が想像だにしなかった大量の蜂蜜を提供することになったのである。この過程で、「アピス・メリフェラ」は、より穏やかで管理しやすい蜂へと変わっていった。養蜂家が、もっとも従順で生産的なコロニーを選んで交配を繰り返してきたためだ。ヨーロッパの繁栄を支えた蜂は、そのアフリカのルーツとはまったく違う蜂に変身していた。オオカミはコリーになったのだ。そして、ミツバチを世界中に広めたいと人間に思わせたのも、この好ましい特質を持つヨーロッパのミツバチだった。

いうまでもなく、蜂は、人間から賄賂を引き出すために花蜜を蜂蜜に変えているわけではない。ただ、自分たちの食物を、できるだけ小さく、できるだけ長持ちする形に凝縮しているだけだ。糖分は水分を吸収する。砂糖をまぶすと、まぶされたものは脱水状態になる。食物の腐敗を促す微生物も同様に脱水されてしまう。コーンビーフやロックス（砂糖または塩で保存されたサケ）はこの糖の性質を利用した保存食品だが、蜂蜜も同じである。蜂蜜には、熟成過程でできる天然の副産物の過酸化水素もほんの少し含まれている。棚に蜂蜜を一瓶置いておけば、この殺菌作用を持つ食品は、あなたの寿命より長持ちする。やけどや傷を覆う薬に最適だし、もし必要があれば、ミイラの内臓の防腐処置にも使える。

人間がシュガーシロップを作る方法を発見するより数百万年も前に、ミツバチは蜂蜜を考案していた。蜂蜜は保存が利き、エネルギー豊富で、ビタミンに満ちている。ミツバチはこれを巣板の巣房に貯蔵して、蜂ろうで封印する。ちょうど、無数の食糧庫にジャムのビンを保存するようなものだ。条件のいいときには、一個の巣から百キロ以上もの蜂蜜がとれる。その巣の住人の体重を合計しても、たかだか四、五キロにしかならないというのに。蜂蜜を貯蔵する理由は、我々人間がサイロに穀物を貯蔵するのと同じだ。つまり、収穫の乏しい期間をしのぶため。ミツバチにとって、そんな期間はほんとうに長い。

あなたが住んでいるところでは、一年のうち、花が咲いている期間はどれだけあるだろうか？　ニューイングランドや北ヨーロッパでは、花の季節はがっかりするほど短い。四月上旬にぽつぽつと小さな花が咲き始め、クロッカスと水仙が続き、五月に入るとリンゴの花が開いて、ようやく花盛りになる。けれども、その三カ月後の八月には、すでに選択肢の幅は狭まりだし、アキノキリンソウ、ジョーパイウィード、ミソハギ（最近侵入してきた外来種）ぐらいしかめぼしいものはなくなる。九月にはアスターが咲くが、一〇月中旬から三月までは、何もない。ミツバチにとって、花がないということは、食べるものがなくなるということである。こんな環境で蜂が生存できるのは驚きだが、でもちゃんと生き延びている。ニューイングランドの農家は日が照っているうちに干し草を作らなければならないが、ミツバチは八月までに、秋と冬の長い長い期間コロニー全体を支えるのにじゅうぶんな蜂蜜を作らなければならない。「アピス・メリフェラ」のふるさとである熱帯地方でさえ、花の咲く時期は通年ではない。ほとんどの花は、気温が低く雨の多いシーズンにかたまって咲く。だから、何週間にもわたってほとんど花がないということも珍しくない。フロリダでは、コショウボクの花が一一月に終わってしまえば、初春にかんきつ類の花が咲き始めるまで、ほとんど花はない。それに、たとえ花が満開になっている時期でも、大雨が降っていれば、ミツバチはまったく飛ぶことができない。コロニーは、年間のほとんどの時期をとおして、少しずつ痩せてゆく。

だからこそミツバチは、できるときに、できるだけ早く、できるだけ多く花蜜を貯めこまなければならないのだ。そして、ヒトの脳をドーパミンでいっぱいにする薬のような作用を持つこの超濃縮糖分を求めて、人間たちはあらゆる創造的な努力を傾けてきた。

ここにロレンゾ・ラングストロスが再登場する。

イエール大学卒、会衆派教会の牧師、養蜂家、双極性障害の変わり者という経歴をもつロレンゾ・ロレイン・ラングストロスは、一八五一年一〇月三一日、オハイオの自宅の書斎に座り、「今まで何度もそうしてきたように、どうやったら巣の内壁と巣板の接続部を切除しなくてすむだろうかと考えていた」。ラングストロスには、もし巣板を移動可能にできて、巣を再利用可能なものにできれば、蜂蜜採取のたびに巣板を壊して蜂を殺さなくてすむようになり、ほんとうに効率的な事業が手にできるとわかっていた。だが、いったいどうすればそれが可能になるのだろう？　今までどんな形の巣を蜂に提供しても、蜂たちはすぐに、手当たり次第、あらゆる場所に蜂ろうで巣板を作り、隙間をプロポリスでふさいで、巣の中ををしっかりと結合してしまっていた。そのとき、ラングストロスのもとに、天啓が訪れた。

「奥行きの浅い巣房と同じように〝ビー・スペース（bee space）〟を利用すればいいのだという、自明の理も同然の考えがひらめいた。そして次のせつな、それを収めた可動枠を適切な間隔をあけて縦に吊り、箱の中に収めるというアイデアが浮かんできた。私は、外に飛び出して〝分かった(ユーレカ)！〟と叫びたくなる衝動をやっとのことで抑えた」

「ビー・スペース」すなわち、蜂が巣板と巣板の間に残す約七・六ミリの幅というのがラングストロスのひらめきだった。彼は、どんなことがあっても蜂はこの間隔を守ることを知っていた。ラングストロスが思い描いたのは、ファイリング・キャビネット形式の巣箱だった。[*3]　垂直に吊るされたファイル（つまり巣板）の厚さは、両面に巣房がびっしり詰まった天然の巣板と同じ厚さで、巣板と巣板および巣板と巣箱の内壁との空間は、正確に蜂一匹分の距離になる。

蜂は巣箱に入れた板の上に六角形の巣房を作るだろうが、巣板と巣板の間には、一匹分の空間をあけるだろう。これで、吊るされている巣板を一枚ずつ巣箱から取り外すことができるようになるし、蜂ろうの蓋をはずして蜂蜜を取り出したあとの空になった巣板も、もとに戻して使うことができる。こうなれば吊るされているほかの巣板を邪魔することも、せっかく完成した巣板をだめにすることもなくなる。

ラングストロスの仮説は正しかった。そして彼のアイデアはあらゆることを変えることになった。その後一〇年以内に、ラングストロスの巣箱はアメリカ中に広まり、次の一〇年後には、世界標準になった。以来、ほんのわずかな改良が加えられただけで、彼の発明は今でも活躍している。

それまでの八〇〇〇年におよぶ養蜂の歴史において、もっと早く同じことを考えた者がいなかったのは不思議な気がする。今になってみれば、ラングストロスのアイデアは当たり前のことのように思えるから。とはいえ、革命的な発想とは、多くの場合、そんなものなのだろう。ラングストロスの「ユーレカ」は、おびただしい数の巣板を救うことになった。そして、毎年膨大な量の蜂ろうを体から搾り出して巣板の修理に追われるという拷問を免除されたミツバチは、その代わりに膨大な量の蜂蜜を作り出すようになった。養蜂はこのとき、魅力的な職業に様変わりした。

この職業をことさら魅力的にしたミツバチの品種がある。一八四〇年代、あるスイスの陸軍

＊3．ラングストロスが最初に作った巣箱には、シャンペンの木箱が使われた。成功を祝すしゃれたタッチだ。

大尉が、イタリアの国境地帯にいるミツバチが特に温厚で勤勉なことに気づいた。この蜂は山のように蜂蜜を作り、刺すことはほとんどなく、繁殖力も旺盛だった。大尉はコロニーを手に入れて、その優秀さを口伝えに広めた。追って本が出版された。『イタリアミツバチ、すなわち農業における金の卵について』。そして熱狂的な大流行が始まった。ロレンゾ・ラングストロスがイタリアミツバチの最初のコロニーを入手したのは一八六一年ごろだったが、すぐに『アメリカン・ビー・ジャーナル』に宣伝を載せている（「神の教えを説く聖職者の方には半額でお譲りします」と付記して）。一九〇〇年ごろまでには、このイタリアのミツバチは、ヨーロッパ、南北アメリカ、オーストラリア、ニュージーランド、そして日本においてさえ、養蜂家の第一の選択肢になっていた。育種を行う養蜂家がこの蜂の好ましい特徴をさらに引き出すように努めたため、今やイタリアミツバチは、歴史上最高に気立てがよく最も蜂蜜生産量が多い蜂として、今日の養蜂業を支配している。

私たち人間は、自然を操作していると思い込みがちだ。だが、実は操作をしているのは人間の側だけではない。私は、人間とミツバチの協力関係を、共進化の典型的な例とみている。蜂だって、少なくとも私たちと同じぐらいの恩恵はこうむってきているのだ。一七世紀のイギリスの作家ジョナサン・スウィフトが言うように、「（蜂蜜の）甘さと（蜂ろうで作ったろうそくの）光というもっとも崇高な二つものを人類にもたらすことにより」、蜂は私たちを夢中にさせて、彼らの遺伝子を地球全体にばらまかせた。それもあっという間に。花との間に「授粉対花蜜」の取引を成立させるには数百万年を要したのに、少量の甘味を餌に、人間に大変な思いをさせて巣箱を作らせ、それを方々に運ばせるには、たった数千年しかかからなかったのだから。

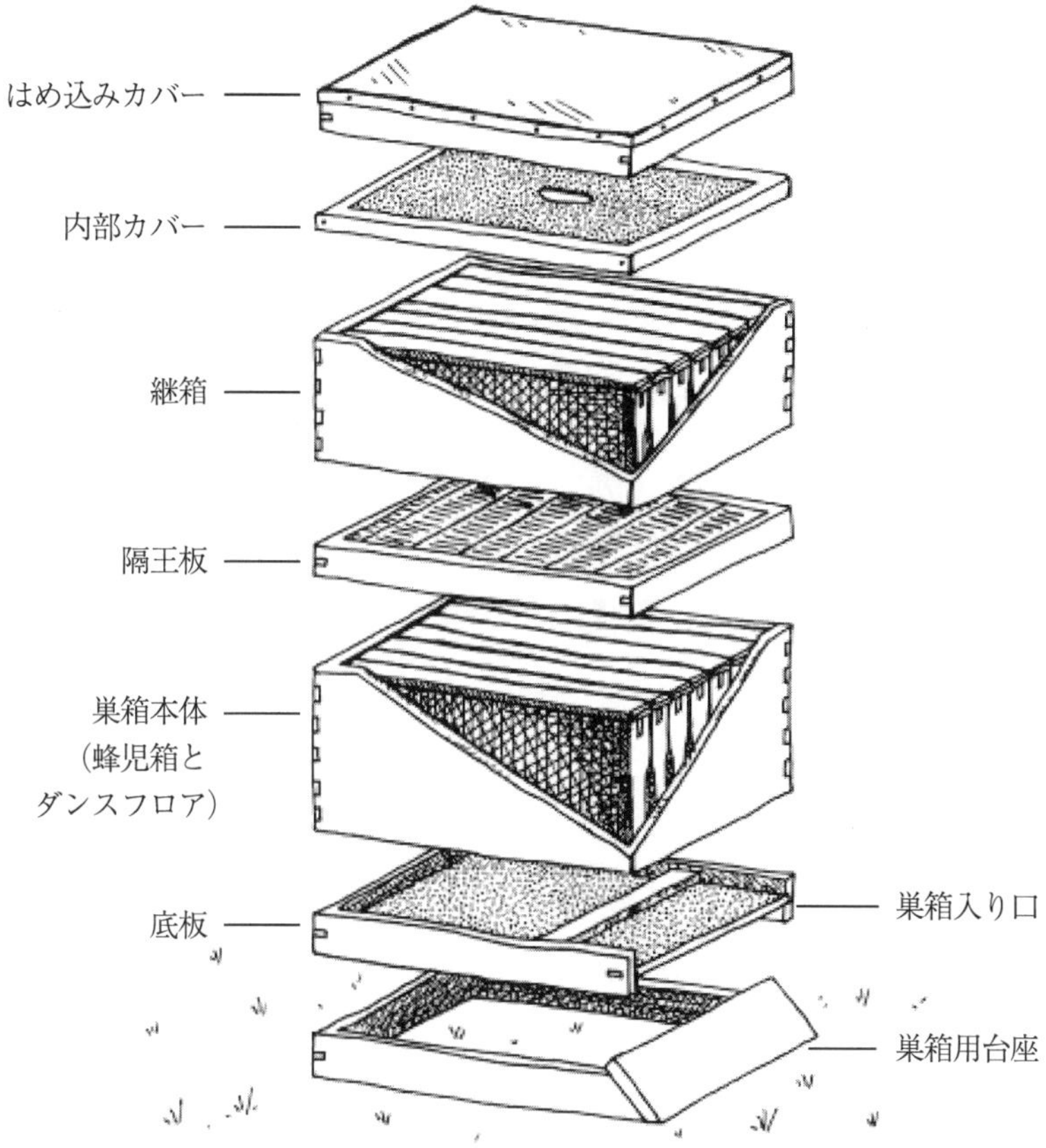

現代のラングストロス式巣箱

もちろん、人間はこの協力関係を意識していても、蜂にその意識はない、という議論もあるだろう。だが、進化は、それに関わるものの意識や意図など一切おかまいなしだ。結果だけがものをいう。そして、結果ははっきりしている。ミツバチは、人間の力を借りて、世界を征服したのだ。

ある若い蜂の日記

ミツバチのコロニーは、うごめく並外れた知性だ。「コロニーは」と私が表現したことに注意してほしい。ミツバチの場合、知性のほとんどは、個々の蜂にではなくコロニーに宿る。だから、「一匹のミツバチはどれだけ賢いか?」と訊くことは、「私の脳細胞一個はどれだけ賢いか?」と訊くようなものだ。ミツバチは単独では暮らさないし、そのように作られてもいない。にもかかわらず、巣全体の意思と進化による適応により、ミツバチのコロニーは、他の多くの「高等生物」を恥ずかしくさせるほど高度で複雑な仕事を達成する能力を備えている。

ハーバード大学の博物学者、E・O・ウィルソンは、ミツバチやカリバチ、シロアリやアリなどの社会性昆虫は、地上でもっとも成功を収めた動物のグループだと考えている。こういった昆虫は小さいから、私たちはあまり注意を払わないが、ウィルソンはこう指摘している。森によっては、アリのバイオマス（単位面積あたりのある生物の総量）は、そこに生息する脊椎動物すべてを足したバイオマスの四倍にもなることがあると。「これこそ、まさに社会性昆虫が人間の創意に挑戦を突きつけているケースだ。このような昆虫が達成した、高度に統制の取れたコロニーとしての生き方は、自然界において数の上で優位を占めるという形で報われ、他の地球上の生物の進化に深く刷り込まれたに違いない影響を残した」。社会性昆虫はただ非常に興味をそそる存在だというだけでなく、世界の支配者でもあるのだ。「さんご礁に生息する生物とヒトを加えて考えると、社会的な暮らし方は、動物全体においてもっとも生態学的に秀でた形態だといえよう」

とはいえ、蜂群崩壊症候群により危機に瀕しているのは、まさにこの社会的知性かもしれない。もうしばらくのあいだ、ミツバチの巣の中で営まれている暮らしとミツバチの考え方を紹介させてほしい。ミツバチのどこに問題が起きたのかを理解するには、すべてうまくいっているときに彼らがどう互いに関わっているかを知ることが必要だからだ。

充満した巣箱には約五万匹のミツバチがいるが、そのうちの四万九〇〇〇匹以上は子供が産めない「働き蜂」である。その名の通り働き蜂たちは、花粉と花蜜の採集、巣板の建設、巣の防御、子育てといったコロニーのありとあらゆる仕事を一手に担う。唯一担当しないのが生殖だ。[*4] これは女王蜂に任される。女王蜂は合計すると自分の体重と同じになるくらいの重さの卵（最大二〇〇〇個）を毎日産み続けるため、常に餌を食べ続けなければならない。女王蜂は複数

＊4．ミツバチの発達過程では暗然とした詩のようなことが起こる。幼虫が女王にはならないことが明らかになったとたん、卵巣が固化し、毒液の袋と毒針が形成されるのだ。愛を交わすか戦うかのいずれかしかない。けれども、一万匹につき一匹あたりの働き蜂は、機能する卵巣をなんとか保持して卵を産む。だが、このような蜂は一度も交尾したことがないため、その卵は雄蜂になる。いずれにせよ、女王蜂に献身的に尽くしている他の働き蜂は、このような劣性変異の卵にすぐに気がついて殺してしまう。一方、万一女王蜂が死に、新しい女王蜂の登場も期待できないときは、このような雄蜂を産む働き蜂が突然重宝しだす。このコロニーには壊滅する運命が待ちうけているものの、少なくとも、コロニーの独自性を遺伝子に宿した雄蜂を、広い世界に送り出すことはできるからだ。ちょうど沈没しかけている船から救命ボートを送り出すように。

の他の巣の雄と交尾するので、ほとんどの働き蜂は父親違いの姉妹だ。

女王蜂はときどき未受精卵を生むことがあり、これは雄蜂になる。この数百匹のコロニーの成員の生き方は、ある種の典型的な人間の男性の生き方に酷似しているので、どうしても比較したくなってしまう。大きな頭と頑丈な体つきをした雄蜂は、一日中ほとんど何もしないで巣をうろつく。餌も採ってこなければ、子供の世話もしないし、何ひとつ作り出さない。女たちが食事を運んでくるのをただ待つだけなのだ。そんな雄に雌たちは黙って従う。食べ物のほかに興味を持っているのはセックスだけだ。折を見つけては、「ちょっと出かけてくる」と言って巣から外へ出ると、他の巣の雄蜂たちとつるんで、女王蜂を追いかける。うまく女王蜂をつかまえたら、二度と巣には戻ってこない。[*5]つかまえられなければ、無為徒食の生活を送れる巣に戻ってくる。だが、働き蜂の博愛主義にも限界がある。雄蜂は要するに「飛ぶ精子」だ。だから、交尾シーズンが終わってしまえば、用なしになってしまう。秋になって気温が下がり、巣の資源が減ってくると、働き蜂は雄蜂を巣から追い出す。そして路頭に迷った雄蜂はじきに凍えて死んでしまうのだ。

うまく機能している社会は、次の世代を大切にするが、これはミツバチとて同じこと。子供たちは安全な巣の中心部で大事に育てられ、そのすぐ近くにはベビーフード（花粉）が用意される。大人の食事（蜂蜜）は上の部屋に貯蔵される。これは、養蜂家にとってもありがたい習性だ。つまり、ファイルキャビネットの下の引き出しにいる蜂児はそっとしておいたまま、上の引き出しにあたる「継箱（つぎばこ）」から蜂蜜を取り出すことができる（この二つの部分をはっきり分けるため、養蜂家は「隔王板（かくおうばん）」と呼ばれるものを使う。これは巣箱の下部と上部を隔てる格子の板のようなもので、働き蜂は狭い格子の目を通り抜けることができるが、それより体の大きな女王蜂は通り抜けられず、卵はすべて下部の巣箱で産むことになる）。

子供たちの生活は、かなり快適だ。女王蜂に六角形の円柱の小部屋（育房）ごとに一つずつ、針の先ほどの白い卵として産み付けられたときが、この世に生を受けた瞬間だ。そして卵からかえったとたん、ミツバチ版の母乳である、たんぱく質豊富なゼリー（ローヤルゼリー）をふんだんに与えられる。これは、子育てに専従する育児蜂が花粉を消化して作る。三日月の形をした幼虫は迅速に成長する。その速さは、一日に二回、体重が倍になるほどで、六日目には、育房の隙間がほとんどなくなってしまう。[*6] こうなったら育児蜂は育房に蜂ろうで蓋をして、幼虫が静かにさなぎになれるようにする。蜂ろうは育児蜂の体の脂肪からできていて、体の隙間から、薄い板のようににじみ出てくる。育児蜂は、ちょうど人間がチョコレートを食べるときのように、唾液をまぜてこのろう片を咀嚼して柔らかくし、蜂児の育房に蓋をする。

育房の中でひとりになった蜂の子は、大事な変態作業にいそしむ。蝶のように自分で糸を吐いてまゆを作り、三日後には、ふかふかした毛でおおわれた新しい成蜂として出現するのだ。蜂になってからの最初の仕事は、自分の育房の蓋を嚙み破って、巣の仲間に合流すること。それが終わっても、お披露目パーティーはない。体をきれいにして、スナックを食べたら、すぐ仕事だ。

さてここで、このさなぎからかえったばかりの若い蜂の生活を、彼女の視点から見てみよう。

＊5．この酷い話については、のちほど。
＊6．三六〇〇グラムで生まれた赤ちゃんが、生まれた日の午後に七キロを超え、次の日の午前中には一四・五キロになり、そのまた翌日には五八キロになっている姿を想像してみてほしい。なぜあれだけの数の大人の蜂が食糧関係の仕事についているのかわかるだろう。

多くの点で、蜂の暮らしは、大人になったばかりの人間のものによく似ている。第一日目。働き手になる準備は整ったというものの、まだほとんどスキルがない。そこで最初の仕事は、今出てきたばかりの育房の掃除だ。そのあと半日ほど、ほかの巣房の掃除という単純な仕事につく。残りの時間は、食事、休憩、そしてもっとやりがいのある仕事探しに費やされる。四日目あたりで、やっと仕事がみつかる。子供の世話だ。口からローヤルゼリーをベビーベッドに吐き出して、蜂児を育てる。建設事業の才のある仲間は、蜂ろうを使った新しい巣板の建設にとりかかりだす。女王のお付きとして召抱えられたものも何匹かいる。これは女王に食事を運び、排泄物を巣の外に捨てる光栄な仕事だ。

一〇日目ぐらいになると、事態は一気に進む。ひからびた外勤蜂（採餌蜂）が、体を震わせ、脚をひきつけながら駆け込んできて、「受け取り人が必要なの！」と叫ぶ。「クローバーの花蜜がほとばしっているところを見つけたんだけど、荷渡しできる人が足りない！」。採餌蜂は自分で花蜜を貯蔵することはしない。花蜜の採集に大至急戻れるように、巣の中にいる蜂を探して荷渡しする。「私にもできそうだわ」と若い蜂は思う。まだ内勤蜂であることには変わりはないが、単純な掃除とやんちゃ坊主の世話の日々はもう終わりだ。

若い蜂は、興奮の坩堝と化している巣の入り口に急ぐ。そこでは、外勤蜂が広い外界から、ひきもきらずに花粉、花蜜、水を持ち帰ってきている。外勤蜂は巣に降り立ったとたん、体をうごめかして、「だれか受け取って、だれか！」と叫ぶ。若い蜂はしばらくその様子を見つめたあと、勇気を奮って、花蜜で体がはちきれそうになっている外勤蜂に近づき、その体に触覚で触れて伝える。「お姉さん、私にやらせてください」と。ほっとした外勤蜂は、丸まった口吻（花蜜を吸い上げるストローのような口）を伸ばして、体内のタンクに納められた花蜜をすべて若い蜂に移す。若い蜂はよたよたしながら巣の中に戻り、空の巣房を探して、花蜜をいったん中に吐き出したあと、その日一日かけて、口から体内に入れたり戻したりを繰り返す。この過程で、水分を蒸発させながら、花蜜の糖分を結晶型のショ糖からシロップ状の果糖に変える酵素を加えるのだ。水分の量が最初の七〇パーセントから約四〇パーセントにまで減ると、仲間とともに翅を震わせて風を送り、欧風料理のソースのように水気を飛ばす。水分量が二〇パーセントを切ったら、蜂蜜のできあがりだ。蜂蜜を入れた巣房に蜂ろうで封をして、また巣の入り口に戻り、次の荷を受け取ってくる。

一週間後。若い蜂はまだ貯蜜蜂の役目を楽しんでいるが、巣の入り口から目にした外の世界にも興味が湧いてきた。ある日、勇気を奮い立たせて、巣の外に身をのりだし、翅を使って飛ぶ練習をしてみる。すると自分でも気づかないうちに、体が浮き、空を飛んでいる。「こんなに簡単なことだったんだ！」。若い蜂は、周囲の情景をスナップ写真のように頭に刻み込んでから、安全な巣の中に戻る。その後の二、三日間、何度か訓練飛行を繰り返し、そのたびに遠くまで行きながら、巣箱の目印となるものを記憶に刻み付ける。

そしてその日がやってくる。時刻は早朝。ここしばらく大きな動きはなかった。きのうは一日中雨が降っていたから、外勤蜂は仕事に出ず、若い蜂とその仲間は、蜂蜜の熟成に専念した。だから今は何もすることがなく、エネルギーを保存するために休んでいたところだった。と、突然、一匹の外勤蜂に肩をつかまれて揺り起こされる。「リンゴの花よ！」。外勤蜂が叫ぶ。「花蜜がいっせいに流れ出したの！　全員ただちに飛行甲板に集合すること！」

「私も？　でも、一度も花蜜を集めたことがない」

「だから、今やるのよ！　さあ、行って！」

こうして、若い蜂は、興奮みなぎるダンスフロアに急ぐ。ダンスフロアは巣のすぐ内側にある場所で、戻ってきた採餌蜂が尻振りダンスをするところだ。押し合いへしあいしながら他の見物人といっしょに眺めていると、やった！　尻振りダンサーがすぐそばを通り過ぎる。お尻を必死に左右に振って、みんなに新しい発見を知らせようとしている。若い蜂は彼女の姿をしばらく眺める。そして、飛び立つ方向を教えてくれるダンスの角度、どれだけ遠くに飛ぶべきかを知らせてくれるダンスの時間に注意をはらう。この採餌蜂が宝の山を見つけたことは間違いない。体が水風船のように膨らみ、体中の孔(あな)からすばらしいリンゴの香りがにじみ出ているから。「わかった！」。若い蜂が叫んで、採餌蜂のうしろにできた数珠つなぎの列に並び、いっしょにお尻を振りはじめる。他にも何匹か列に加わったあと、列は巣箱の入り口に進む。

列の前の蜂が飛び立った。方角は、採餌蜂がダンスで教えた太陽に対する角度だ。若い蜂もすぐあとに続く。頭の中では、飛び続ける時間を数えている。「このあたりのはずなんだけど……なんにもない……ああ、あった！」。白とピンクの炸裂する花火のように、リンゴの木が満開の花を湛えている。仲間はもう仕事にとりかかっている。若い蜂は、花を選び、花びらに着陸する。花弁の上に描かれた紫外線のラインが花の付け根にある花蜜の井戸を指し示し、そこから、たまらない香りが漂ってくる。若い蜂はこのラインをたどり、ミルクシェイクにストローをさしこむように、口吻(こうふん)を伸ばして差し入れる。「ああ……なんという甘い幸せ」

彼女は「蜜胃」をいっぱいにする。これは、腹部にある袋で、頭部に組み込まれた油圧ポンプで充満したり空にしたりすることができるものだ。でも、蜂は花蜜をすべて消化してしまったりはしない。蜂の社会では、「みんなは[*7]一人のためにあり、一人はみんなのためにある」。だから、体を押したら花蜜がこぼれだすほどたくさんのリンゴの花蜜を体内に詰め込んだら、若い蜂は過剰積載したヘリコプターのように低空飛行で巣に戻る。入り口についたら、待ち受けている貯蜜蜂に蜜胃の内容を絞りだす。相手は、一週間まえの自分と同じ年頃の意欲満々の後輩だ。すばらしい花蜜がとれる花畑をみつけたときは、すっかり興奮してしまって、花蜜を貯蜜蜂に受け渡したあと、ダンスフロアに突進すると、お尻を振らずにいられない。案の定、他の蜂が数珠つなぎにつながり、彼女のダンスにしたがって、一直線に花に向かって飛んでいく。チームでがんばろう！

こんなふうにして、三週間が過ぎる。内勤蜂として巣の中で二一日間を過ごしたように、次の三週間は、外勤蜂として餌を集める仕事に費やされる。スキルはぐんぐん上達し、明け方から日暮れまで休みなしに働く。だが、徐々に変化があらわれる。きわめて薄い繊細な翅はどんどん磨耗する。体にガタが来たような気がしはじめる。内臓が病気に侵されていく。ある日、フォールアスターの花びらの上にとまった彼女は、脚が動かなくなった。飛ぼうとしても翅が開かない。そのまま、地面に落ちて、彼女の命はつきる。

群集としての知恵

こんなところが、蜂の目からながめた巣の暮らしだ。典型的な蜂の一生に起きる出来事、人生の転機について、かなり正確に説明できたのではないかと思う。さてここで、同じ出来事を人間の目から見てみよう。そして、巣のほかの場所で起きていることを知るすべがない数万匹

＊7．ミツバチの研究者は、暇なときに、こうして遊ぶことがある。

の個々の蜂が、それぞれ別々に決断を下しているにもかかわらず、見事な調和と知性（知恵といってもいいかもしれない）が生み出される謎の理解に努めてみたい。ちょっと考えてみてほしい。五万匹もの個々の蜂がいるのに、統率する者がいないという状況を。[*8] 五万人もの社員を擁する企業だったら、縄張りを主張する中間管理職がうごめいていることだろう。それぞれが二〇人かそこらの部下を抱えたこの管理職の上には、上司がいて、その上司の上にはまた他の上司がいて、というふうに最高経営責任者まで指示系統がつながっていく。ごく限られた人間が情報と権力を握ることは、迅速な決定と上意下達の意思疎通を可能にするが、その一方で、無能な重役がいると、企業全体が危機に瀕してしまうことにもなりかねない。

ミツバチは、「群集の知恵」という哲学に従うことにより、食物の取り込みや巣の建設などのニーズを正確に調整している。中央集権による意思決定手段は持たず、数万人の従業員が無私の決定を下すことにより自然に浮上してくる命令に従うだけだ。「無私の」という点が肝心である。四万九〇〇〇匹におよぶ子供の産めない働き蜂が自分の遺伝子を後世に伝えたいとすれば、それは「偉大なるお母さん」を通して行うしかない。ほとんどの生物の特徴である「適者生存」という遺伝子競争のルールは、ミツバチにはぴったりあてはまらないのだ。ミツバチの巣のメンバーは互いに争うようなことはしない。一蓮托生の精神で行動する。

このことは、進化の過程で通信網とフィードバック・ループを確立させることになり、ミツバチのコロニーは、一匹ではなしえない見識ある決定を下すことができるようになった。このような能力の多くについては、トーマス・シーリーの才気あふれた明晰な著書『ミツバチの知恵』（青土社刊）で説明されている。フィードバック・ループが使えるのは、採餌蜂と貯蜜蜂の役割が分かれているからだ。経験豊かな採餌蜂が、毎回花蜜を巣の中深く持ち込み、空の巣房を探し、花蜜を蜂蜜に加工しなければならないとしたら、多くの時間が無駄になってしまうだろう。そのため、このような仕事は貯蜜蜂が担うことになる。できるだけ多くの食物を巣に効率よく貯蔵するために、コロニーは採餌蜂と貯蜜蜂のバランスを最適に保たなければならない。採餌蜂が多すぎたら、巣の入り口には、荷をおろそうとする採餌蜂の渋滞が生じてしまうし、貯蜜蜂が多すぎたら、もっと餌を集められるときに、蜂を巣の内部でうろつかせてしまうことになる。

ミツバチは、世によく知られたダンスを用いてこのバランス調節を行う。「尻振りダンス」はより多くの採餌蜂をリクルートするための踊りで、「身奮いダンス」はより多くの貯蜜蜂を召集するためのもの。三番目のシグナルである「振動」は、内勤蜂を採餌蜂にさせるための合図だ。ダンスは、次のように行われる。

ある採餌蜂が花蜜を流れるようにあふれさせているオレンジの木を見つけたとしよう。この蜂はタンクを花蜜で満タンにしたあと、大急ぎで巣に戻る。この蜂の次の行動は、それがどれぐらいの時間を要するかにかかっている。もし運んできた花蜜を受け取ろうと貯蜜蜂が押し寄せれば、荷渡しはほんの数秒で終わる。これは、採餌蜂の数が足りないということだ。この場合、蜂は「ダンスフロア」すなわち、ミッションを求めて働き蜂がうろついている巣の入り口のすぐ内側に直行する。そして、この見物人の面前で尻振りダンスを踊る。巣板を上へ下へと移動しながら、翅を震わせて、お尻を振るのだ。縦の垂線からそれて走る角度（あらゆる巣板は、ダンスフロアを含めて、すべて縦に配置されていることを思い出されたい）が、太陽光線と巣

＊8. かつては女王蜂が支配者だと考えられていたが、実際のところ、女王蜂は産卵専門の奴隷のようなものだ。

およびオレンジの木と巣を結ぶ線が作る角度に相当する。*9

尻振りダンスの持続時間により、他の蜂はどれだけ遠くまで飛ぶ必要があるのかを知ることができる。大まかに言って、一秒間の尻振りダンスは、約一・二キロの距離を示す。見物している蜂たちは、どの尻振りダンスを選ぼうかなどと、えり好みはしない。たいていの場合、最初に目にした尻振りダンスに飛びつき、数珠つなぎになって、数回いっしょにダンスを踊り、飛び立つ前に座標をしっかり覚えこむ。こうして、尻振りダンスを繰り返せば繰り返すほど、リクルートされる蜂の数は増える。果たせるかな、ダンスを繰り返す回数は、発見したものの大きさに比例している。一本のオレンジの木は、ちょっとしたクローバーのやぶより尻振りダンスの回数は多い。そして、近場のオレンジの木は、遠くにあるオレンジの木より、尻振りダンスの回数が増える。このダンスはまた、外的条件に依存する相対的な状況もあらわす。同じオレンジの木であっても、それが周囲一・六キロ以内に花をつけている唯一の木であれば、第一面のトップニュース並みの扱いをされるが、もしそれがオクノフウリンウメモドキが爆発したように咲き乱れている中の一本だとすれば、たいしたニュースとしては扱われない。尻振りダンスが繰り返される回数は、「一回」（ほとんど伝える価値なし）から、「一〇〇回」（巣内の蜂全員集合！）にまで及び、概して「二〇回」以上なら、訪れて惜しくない発見だ。

この状況は次のように言えば、わかってもらえるだろうか。ひとりでランチに出かけて、たまたまマンハッタン最高のスリランカ料理店に出くわしたと想像してみてほしい。カレーとスリランカ版スパゲッティの「ストリートホッパー」で腹を満たしたあと、あなたは急いでオフィスに戻る。同僚にこのレストランのことを話し、レストラン調査専門誌『ザガット』にオンライン投稿すると、この店はあっという間に大繁盛する。一方、もしこの店の料理が冷めた脂っこいものだったら、誰にも話さないか、話しても数人どまりだろう。なにしろ場所はマンハッタンだ。レストランの選択肢は一万店以上におよぶし、いくらだってもっとましなところはある。かくして、このレストランはすぐに地表から消えることになる。

さて、私はバーモント州にあるカレーという小さな町に住んでいるのだが、この町のレストランの合計店舗数はゼロだ。だから、様子はちょっと違うことになる。裏道をハイキングしていたときに、たまたま開店したばかりのスリランカ料理店に出くわすというありえない状況に遭遇したら、たとえそこの料理が少しぐらい冷めていようが脂っこかろうが、私は人に出会うたびに尻振りダンスを踊るだろう。

人がレストランを探すときのように、ミツバチも花の穴場を口コミで知る。口コミは、質のいいものを探すのにもっとも適したバロメーターだ。

だが、ちょっと待ってくれ、と思われるかもしれない。いったいどうやって蜂は、どれぐらい興奮すべきかを「知る」ことができるんだい？　とりわけ、まだ餌を集め始めてから日が浅い蜂には比較のしようがないのに。ラズベリーの花畑が一生に一度しかお目にかかれないような発見なのか、それともふだんの定番の食べ物なのか、どうやったらわかる？　それに、それぞれの蜂には遺伝的な個体差があるから、ある蜂はアキノキリンソウに興奮して尻振りダンスをよけいに踊り、他の蜂はフォールアスターに興奮して、尻振りダンスを夢中で踊る、という

＊9．明るさも何らかの役割を果たしているようだ。地平線は太陽の真下にあるときと太陽と正反対の位置にあるときにもっとも明るく、その線に垂直に交差する線の二つの端の位置でもっとも暗くなる。偏光フィルターを巣の入り口に置いて回転させると、特定の尻振りダンスについて、蜂を誤った方向に飛び立たせることができる。ただし、偏光ゾーンを離れると、蜂はすぐに軌道を修正する。

ことにならないのかい？　また、ほかの蜂より尻振りダンスをしがちな蜂がいて、リクルートした蜂をたいしてよくない場所に連れて行くようなことはないのかい？

そう、答えはイエスだ。『ミツバチの知恵』の中のもっともチャーミングな実験で、シーリーは一〇匹のミツバチの尻振り傾向を観察した。まず最初に、給餌器で薄いショ糖液を蜂に与えてから、シーリーは給餌器を濃いショ糖液の入ったものと交換した。蜂の反応には大きなばらつきがあった。ある蜂（BBと名づけられた）は、この一〇匹が行った尻振りダンスの総計数の四一パーセントにもあたる回数のダンスを行ったが、もう一匹（OG）の回数は五パーセントにしかならなかった。この美食に慣れた辛口のレストラン批評家OGは、まったくダンスをしないことさえあり、最高に濃いショ糖液に対してさえ、たった三〇回しか尻振り走行を行わなかった。三〇回とは、BBが低品質のショ糖液に対して尻振り走行を行った回数である（「お昼にビッグマックを食べたんだけど、最高においしかった！」）。そしてBBは、最高に濃いショ糖液に対しては完全に舞い上がり、一〇〇回以上も尻振り走行を行った。

この遺伝的な個体差は、資源を効率的に活用しようとする巣の能力を損なう要因のようにみえるかもしれないが、結果的にはおびただしい蜂の数によって均される。もちろん、BBは一握りの蜂をリクルートして、彼女が良いと思っている蜜源に連れて行くことになるかもしれないが、連れて行かれた蜂は失望して、その蜜源が結局たいしたものではなかったと報告するだろう。つまり、尻振りダンスは行わない。その頃までには、おそらくBBも巣に戻り、ビッグマック狩りに疲れて眠りに落ちていることだろう。過熱した興奮状態もおさまっているはずだ。

実はコロニーには、BBのような蜂も必要だ。というのは、食糧が少ないときには、ビッグマックだって大発見なのだから。そして、食糧が潤沢に得られるときには、ほんとうに最高の場所に連れて行くためにリクルートを行うOGのような懐疑的な蜂も必要だ。大きな釣鐘曲線に示される蜂の興奮状態のばらつきがあるおかげで、コロニーは、常に変化する花蜜の供給状態に賢く対応することができる。

巣に戻ったときにダンスをする採餌蜂は一〇パーセントにも満たない。尻振りダンスが起きるのは、とくに花蜜が潤沢に採集できるときと、熱心な貯蜜蜂がいるときだ。もし貯蜜蜂を見つけるのにかかる時間が二〇秒から五〇秒の範囲だったら、貯蜜蜂はかなりうまく配備されていることになる。採餌蜂は花蜜を荷渡しし、体をきれいにしてから、ときにはちょっとスナックを食べて、さっきまでいた花にひとりで戻る。蜜源がほんとうに質の悪いものだったときは、しばらく花蜜を集めるのをやめて、巣の中の仕事に切り替える。シーリーは巣に帰ってくる無数のミツバチを観察したが、一度として、巣に戻ってきた採餌蜂がダンスフロアに直行して他の蜂をリクルートする姿を見たことはなかった。

貯蜜蜂を見つけるのに五〇秒以上かかるときは、巣に運び込まれる花蜜の量が多く、それを処理する貯蜜蜂の数が足りないことを意味する。この場合、採餌蜂は貯蜜蜂を探すことをあきらめて、巣の中深くもぐりこみ、身震いダンスを行う。けいれんしたように体を左右にぎこちなく振り、とりとめのない方向にぐるぐる回り、前足を高く上げて振り回す。この身震いダンスは、巣の中のあちこちの部分で、平均三〇分ぐらい続けられる。巣の中を移動しなければならないのは、暗く混雑した場所でメッセージを伝えるには、これしか方法がないからだ。彼女が信号を送っていることを意識してダンスをしているのか、あるいは貯蜜蜂を探せないというストレスがけいれんを起こさせているのかは、この際どうでもいい。ともかく「荷受け人が足りないのよ！」というメッセージは、このダンスによってはっきり伝えられ、荷受けをまだ経験したことのない育児担当も巣板建設作業員も、この要請に応えて、巣の入り口に直行する。

もしこの採餌蜂が尻振りダンスを行っている蜂に出くわしたら、彼女は羽音で警告するか、場合によっては頭突きをくらわす。「おばかさん！　採餌蜂のリクルートはやめなさい。もう採餌蜂は多すぎるのよ」と。案の定、身震いダンサーの羽音を聞いたり、頭突きをくらわされたりした尻振りダンサーは、ダンスをやめて、ひとりで採蜜に飛び立つことがほとんどだ。

この二つの組み込まれた行動、すなわち尻振りダンスと身震いダンスのおかげで、ミツバチのコロニーは、花蜜の採取と加工の割合を常に調節して、花が提供しているものを最大限に活用することができる。偵察蜂が、花蜜が分泌されだす「流蜜」を発見すると、この蜂は巣にまっすぐ飛んで戻り、尻振りダンスをして、リクルートした蜂を一〇匹ほど連れて花に戻る。流蜜が潤沢だと、このリクルートされた蜂も巣に戻ったときに尻振りダンスをして、それぞれがまた捜索隊を連れてくる。このようにして、早朝にあなたの庭のシャクヤクのにおいを嗅いでいた一匹の蜂は、お昼ごろまでには一〇〇匹ぐらいに増えているわけだ。もしこの一〇〇匹の採餌蜂が貯蜜蜂をなかなか探せないとすると、ふたたびシャクヤクに戻る前に、身震いダンスをして、新しい貯蜜蜂を作り出す。一方、シャクヤクの花蜜が吸い尽くされてなくなると、採餌蜂はまず尻振りダンスによる新しい採餌蜂のリクルートをやめてから、花蜜収集ミッションを停止する。コロニー全体が流蜜の少ないところをやめて、もっと収穫量の多いところに切り替えるには、一時間とかからない。

ともあれ、そもそも内勤蜂（貯蜜蜂）は、外勤蜂（採餌蜂）に変わる瞬間をどうやって知るのだろうか？　その鍵を握るのは、採餌蜂が送る三番目のタイプのシグナル、つまり「振動」だ。採餌蜂が宝の山を見つけて巣に戻ったときにダンスフロアで待機している貯蜜蜂がいなかったら、尻振りダンスをしても意味がない。そのため、この採餌蜂は巣の奥深く入り込んで、休んでいる蜂に脚をかけ、アクションを促すのだ。場合によっては、二〇〇匹もの蜂をゆすることがある。その多くが、まだ一度も飛んだことのない若い蜂だ。ゆすられた蜂はダンスフロアに向かい、飛行計画を学ぶ。

シーリーは、何日にもわたって花蜜を得ることができなかったコロニーの一匹の蜂を追跡し、その蜂の近くにショ糖液の給餌器を置いた。この蜂は、巣と給餌器とのあいだを行き来する一〇回目までの飛行時、巣に戻るつど、仲間をゆする行動をとった。ついにダンスフロアにひしめく蜂の数が増えたとき、この蜂は振動と尻振りダンスを混ぜたものを、次の一五回の往復飛行時に行った。その後は、尻振りダンスだけになった。

ローヤルゼリー

小学生に「蜂は何を食べている？」と訊くと、おそらく「蜂蜜」という答えが返ってくるだろう。この子の答えは正しい。でも、半分だけだ。ミツバチは、コロニーにとってもっとも不可欠な食物である花粉も集める。花粉には、植物の遺伝情報が含まれている。木の実や種と同じように、花粉は、最高級の複雑な栄養素に富んでいる。そのほとんどがたんぱく質だが、他にも脂質、ビタミン、ミネラルも含まれている。蜂蜜が蜂にとって朝食のドーナツだとしたら、花粉は、ほうれん草とにんにく入りのオムレツにあたるだろう。[*10] 蜂蜜に含まれる炭水化物は大

＊10．実際、花粉はおいしい食べ物でもある。私が一番好きなのはクローバーの花粉だ。

いなる燃料となる。だから、採餌蜂は蜂蜜以外ほとんど何も食べない。一日中飛び続ける採餌蜂は、マラソンランナーのように、「炭水化物ローディング」が必要なのだ。たんぱく質はあらゆる動物の身体を築き上げる要素だが、働き蜂としての体が完成したあとは、たんぱく質はあまり必要なくなる。私たち人間は、体の損傷を修復するためにたんぱく質が要るが、数週間しか生存しない働き蜂には、もともと修復プランはない。損傷を受けても、直すことはないのだ。

その一方で、赤ちゃんミツバチは、成長するために高品質のたんぱく質を大量に必要とする。この世に生を受けた最初の日から、赤ちゃん蜂は、人間の赤ちゃんと同じように、泣き声で要求を訴える。ただし蜂だから、音声で訴えるのではなく「蜂児フェロモン」として知られる匂いのメッセージを送る。フォーマットは違うといえ、内容は同じだ。「ここにいるの。おなかがすいた」。幼虫である期間の五・五日間に、幼虫の体は一二〇〇倍になる。これには大量のたんぱく質が必要だ。そしてこのたんぱく質は花粉からしか摂取できない。

花蜜を集める蜂と同じように、花粉を集める蜂も尻振りダンスをして、宝の山の存在を仲間に知らせる。ふつう、コロニーにいる採餌蜂の約四分の一が、花粉の採集を専門に行う。花粉の採集に特化する蜂がいる一方で、花蜜の収集を好む蜂もいるが、どちらを集めるかは状況によってフレキシブルに変わる。それより数は少ないが、全職業人生を水の収集だけに費やす蜂もいる。

花粉の採集は、花蜜の採集とは方法が異なる。花粉は固形なので、蜜胃に詰め込むわけにはいかない。そのかわり、ミツバチは花粉を毛でふさふさした体に付着させる。[*11] そして前脚を使って、後ろ脚のわきにある、カールした毛でできたサドルバッグのような「花粉かご」に花粉を貯める。花粉はここに「パン」のように凝縮される。

巣に戻る蜂を観察していると、鮮やかな橙色や黄色の派手なボンボンのようなものを脚につけた蜂を目にすることがある。花粉はこのような形態で持ち込まれるため、花蜜のように多くの労働力を必要とするタンクの入れ替え作業がいらない。花粉を集める蜂は、直接巣の中に入り、花粉パンを蜂児の育房のそばの巣房に入れ、少し花蜜を吐き出して花粉をまとめ、頭部で奥に押し込んでから、すぐに花かダンスフロアに戻る。花粉を採集する蜂は、受け取り蜂からのフィードバックは受け取らないが、荷物を降ろした際に、幼虫が与えられている餌を育児蜂からひとかじりもらう。花粉採集蜂は、この味で、花粉の需要を判断するのだ。もし餌にたんぱく質が充分に含まれていれば、花粉は全員にいきわたるほど充分にあることになる。だが、もしほとんど糖分だったら、もっと花粉を集めなければならない。

花粉採集蜂は集めた花粉のすべてを巣に持ち帰るが、自分で食べたり、蜂児に直接与えたりはしない。そうしたくてもできないのだ。長距離の移動に耐えられるように作られた花粉は、宇宙船のように堅固にできている。シリカ（ガラス）の殻におおわれていて、適切な時期が来たときにのみ、小さなハッチが開いて精子を放出する。ミツバチには、このようなカプセルを

＊11．花粉に体をこすりつけるまでもないこともある。ミツバチは飛行する際に翅を夢中で動かすので、ちょうど膨らませた風船をセーターにこすりつけたときのように、すばらしい静電気が発生する。花びらに着陸したとたん、バチッと静電気が放電し、花粉粒が雄しべの先端の葯（やく）から離れてミツバチの体に付着する。

＊12．この〝若さの泉〟に惹かれて、ローヤルゼリーを試してみたくなっただろうか？　実は、そう考えた人はほかにも大勢いる。効果が実証されていないとはいえ、ローヤルゼリーは長いこと健康補助食品として使われてきたし、美容界では珍重されてきた。ローヤルゼリーを巣から集めるのは大掛かりな作業が必要なため、アメリカ国産のローヤルゼリーは手が出ないほど高価になってしまう。世界のローヤルゼリーは中国からきている。

開けるための酵素がない。だからこの役目をバクテリアにやらせる。花粉をまとめるために蜜胃から吐き出した花蜜が、乳酸菌の繁殖を促進するのだ。これは、ちょうど牛乳がヨーグルトになったり、消化不可能な麦わらがサイロの中で発酵して飼料に変わるのと同じである。バクテリアは花粉の中に侵入してガラスのカプセルを破壊し、中に詰まったごちそうをむきだしにしてくれる。「蜂パン」として知られるこの発酵した花粉は、生の花粉よりずっと栄養価が高く、消化もしやすく、カビも生えにくい。

コロニーにいる若い成蜂である育児蜂はこの蜂パンを食べ、頭部にある下咽頭腺と呼ばれる腺を使ってローヤルゼリーを作り出す。この腺は、動物の乳腺に相当するものだ（彼らは伊達に「育児蜂」と呼ばれているわけではない）。乳と同じように、ローヤルゼリーも美味で消化しやすいたんぱく質の懸濁液（けんだくえき）で、健康面で無数の恩恵を与えてくれる。ローヤルゼリーにはビテロジェニンという物質が含まれている。ビテロジェニンは、免疫力を高め、ストレスを軽減するだけでなく、疲労や消耗を防ぐ強力な抗酸化剤でもあるのだ。養蜂家のランディ・オリバーは、ビテロジェニンのことを「ミツバチの若さの泉」と呼ぶ。*12

コロニーの健康状態を測る基本的なものさしは、ビテロジェニンの備蓄状態だ。ビテロジェニンは花粉に含まれる栄養素が合成されたものなので、コロニーの健康は花粉の供給状況に依存している。けれども、ミツバチは、蜂蜜を一〇〇キロ以上も貯めこむようには、花粉を貯めない。貯めるよりも、もっと仲間を増やすことに使うのだ。だからコロニーが得る大方のたんぱく質は育児蜂と蜂児の体内に蓄えられるのである。

ローヤルゼリーをもっとも消費するのは女王蜂だ。女王蜂はこれしか食べない。このことからも、ビテロジェニンがどれほどコロニーの健康状態と個々の蜂の寿命に不可欠なものである

ミツバチ

かがわかるだろう。女王蜂は、ビテロジェニン集約型食事法により、二、三年も生きつづけることができる。それにひきかえ、働き蜂の寿命はたった六週間だ。どの受精卵も産みつけられたときには女王蜂になる可能性があるのだが、ローヤルゼリーを浴びるように潤沢に与えられた者だけが女王蜂に成長する。育児蜂は、このビテロジェニン豊富なローヤルゼリーの供給を蜂児の生後数日で打ち切り、育房の蓋を閉じることによってのみ、女王蜂を育てるプロセスを断ち、数週間しか生存できない不妊の働き蜂を育てることができるのだ。

巣内のすべての蜂の中で、貧乏くじを引くのは、もっとも年上の働き蜂である採餌蜂だ。ビテロジェニンはほんの少ししかもらえない上に、自分で生成することもできない。というのは、下咽頭腺がすでに退縮してしまっているからだ。体の中のビテロジェニンがほとんどなくなった採餌蜂は、免疫力が低下して、老化も進む。体内のビテロジェニンのレベルが低下するのは、成蜂になってから三週間ほど経ったころだが、もしかしたらこれが、採餌蜂へと変わる化学的な合図になっているのかもしれない。

コロニーのたんぱく質のレベルを調整する役割は育児蜂の肩にかかっている。たんぱく質が少なくなると、まず、採餌蜂への供給をストップする。これでも足りないと、新しく産み出された卵や、若い蜂児を食べて、たんぱく質をリサイクルする。いよいよたんぱく質のレベルが悪化すると、女王蜂のすぐ後ろについて、産み落とされる卵を次々と食べてゆく。実はこれは、完璧に調節された巣を営むためのもうひとつの知恵だ。つまり、たんぱく質のレベルが低下し、育児蜂がいよいよ空腹に耐えられなくなると、彼らはもっとも便利なたんぱく質資源である卵に手を出さざるをえない。このことが結局は、コロニーが支えられるだけの数の蜂しか生まれてこないよう調整することになる。[*13]

秋が深まって、日照時間が短くなるとともに気温も低くなり、最後の花も枯れると、女王蜂は産卵をストップする。最後に羽化した蜂たちは、通常なら花粉を食べてローヤルゼリーに変える育児蜂になるところだが、もはや世話をする幼虫がいない。そのため、「若さの泉」であるビテロジェニンは体内に蓄えられたままになる。実は、そうすることが必要なのだ。秋の終わりに羽化した蜂は冬蜂だ。朝から晩まで忙しく働き精力を使い果たして数週間で死んでいく採餌蜂とは異なり、冬蜂の使命は春まで生き残ることにある。免疫力を高め、抗酸化力が強く、寿命を延ばすビテロジェニンをたっぷり抱えた冬蜂は、巣の中にかたまって、日が長くなり、女王蜂が産卵を再開するまで、何カ月も生き延びる。そして、新しく生まれた蜂児たちにビテロジェニンを与えてから、春の最初の採餌蜂となって命を終える。

大分裂

コロニーをうまく営むために成し遂げなければならない最後の仕事も、群集の知恵にかかっている。コロニーがはちきれるほどに成長し、条件が整うと、ミツバチは、「分蜂（ぶんぽう）」と呼ばれる巣分れを行う。巣の半分、すなわち女王蜂と数百匹の雄蜂を含めた約二万匹の蜂が、新しいすみかを求めて古巣をあとにするのだ。これはセックスを伴わない古典的な生殖方法で、ある生物が二つに分裂して、異なる二つの個体を作るのと同じだ。分蜂に先立ち、コロニーは「王台」と呼ばれる女王蜂の巣房をいくつか用意する。王台は巣板から突き出した形で作られ、中に女王蜂の幼虫が入っている。こうすれば、集団脱出のあと数日経って、この古い巣は新しい女王をいただくことができるわけだ。真っ黒な積乱雲のような蜂の集団が移動するのを見ると、人はパニックに陥りがちだが、この巣分れした集団には守るべき蜜も巣もないため、人を刺すことはほとんどない。

巣が混雑していることと花が咲き乱れていることが、分蜂の前提条件だ。最近まで、分蜂の決定を下すのは女王蜂だと信じられていたが、二〇〇七年になって、老練な働き蜂たちが討議を行ったあと、巣の残りの成員に合図を送る様子が研究者たちにより観察された。働き蜂たち

＊13．このシステムにも限界がある。コロニーに花粉が足りないと、育児蜂は成長の進んだ幼虫の育房に蓋をする日を一、二日早め、餌の供給を断つことによって、幼虫を強制的にさなぎにさせるが、このようなさなぎは孵化しても、体が小さく、体力も弱く、じゅうぶんに機能しない蜂になる。

は、甲高いホルンのような音までたてて、女王に飛び立つよう促していた。巣の中のすべてのことと同じように、巣分れもまた集団で意思決定される。

築き上げた確実な巣をあとにして、大急ぎで新しい巣を作り、蜂児を育て、花蜜と花粉を集めなければならないというのは、ミツバチにとってリスクの大きい賭けだ。とはいえ、繁殖はいつだって、リスクを負っても成し遂げなければならない仕事である。一時の激しい暴風雨に襲われたり、新しい巣を作ったばかりで食糧をまだ貯蔵していないときに長雨に襲われたりしたら、むき出しの分蜂の群れは壊滅してしまう。だからこそ、食物が潤沢にあり、天候が穏やかなとき、つまり典型的には春の終わりのよく晴れた日に分蜂を決行することにより、リスクを下げようとする。

分蜂を決行する前には、偵察蜂があちこちを飛び回り、見込みのある新しい空洞を見つけると、尻振りダンスに似たダンスをして本部に結果を報告する。ここで再び問題になるのは、どの偵察蜂の奨める場所が最適であるかをコロニー全体で決めなければならないことだ。判断基準は、サイズ、入り口の場所、入り口が面している方角（南がよい）など。けれども、決断には困難が立ちふさがる。というのも、この決定は、（A）決定権を握るものがいない、（B）偵察蜂は、他の蜂が推薦する場所を見ていない、（C）コミュニケーションはきわめて限定されているうえ、興奮しがちな蜂もいる、という状態で下さなければならないからだ。この問題に対する進化論的解決策はこうである。採餌蜂と違って、偵察蜂は自分の推薦する場所へのリクルートを繰り返さない。ダンスはするが、そのあとはすぐに休んでしまう。強力な尻振りダンスのほうが、より多くの招集蜂を目的地に送ることになるが、現地にいった招集蜂が失望したら、ほかの蜂を招集することはしない。何度も偵察飛行を繰り返し、多くの新米招集蜂が現地を訪れるうちに、平均化の法則が働いて、最良の目的地がもっとも多くの支持者を集めることになる。こうなったら、分蜂の開始だ。

分蜂はミツバチにとっては喜ばしいものかもしれないが、養蜂家にとっては災難以外のなにものでもない。分蜂が起きるたびに、巣の半分の蜂を失ってしまうのだから。古巣に残った蜂たちは、また勢いを盛り返して、秋までには元の勢力に戻ろうと努力する。こうしなければ冬が越せないからだ。けれども、ほとんどの場合、余分な蜂蜜は一滴もとれないし、花粉交配の仕事をする余力もない。そこで養蜂家は、できる限りのことをして分蜂が生じる事態を避けようとする。どうやるかというと、膨れ上がったコロニーが他の空間に広がることができるように、「継箱（つぎばこ）」と呼ばれる空の巣板が入った箱を巣箱の上に継ぎ足すのだ。養蜂家はまた、ミツバチが自分たちで分蜂する気になる前に、人工的に巣を二つに分けようとする。巣を分けると一時的に蜂蜜の生産量は落ちるが、コロニーは増える。養蜂家はこうやって蜂を増やしてきたのだ。彼らは、蜂蜜を生産する巣箱とコロニーを拡大する巣箱のバランスをとることに気を注ぐ。分蜂させないでおきながら、健康を保たせ、かつおとなしくさせる、というのは、科学の法則からは外れているかもしれないが、養蜂とはそういうものなのだ。ミツバチは、人間との接触を喜ぶ家畜化された動物ではなく、むしろ天の意志のようなもの。だから養蜂では、よく神頼みのようなことをする。

ときおり、この神頼みは奇妙な形をとる。その一例が、米国防総省による、ミツバチを使った地雷探索の実験だ。そもそもミツバチとは、遠くの香りを追跡するための自然の優雅な発明だ。花が交信しようとしているあらゆる情報を解釈し、無数の的確な位置を記憶し、この情報を司令部の他のメンバーに伝えるミツバチの能力こそが、コロニーを支えている。一ミリグラムの脳しかないミツバチはアインシュタインではないかもしれないが、昆虫の世界では、驚くほど習得の早い学習者だ。他のほとんどの虫とは違って、ミツバチは、パブロフの犬のように、条件付けに反応して行動を変える。砂糖水を何かの匂いとともに与えると、それを数回繰り返しただけで、今度は匂いを与えるだけで、同じ蜂の行動が引き出せるようになる。花はこの事実を数百万年も前に見つけ出していた。匂いを探し出すミツバチの能力はほんとうに優秀だ。ミツバチの触角には一七〇種類もの嗅覚受容体がある。この数はミバエでは六二種類、蚊では七九種類だけだ。[*14]

ミツバチは、餌と関連付けて学んだものなら、どんな匂いでも見つけ出す。モンタナ大学の環境化学者かつ昆虫学者で、強烈な独創的思考の持ち主であるジェリー・ブローメンシェンクは、さまざまな種類の化学物質が追跡できるようにミツバチを訓練した。そのほとんどが汚染物質だった。一九八〇年代、ブローメンシェンクは彼のミツバチを使って、ワシントン州の海岸地域ピュージェット・サウンドを汚染したヒ素、カドミウム、フッ化物が、タコマにある精錬工場から流れ出ていたことを突き止めた。

地雷の探知は嫌な仕事だ。地雷に含まれる爆薬の匂いを嗅ぎつける仕事をよく押し付けられるのは犬だが、犬は訓練に時間がかかるし、広い地域をカバーすることもできないうえ、地雷に吹き飛ばされてしまうことも多い。だがミツバチは、順応性に優れた学習者で、餌に爆薬の副産物を少し混ぜるだけで、二日間のうちに学習を済ませてしまう。カバー範囲も犬よりずっと広く、決して爆死するようなことはない。

さらにミツバチは、実際には餌がなくだまされたことがわかると、地雷の上に長く留まるようなことはしない。そこでレーザーの登場となる。地雷原に放射されたレーザー光線は地雷の上に群がっている蜂に当たって跳ね返る。そして、コンピューター処理された地図が作られ、地雷の位置がわかるというわけだ。実験では、ミツバチは九七パーセントの精度で地雷を発見し、見逃したのはただの一パーセントだけだったという。これは、人間の地雷撤去作業員の精度と変わらない。[*15]

こんな話をしたのは、次に海辺で遊ぶときに金属探知機のかわりに蜂の巣を持っていくよう勧めるためではなく、ミツバチのコロニーというものがどんなものであるかを強調したかったからだ。それは、素早く思考を巡らし、常に状況に合わせて変化し、生き残るための知恵に基づいて行動する超個体だ。われわれ人間は、知恵とは上意下達の手順のことだと思いがちだ。つまり、強力な意思を持つ者が情報を集め、それを蓄積した経験から学んだことに照らし合わせて、理性的な決断を下すことが知恵だと思っている。けれども、実のところ、知恵とはプロセスではなく結果のことだ。快適な暮らしをする能力、将来を予測してそれに備える能力、災難を避け、問題を防ぐ能力こそ知恵なのだ。知恵は経験とパターン認識能力によりもたらされる。たとえば、「この前、あの赤い実を食べたとき、具合が悪くなった」というように。ある

＊14．一方味覚に関しては、ミバエと蚊には味覚受容体がそれぞれ七〇種類ほどもあるのに、ミツバチには一〇種類しかない。餌と協調関係を結んでいるごくわずかな生命体であるミツバチは、それほど多くの味覚受容体を持つ必要がないからだ。そもそも味覚受容体のほとんどは毒素を検出するために使われる。けれども花を信頼しているミツバチは、毒素のことなど考えようともしないのだ。

＊15．ブローメンシェンクからは、これ以上詳しい情報は引き出せなかった。「この件について言えることは厳しく制限されています。軍と国防総省は、この技術がある種の国に輸出されて、他の用途に使用されることを恐れており、私たちには緘口令が敷かれているのです」明らかに、ブローメンシェンクと国防総省との提携関係には、軍隊式会話術（ミリタリースピーク）のレッスンも含まれていたのだろう

いは、ミツバチと同じように、本能とフィードバック・ループの働きによって得られることもある。いずれにせよ、試行錯誤のプロセス、言い換えれば、過ちから学ぶプロセスによって得られるものだ。知恵は、個人の力に重きを置くこともあるし、遺伝子と進化に依存することもある。われわれ人間は前者にしか注意を払わない傾向があるが、自然は後者のほうを優遇するらしい。

ミツバチに存する群集の知恵の弱点は、個々の蜂を殺さずともコロニーの壊滅をもたらすことができるという事実だ。ミツバチの記憶、学習、感覚、食欲、消化、本能、寿命のいずれかにでも影響を及ぼす事態が発生すれば、フィードバック・ループは軌道を逸脱しかねない。そして、その影響が甚大であれば、ミツバチの巣を構成している見事な数式はもろくも崩れ去ってしまうのだ。

第三章

何かがおかしい

養蜂家は当初、その害をダニのせいにした。しかし、それでは説明のつかないことがあまりに多い。集団としての知性が失われたようだったのだ。

二〇〇六年一一月に巣箱が空になっていることを知ったデイブ・ハッケンバーグがまずやったことは、一〇輪トラックの荷台に壊滅したコロニーを載せて、フロリダのデイド・シティにある彼の養蜂場に運び、そこでせめて蜂蜜を絞り、巣板を救おうとしたことだった。ハッケンバーグは、フロリダ州の養蜂研究官、ジェリー・ヘイズに事態を報告したが、ヘイズの返事は、おそらくミツバチヘギイタダニが原因だろうというものだった。またあのダニだ。現代の養蜂で何か問題が起きれば、必ずミツバチヘギイタダニが原因ではないかと疑われる。このダニに必死で抵抗し、ほとんどノイローゼ状態になっている養蜂家の心理は、彼らの蜂に何が起きたのかを知らなければとても理解できないだろう。

やかんのような大きさと形を持つダニに背中に食いつかれた状態で暮らすことを想像してみてほしい。この巨大なダニが、一匹どころか二、三匹もとりついて、あなたの背中に牙を深くつきたて、体液を吸うのだ。なんとおぞましいことか！　今度は、あなたから離れたダニが子供たちを襲いだす姿を描いてみてほしい。

これが、ミツバチヘギイタダニに襲われたコロニーの暮らしだ。このダニ（クモやマダニと同じ綱に属す）は、もともとアジアのミツバチであるトウヨウミツバチの寄生虫で、極東に生息していた。だが、二〇世紀のあるときに、シベリアに持ち込まれたセイヨウミツバチに寄生するようになり、我々ホモサピエンスの力を借りて、一九七六年にヨーロッパを直撃した。

アメリカでは、ミツバチの輸入を一九二二年以来禁止している。この年、外国からミツバチの疾患と寄生虫が持ち込まれるのを防ぐために、議会がミツバチ条例を可決したのだ。誰もが、この条例のおかげでミツバチヘギイタダニの害は防げると思っていた。実際そのとおりではあったのだが、たった一一年の間のことだけだった。一九八七年、最初のミツバチヘギイタダニ空挺部隊がフロリダに上陸してアメリカの養蜂界を震撼させた。フロリダのミツバチは隔離されたが、そうなることを恐れた移動養蜂家は、隔離条例が施行される前に、真夜中に巣箱を積んでフロリダから逃げ出してしまった。こうして、その後一年以内に、ミツバチヘギイタダニはアメリカ全土に蔓延してしまった。

ミツバチの体液を吸うダニ

このダニは数百万群におよぶミツバチのコロニーを死に至らしめた。一九八七年のデビューから一〇年以内に、このダニが廃業に追い込んだアメリカ国内の商業養蜂家の数は全養蜂家の四分の一にもなる。一例をあげると、一九九五年に八万五〇〇〇群あったペンシルベニア州のコロニーは、主にミツバチヘギイタダニが原因で二万七〇〇〇群にまで激減した。あまりにも深刻な事態に、一九二二年のミツバチ条例が一時的に撤回され、不足したアメリカの巣箱を補塡するために、オーストラリアから蜂が緊急空輸されたほどだ。二〇〇六年から二〇〇七年にかけて起こったCCD禍の最中でさえ、CCDで壊滅した数と同じぐらいのコロニーがこのダニのせいで死滅した。

ミツバチへギイタダニは必ずしもすぐに蜂を殺すわけではない。その必要もない。ダニが蜂を弱らせるだけで、入念に調整された巣の力学は崩壊してしまうから。

ミツバチへギイタダニは蜂の体液を餌にする。成蜂の体液も吸うが、餌にするのは大方は蜂児の体液で、繁殖はすべて蜂児が入っている育房で行われる。卵を抱えた成虫のダニは、ミツバチの幼虫の入った育房に侵入すると、ローヤルゼリーの水面下に身を隠し、スノーケルのような管を突き出して息を吸いながら、発見される危険が去るまで何日間もじっとしている。育房に蓋がされたら、作業開始だ。

ダニはべとべとしたローヤルゼリーから体を現し、何の抵抗もできないジューシーな幼虫に牙を突き立て、体液をたっぷりと吸う。育房の中に卵を産むと、卵から孵（かえ）ったダニの幼虫は蜂の幼虫の体液を吸って成長し、互いに交尾して、育房の蓋が開いたときに一気に外へ出る。そして他の育房に侵入し、このサイクルを繰り返す。

体液を吸われても幼虫が死ぬことはないが、被害は甚大だ。ダニに開けられた傷口は、あらゆる種類の細菌、真菌、ウイルスを歓迎する赤い絨毯となる。ダニに体液を吸われた幼虫は奇形になることも多く、栄養失調で疾患を抱えた大人の蜂に育つ。

とりわけ陰湿な影響は、このダニに体液を吸われた幼虫は、大人になったときに下咽頭腺が未発達になる場合がよくあることだ。この腺は蜂の頭部にあって、花粉をローヤルゼリーに変える働きをする。そのため、蜂の下咽頭腺が正常に発達しないと、蜂は赤ちゃん蜂の餌を作り出すことができない。こういうわけで、ミツバチヘギイタダニに襲われたあとにすぐ生まれた世代の蜂は一見すると正常に機能しているように見えても、この蜂たちがコロニーの育児を担当するようになると、その次の世代は栄養失調に陥る（この世代自体がすでにダニに襲われている）。栄養失調の蜂は短命だ。これは夏蜂にとっても大問題だが、半年間生き延びなければならない冬蜂にとっては致命的だ。かくして、ミツバチヘギイタダニに襲われた巣のほとんどは、冬の間に壊滅してしまう。

　ミツバチヘギイタダニへの対処はむずかしい。ある節足動物（蜂）を殺さないで、他の節足動物（ダニ）を殺さなければならないのだから。癌の化学療法と同じように、ダニを殺すために巣に毒性物質を入れると、蜂も弱らせてしまう可能性が高い。ダニが死滅したあとに、蜂が回復してくれることを期待するしかない。そしてダニは進化するのだ。一九九〇年代初頭に「アピスタン」と呼ばれるダニ駆除剤が発売された。これは毒性が比較的弱いとして知られているフルバリネートという殺虫剤をプラスチックの帯に染みこませたもので、巣箱あたり二枚の帯を吊るすと、帯から徐々に薬剤が気化してダニを殺すというものだ。効き目はてきめんで、数年間の間、ほとんどすべてのミツバチヘギイタダニが巣から駆除されることになった。だが、かろうじて生き残ったダニはすぐに繁殖し、強力な抵抗力を身につけた子孫を蔓延させてしまった。結局、あっという間にアピスタンは無力になってしまい、ダニと養蜂家のバトルは、一対ゼロの結果に終わった。

　養蜂家は教科書どおりにものごとを進めるのが苦手なようである。アピスタンの帯の効き目がなくなったとき、少しで効かないなら、たくさん使えば効くだろうと考えた養蜂家がいた。

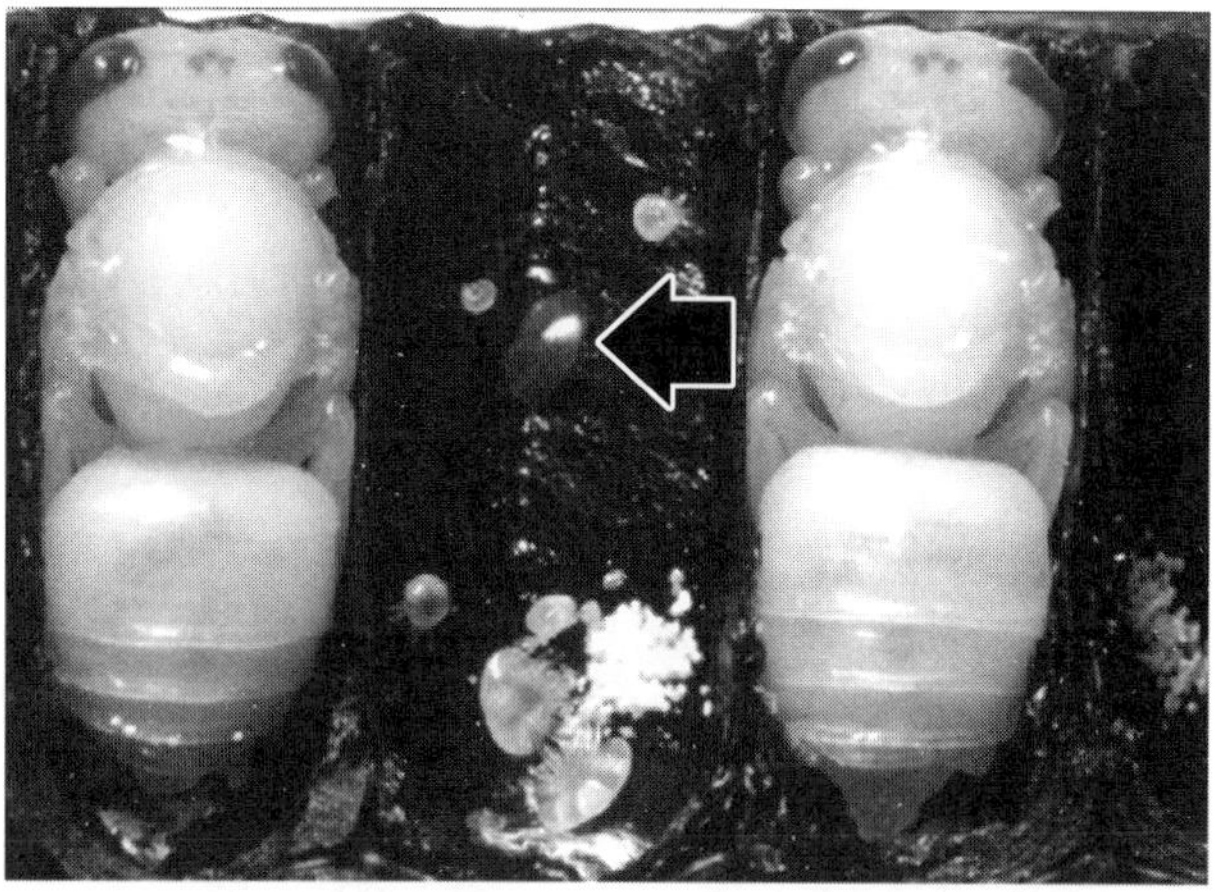

セイヨウミツバチ巣房内の母ダニ（矢印）と若ダニ

ミツバチヘギイタダニ（矢印）の寄生による翅の異常（左・中）。右は正常な働き蜂

玉川大学ミツバチ科学研究センター吉田忠晴教授提供

フルバリネートは毒性がかなり弱いので、彼らは帯など使わずに、「マブリック」の使用に訴えた。マブリックは「非食品用」に指定されたフルバリネートの液剤で、装飾品や建物の周囲やアリの巣撃退用に使われる殺虫剤だが、養蜂家はこの液剤をタオルに染みこませて、巣内に投げ込んだ。違法でありながら、このようなフルバリネートの大量投与は今でも行われている。いずれにせよ、ミツバチへギイタダニがさらに強力な抵抗力を身に付けるのに、たいした時間はかからなかった。ミツバチは死に続け、バトルの星取表は、二対ゼロになった。

一九九九年、養蜂業界がボロボロになりかけたとき、「チェックマイト」という新たな殺虫剤が販売された。だが、この薬剤の長所は、チェスの「チェックメイト」と、ダニの英名である「マイト」をかけたしゃれた名前だけだった。チェックマイトには、有機リン系殺虫剤の一種であるクーマホスが使われていた。これは地球上でもっとも毒性の強い化学物質のひとつである。チェックマイトはミツバチへギイタダニを一年間にわたって撃退したが、ダニはまた抵抗力をつけてしまった。これで、得点は、三対ゼロになった。

過去一〇年間にわたって、養蜂業はミツバチへギイタダニとの戦いに一歩先んじようと精力をすり減らしてきた。養蜂家はアピスタンとチェックマイトを交互に使い、自分の蜂を襲っているダニにどちらかの効き目が現れることを期待した。そして、冬場の蜂の死亡率を、一五から二〇パーセントだけに抑えようとしたが、実際には、どちらのダニ駆除剤もあまり効き目はなく、それ以上の救い主が現れる気配もない。問題のひとつは、駆除のスケジュールにある。チェックマイトは非常に危険な物質なので、ミツバチが蜂蜜を作っている間は合法的には使えない。このため、春と夏の間はダニの天国になる。推奨される駆除プランは、蜂蜜の入っている継箱を外す一〇月ごろまで待って、次の春までにダニを駆逐するというものだ。けれども、温暖な気候の地域では、秋に駆除を実行したのでは遅すぎる。九月には、すでに冬蜂が出現しているからだ。ダニに痛めつけられた冬蜂が冬を越すのは無理だ。春になって壊滅している巣を見つけたときにはすでに、張本人のダニの痕跡が消えていることもある。秋に殺虫剤で駆除されてしまったからだ。いずれにせよ、巣を救うには遅すぎたわけだ。

今では、ミツバチヘギイタダニは、オーストラリアとハワイを除き、世界中に蔓延している。彼らは決していなくならない。とはいえ、このダニはすでに過去二〇年以上その存在が確認されているので、二〇〇六年に急増したＣＣＤによる蜂の死を説明するものにはならない。それに、壊滅したコロニーと健康なコロニーとの間のダニの数に明らかな差はない。誤解のないように言っておくが、ミツバチヘギイタダニは、あらゆることをぶちこわす憎い悪者であることは確かだ。だが、ことＣＣＤに限っては、犯人ではない。

誰も近づかない巣

デイブ・ハッケンバーグはこのことをすでに知っていた。自分で調べたのだ。壊滅した巣にいたミツバチヘギイタダニの数は、むしろ健康な巣にいたものより少なかった。蜂の死の原因が何であれ、ミツバチヘギイタダニは犯人ではない。ジェリー・ヘイズは、このハッケンバーグの言葉を信じた。そして、最近、七五パーセントにもおよぶ巣箱を失ったジョージア州の養蜂家に会ったことを打ち明けた。だがヘイズには、何か新しいことが進行しているとは思いもよらなかった。

それはハッケンバーグも同じだった。同様の被害があらゆるところで起きているのに、ただ報告されていないだけだということを知らなかったのだ。養蜂家は巣を壊滅させてしまうことを恥じる。そんなことが知れたら、仲間から能なしの養蜂家を意味する「ＰＰＢ」（Piss Poor Beekeeper）というレッテルを貼られてしまうから、報告などしたがらない。

それでも、新しい巣が次々と弱って死んでいく様子を見つめていたハッケンバーグは、何か新しい事態が起きているという確信を強めていった。彼にはパターンが見えてきていた。巣に残された若い蜂の行動は異常だった。群がらないし、食べないし、巣板の上をむやみにうろついている。

蜂の異常行動よりさらに奇妙だったのは、ふだん蜂の巣を襲う外敵の行動だった。蜂蜜のつまった蜂の巣は、エネルギーを手っ取り早く手にできる究極のごちそうだ。巣には、無数の蜂が数億個の花から集めてきて、すぐに食べられるように加工した一〇万キロカロリーもの蜂蜜が詰まっている。ハチノスツヅリガからクマにいたるまで、捕食者はこの誘惑にさからえない。彼らを唯一遠ざけるものは、巣内にうごめく五万匹の毒針を持った兵隊だ。この兵隊がいないとすれば、奪略者たち、とりわけ他の蜂たちは、あっという間に巣に押し寄せて、手当たり次第に巣を荒らすはずだ。

ところが、ハッケンバーグの壊滅した巣は荒らされなかった。実は、彼が四〇〇箱の巣箱を置いていた原野には、他の養蜂家も一〇〇箱の巣箱を置いていた。この巣箱は死滅の兆候も失踪の兆候も示していなかったが、ハッケンバーグの巣を略奪しようとはしなかった。まるで彼の巣箱がおぞましいものであるかのように、近づいてこなかったのだ。ハチノスツヅリガもふだんなら、放置された巣箱に入り込んで、すぐに幼虫と花粉、すなわちたんぱく質を食べ始める。けれども、ハッケンバーグの壊滅した巣箱にやってきたハチノスツヅリガは、外側を侵略しはしたものの、巣の中心部には手をつけようとはしなかった。

この状況はジェリー・ヘイズの注意を惹いた。「ハチノスツヅリガが巣に入らなかったり、入っても端に留まるだけで奥に行かなかったとしたら、誰だっていったいどうしたんだと思うだろう。何が蛾を遠ざけているのかと。まず頭に浮かぶのは殺虫剤。次に疑うのは何らかの真菌の胞子だ。そこで、共通点を探るために、蜂と巣板を調べ始めたんだ」

ハッケンバーグに少し全体像が見えだしてきたときに、サウスカロライナの大規模商業養蜂家から、蜂を売ってくれないかと電話がかかってきた。これはおかしな頼みだった。この時期に、この養蜂家が蜂を必要とするわけがない。けれども他の養蜂家の立場を心配している余裕などなかったハッケンバーグは、ただ、売る分の蜂はない、と答えた。「私の蜂はほとんど死んでしまったから」

電話の相手はこの答えに関心を抱いたようで、色々と質問を投げかけた。ハッケンバーグは症状を一つ一つ上げていった。蜂の死骸がないこと、蜂児と蜂蜜が放棄されたこと、蜂が神経質な様子を見せていること、そして外敵が近づかないこと。相手は黙りこくってしまった。しばらくして、疲れたようなカロライナなまりが聞こえてきた。「それじゃ、あんたも私も、運命共同体ってわけだ」

その一週間後、さらに多くの蜂が弱り失踪するのを見ていたハッケンバーグは、ついに真相を究明しようと決心した。壊滅した巣を平台トラックに積み、長距離ドライブでペンシルベニアに向かい、そのいくつかをペンシルベニア州の養蜂研究官、デニス・ヴァン-エンゲルスドープのもとに持ち込んだ。

ハチのエイズ？

ヴァン-エンゲルスドープが死んだ蜂の内臓を顕微鏡で調べたとき、彼が目にしたものは、微小世界における第一次大戦の戦場だった。あらゆるところが、光沢をおびたへこみのある廃墟と化していた。本来白くあるべき蜂の内臓は、感染症による茶色の斑点におおわれていた。針腺は黒変していた。このメラニン化が最後に報告されたのは五〇年も前のことで、そのときの原因は、めったにない真菌の感染症だった。ヴァン-エンゲルスドープは、ほかにも、翅変形病ウイルスやブラッククイーンセルウイルスなど多くの病変を見出した。蜂はただひとつの病気に侵されていたのではなかった。山のような病気を抱えていたのだ。

一方、ジェリー・ヘイズも、ハッケンバーグの蜂に関する研究を進めていた。死にかけている蜂をつかまえ、ペトリ皿に隔離して定温器の中に入れたところ、四八時間以内に、蜂の口と肛門から菌が生え出してきた。

デイブ・ハッケンバーグの蜂の免疫システムは崩壊していたのだ。これが思い出させることは明白だ。彼の蜂は、蜂のエイズのようなものに侵されていたのである。だが、いったいその原因はなんだろう？　そして、なぜハッケンバーグの蜂だけを襲ったのだろう？

ヴァン-エンゲルスドープは、前者の謎を解明する前に、後者の答えを手にすることになった。ハッケンバーグの蜂だけが特別だったのではなく、彼は単に、この現象の最初の報告者というだけだったのだ。この年の一一月と一二月、アメリカとカナダ全土を通して、養蜂家は同じ話を報告するために列に並んでいた。コロニーの壊滅、死骸の不在、あとに残された多量の蜂児と蜂蜜、そして迫り来る大惨事、という話を。

冬にコロニーをいくつか失うのは何も異常なことではない。厳しい寒さと餌不足により、五パーセントほど蜂の人員削減が進むことは、養蜂家にとって織りこみ済みのことだ。けれども、ミツバチヘギイタダニの被害勃発に伴い、この率は上昇の一途をたどった。今では、冬場に一七パーセントのコロニーを失うことは「正常な範囲」と考えられている。だが、この新しい現象の猛だけしさは、次元を別にするものだ。

健康に見えていたコロニーが、たった二週間のうちに成蜂を失ってしまうのだから。報告が山のように寄せられだした中で、真っ先に養蜂家の調査を行ったのはペンシルベニア州だった。その結果、この新しい事態を経験している養蜂家は全体の四分の一近くにも上り、失った巣の平均は七三パーセントにも及んだ。この新たな災厄に襲われていない養蜂家でさえ、平均二五パーセントの損失を報告していた。ペンシルベニアにあった四万箱の巣箱のうち、実に一万五〇〇〇箱にもおよぶ蜂が死に絶えていたのである。

状況は、カリフォルニアからニューヨークまで、まったく同じだった。国内の半数の巣箱には問題がなかったが、残りの半分は異常な事態に見舞われていた。アメリカ全体では、この冬に、おそらくミツバチのコロニー二四〇万群のうち八〇万群が壊滅したものと思われる。三〇〇億匹のミツバチが死んだというのに、その原因は誰にもわからなかった。

カナダも同じことを経験していた。二〇〇七年の冬、オンタリオ州のミツバチの三五パーセントが死んだ。

ヨーロッパでも悲惨な状況だった。フランス、スペイン、ポルトガル、イタリア、ギリシャ、ドイツ、ポーランド、スイス、スウェーデン、ウクライナ、ロシアでは、この冬にあわせて四〇パーセント近くの蜂が死滅した。南米は壊滅状態だった。タイと中国も、大きな被害に見舞われた。[*1]

デイブ・ハッケンバーグが所有していた三千群のうち、まだ一三〇〇群には、一月にトラックの平台に積んでカリフォルニアのアーモンド農園に連れて行けるだけの元気があった。アーモンドの授粉は、商業的な花粉交配における年間最大のイベントだ。カリフォルニア州のサンウォーキンヴァレーとサクラメントヴァレーにある巨大なアーモンド栽培地の二月の開花にあわせて、その前にミツバチを温かく保つため、一月には国内の約半数のミツバチがトラックに積まれて連れてこられる。養蜂家にとっては毎年一月に開かれる非公式の会合のようなものだ。カリフォルニアのアーモンドは巨大産業で、約二八〇〇平方キロにわたって植えられたアーモンドの木は、四五万トン以上のアーモンドの実を生み出す。これは世界の供給の八二パーセントを占め、売り上げは、二〇億ドルを超える。アーモンドは、ぶどうよりもさらに収益性が高い、カリフォルニア州でもっとも経済的に成功している農作物だ。

けれども、アーモンドは、その一粒一粒の受粉をミツバチに頼っている。二〇〇七年の一月、アーモンド農園主は、ミツバチを必死でかき集めなければならない事態に遭遇した。その前年までは、花粉交配に支払う費用に頭を悩ませていればよかった。だが今回は、世界のアーモンド需要を満たすためにじゅうぶんなミツバチが集められるかどうかが問題だった。

結局、このときはなんとかなった。ぎりぎりだったが。アーモンドの畑は一〇〇万箱以上のミツバチの巣箱で埋め尽くされた。だが、そのほとんどのものが弱っていたので、アーモンドを受粉させるには、手に入るかぎりのあらゆる巣箱を動員しなければならなかった。それでも足りずに、オーストラリアから数千箱のコロニーが空輸された。こうしてアーモンド農園主たちはからくも生き延びた。

だが、同じことは多くの蜂については言えなかった。

デイブ・エリントンは、ミネソタに本拠地を置き、数千箱の蜂を飼育している養蜂家だ。一家が養蜂をはじめて六〇周年にあたる記念すべき年の二〇〇七年春、花蜜が流れるテキサスに巣箱を置いた彼は、CCDに襲われたことを知った。「カリフォルニアに蜂を連れて行ったんだが、そこで壊滅してしまったんだ。アーモンド畑には行かずじまいさ。ともかく蜂を連れ戻し、蜂児を買って、巣箱に入れた。三月一三日に、蜂児の巣板を巣箱あたり二枚入れて、コーン・シロップを与えておいた。それからしばらく家に帰って、四月の三〇日に巣箱を調べに戻って来た。蓋をあけたとき、二枚の巣板にはぎっしり蜂児が詰まっていたし、巣礎（六角形の形があらかじめプレスしてある、巣板をつくる元となるシート）の上には巣房が築かれていたし、巣には蜂蜜も溜まっていたし、女王蜂もちゃんといた。なのに、巣箱には一〇〇匹ぐらいしか蜂がいなかったんだ。いったいどうしたっていうんだ？　どの巣箱もみんな同じだった。おれは、いったいどこで間違ったんだ？　いや、おれたちは何をしてしまったんだ？　なんてったって、春のテキサスだぜ！　花粉と花蜜を集めるには最高のシーズンだ。なのに、蜂たちは全部だめになってしまった」

デイブ・ハッケンバーグがカリフォルニアに送った一三〇〇箱のうち、ペンシルベニアに無事戻ってこられたのは、わずか六〇〇箱だけだった。彼は破産してしまった。四五年間養蜂業を続けてきてはじめて、五〇万ドルの借金をして、新たな女王蜂や器具を買い入れ、コロニー

＊1．同期間に、世界の食糧価格は三七パーセントも上昇した。

の再建を始めなければならなかった。

二〇〇七年の五月がめぐってきたとき、ハッケンバーグやエリントンなど、からくも廃業をまぬがれた養蜂家たちは、ほっと一息ついていた。穏やかな気候と満開の花が蜂を強くしてくれる。今こそ、蜂のコロニーが全速力で花蜜と花粉を集め、卵を産み、冬の損失を埋め合わせるときだ。二〇〇七年の夏には、ＣＣＤのほとんどの兆候は影をひそめ、養蜂家には、ストックを貯め、少し調査をして、何が起こったのかを見極め、来る秋に備えてできる限りのことをする余裕が生まれていた。

ＣＣＤは戻ってくるだろうか？　もしそうなら、今度こそ養蜂業は全滅してしまうかもしれない。ジェリー・ヘイズは私にこう話した。「養蜂は小さな産業だ。ぼくは、商業養蜂家ひとりひとりと面識があるし、それぞれの家族のことも、子供たちのことも知っている。今彼らが直面している状況は切実にわかる。もうこれ以上耐えられないところにまできているんだ」

養蜂家を救う鍵は、犯人を突き止めて、対策が練られるようにすることだ。それも今すぐに。デニス・ヴァン‐エンゲルスドープとその他の指導的な地位にいる科学者たちは、ペンシルベニア州立大学に蜂群崩壊症候群作業部会を設置して、有力な説をただちに検証しはじめた。

第四章

犯人を追う

携帯電話の電磁波。遺伝子組み換え作物から宇宙人まで。さまざまな説が取り沙汰されるなか、一人の遺伝子学者がウイルス・ハントに乗り出すが

携帯電話が犯人だと判明していたら、どんなにか都合がよかっただろう。二〇〇七年にマスコミがCCDに飛びついてから、真っ先に取りざたされた仮説「携帯電話説」は、接続過剰に陥る世の中を危惧する人々の懸念とぴったり合致していた。環境ライターのビル・マッキベンはこの状況をうまく言い表している。「今、何が起きているのかわかっている人はだれもいないと思う。けれど、もし犯人が携帯電話だとしたら、これはまさに隠喩の歴史の中でも最高の隠喩になるだろう。株式仲買人にあと一本余計にメールを送ったことにより地球が飢餓に陥ったのだとしたら、世の終わりを華々しく迎えるどころか、これ以上情けない状況はないのだから」（T・S・エリオットの詩、"The Hollow Men"からの引用を下敷きにしている）

携帯電話説は次のようなものだった。携帯電話から発せられる電磁波放射線が、ミツバチの触角や脳を微妙に狂わせて、ナビゲーション能力に影響を与える。巣から飛び立った蜂は混乱をきたし、GPSユニットが停止して、農畜産物の大集散地であるノースダコタのファーゴあたりまで行ってガス欠してしまう……。この仮説のもとは、二〇〇六年にドイツで発表された、ミツバチにおける電話の影響に関する研究だったが、そのあとはマスコミが勝手に話をふくらませていった。典型的な見出しはこんなものだった。「ミツバチを殺しているのは携帯電話か？——不可解な蜂群崩壊の原因は携帯電話の電磁波にあると研究者たちは見ている」

ちょっと待ってくれ。ほんとうに研究者たちは、そんなことを主張したのだろうか？　まず、もともとの研究論文『電磁波放射線への曝露はミツバチに行動変化を生じさせるか』は、携帯電話について研究したものではない。研究者たち、すなわちヴォルフガング・ハルストとヨッヘン・クーンは、どこの家庭にもあるようなコードレス電話の、送信機が組み込まれている台を実験用の巣箱の半分の底につっこんで、電源を入れてみたのだ。この台が入れられたほうの巣箱の蜂たちは、ややおかしな反応を見せた。とはいえ私たちだって、電話が鳴り続けているのに、だれもとるものがいなかったら、少しは気がおかしくなるだろう。結局、送信機からの電磁波放射線に曝露された蜂は、そうでない巣箱の蜂よりも巣板の生産量が二一パーセント少なかった。二つめの実験では、研究者たちは四つのコロニー（二つは送信機の入ったコロニー、二つは通常のコロニー）からそれぞれ二五匹ずつ蜂を選んで、巣から八〇〇メートル離れたところで放し、四五分以内に何匹の蜂が巣に戻れるかを調べた。通常の巣箱からの蜂は、それぞれ一六匹と一七匹が時間内に戻り、平均帰巣時間は一二分だった。電磁波放射線に曝露した片方の巣へは六匹が戻り、巣に戻るには平均二〇分かかった。もう片方の巣に戻った蜂はゼロだった。

この実験では何かただならぬ事態が起きていることが示されたとはいえ、送信機を直接巣の中に入れた実験結果と遠く離れた場所から飛んでくる携帯電話の電磁波放射線の影響とを結びつけるのは、はなはだしい飛躍といえるだろう。案の定、恐れをなした研究者たちは、すぐにこの点を指摘した。「私たちの実験でCCDの現象自体を説明することはできないし、憶測に関わるようなこともしたくない」と。クーンはEメールを送ってきた。「私たちの行った研究で、CCDの原因が電磁波放射線であると示唆することはできない」と。彼が指導している大学院生は、次のように付け加えてきた。「もしアメリカ人たちが蜂群崩壊症候群の原因を探しているなら、自分たちが使っている除草剤や農薬、とりわけ、遺伝子組み換え作物についてまず考えてみるべきだろう」

遺伝子組み換え作物説

そのとおりだ。遺伝子組み換え作物もCCDの原因であることが疑われているし、こちらのほうが携帯電話説よりも、ずっと理性的な仮説だ。なんといっても、CCDが深刻な被害をもたらしている南北両ダコタ州のようなところでは、携帯電話網はおそろしく貧弱だが、遺伝子組み換えが行われたトウモロコシやキャノーラは地面を埋め尽くしているのだから。

遺伝子組み換えトウモロコシには、DNAに「バチルス・チューリンゲンシス（Bt）」と呼ばれる自然界に存在する土壌細菌が組み込まれているため、全細胞にBtが含まれている。[*1]Btは昆虫にとって毒性があるので、これはちょうど天然の殺虫剤を植物の体全体に行き渡ら

＊1．天然の殺虫剤を作り出す植物はたくさんある。タバコに含まれるニコチンもその一つだ。これについては、次章で詳しく。

せるようなものだ。無数の活動家がＢｔトウモロコシを開発したモンサント社を非難してきたが、私には、Ｂｔ作物の魅力も理解できなくはない。植物が自ら殺虫手段を作り出せるのに、なぜ、作物に農薬を噴霧して、薬剤を土壌に染みこませ、地下水を汚染する必要がある？　有機農法を営む農家も、天然の農薬としてＢｔをずっと前から使ってきている。だから、モンサント社のもくろみも理解はできる。とはいえ、理解できるといえば、死人を生き返らせたら有益だと邪心なく考えたフランケンシュタイン博士の気持ちだって理解できる。たとえ意図はすばらしくても、それを実行したあとに厄介なことが起きるのが世のならいなのだ。

トウモロコシは、受粉を風に頼る。昆虫に頼る必要がないから、花蜜も作らない。けれども、トウモロコシの実の先端には、あの見事な穂があり、そこにはたんぱく質に富む花粉がついている。ミツバチはこのトウモロコシの花粉を集め、蜂児に食べさせる。だとすれば、Ｂｔはミツバチの次世代に何らかの影響を与えないのだろうか？

「まったく与えはしないさ」と科学者たちは言う。「地図を見ればわかるだろう」と。遺伝子組み換え作物を作っていない州でもＣＣＤの事例が数多く報告されている一方で、インディアナやネブラスカのようなトウモロコシの集約農業を行っているところでは、ＣＣＤの事例は報告されていない。Ｂｔとミツバチについての研究はかなり広く行われてきており、そのほとんどのものは、Ｂｔはミツバチに影響を与えないという結論を導き出している。これには、Ｂｔトウモロコシの花粉を三五日間にわたって与えた結果、調査終了時のミツバチはみなすこぶる元気だったと結論付けた米国農務省の研究も含まれる。四年間にわたって行われたもうひとつの調査では、ミツバチたちは、自然界で遭遇するレベルの一〇倍の量のＢｔたんぱく質を与えられたが、この調査でも、ミツバチたちは影響を受けなかった。ヨーロッパでは、遺伝子組み換え作物が禁止されているのに、ミツバチのコロニーは急激な壊滅を続けている。

携帯電話説も遺伝子組み換え作物説も期待を抱かせる仮説ではあったものの、結局、ＣＣＤについて説明できるだけの説得力はなかった。とはいえこの結果は、一般のマスコミや草の根の情報網がいよいよこの問題に注目しはじめることを遠ざけることにはならなかった。ＣＣＤは、誰も予想もできなかった形で、集団の想像力をかきたてることになったのだ。

そもそもミツバチは、昔から人々の興味を惹く存在だった。勤勉さ、協力的なメンタリティー、すばらしい生産物、黒と黄色の縞、友好的な性格（ふだんは、だが）。そしてもちろん、ＣＣＤの現象は人々の暮らしを直撃する話題だったから、大いに取りざたされるようになった。これは単なるミツバチの問題ではない。私たちの食物の問題なのだ、と。けれども、控えめであまり世に知られることもなかった昆虫学者たちが突然ＡＢＣニュースの報道番組『ナイトライン』に引っ張り出されるようになったほんとうの理由は、蜂はただ死んだのではなく、失踪したからだった。アメリカ、カナダ、ヨーロッパの主要紙は、こぞって「消える蜂の謎」と銘打った記事を掲載した。

ＣＣＤは典型的な探偵小説そのもので、興味をそそる要素をすべて備えている。つまり、不可解な死、消えた死体、世界の破滅を招きかねない結果。その上、容疑者は山ほどいる。犯人の可能性を指し示す指はあらゆる方向に向けられ、なかには驚くようなことまでほじくりだされた。キリスト教のニュース配信サービス『クリスチャン・ニューズワイア』は、ヨハネの黙示録、第六章第六節を指摘した。「私は、四つの生き物の間から出る声のようなものが、こう言うのを聞いた。〝小麦は一コイニクスで一デナリオン。大麦は三コイニクスで一デナリオン。オリーブ油とぶどう酒とを損なうな〟」（新共同訳）。『クリスチャン・ニューズワイア』によると、ぶどうとオリーブの木はミツバチによる受粉を必要としないため、これは明らかにCCDを予期した予言であり、明白な結論が待ちうけているという。「CCDはぶどうとオリーブオイルの生産にはほとんど影響を与えないが、多くの果物と野菜と木の実の生産は壊滅的に激減し、飢饉がやってくる。このような終末に関する聖書の予言は、我々の人生が終わる前に現実のものとなり、神の言葉が真実で信頼すべきものであることを、再び指し示すことになるのだ」と。

わざわざ「携挙（けいきょ）」（キリスト教の終末論で、キリストが再臨するときに、真のクリスチャンが天に引き上げられること）を信じるまでもなく、人間が食物を生産する方法や自然界に結びつく方法がどこかおかしいのではないかという感じはいやでも抱かされる。CCDの話題が広まるにつれ、昆虫学についてと同じくらい、文明の罪と期待について議論がたたかわされるようになった。

地球温暖化説

携帯電話の電波中継塔説も、宇宙人による拉致説もある程度の注目を集めた。これより信憑性のある地球温暖化原因説も浮上してきた。ミツバチは上昇する気温に焼かれてしまったのだろうか？　ウルグアイで四〇〇箱のミツバチを飼っているダニエル・レイは、そう思っている。レイによると、ウルグアイでは二〇〇七年に五〇パーセントにおよぶ蜂が死んだ。実は、これは二〇〇三年のときよりましだった。この年にはウルグアイにいたすべての蜂が死に、養蜂家は巣箱に補充する蜂を、アルゼンチンとアメリカから輸入しなければならなかったのだ。レイは、一九八九年から始まったウルグアイのミツバチの問題は、ウルグアイのほぼ真上にぽっかり開いたオゾンホールが原因だと信じている。ウルグアイに住んでいる人は、今では恒常的に熱射病にかかっている。だから、蜂だってかかってもおかしくない、と。レイのミツバチは、以前は他の地域の蜂と同じように、四六時中働いていたが、今では午前一一時から午後五時まで昼寝（シエスタ）をとるようになった。ウルグアイでは毎夏、地面がひび割れるような干ばつが居座るようになり、おそらくこちらのほうがオゾンホールよりもミツバチを弱めているにちがいない。ミツバチは熱に強い。そもそも、アフリカから進化した昆虫なのだから。けれども、干ばつは、餌の供給を奪い去ってしまう。こんな状況にもかかわらず、ウルグアイでは最近、農薬を多用する農業が展開されはじめた。だから、アメリカと同じように、容疑者はいくらでも存在する。

有機的にミツバチの飼育を行っている養蜂家たちは、ＣＣＤは自分たちには関係ないものとしばらく思い込んでいた。プリンスエドワード島に住む環境保護活動家のシャロン・ラブチャクは、多くの養蜂関係のウェブサイトやメーリングリストに次のようなメッセージを載せた。

「私は一〇〇〇人ぐらいが参加している有機的なミツバチ飼育者のメーリングリストに参加しています。参加者のほとんどがアメリカ人です。でも、有機的な飼育法をとっている養蜂家で、このメーリングリストにＣＣＤの発生を報告した人は、商業養蜂家を含めて一人もいません。商業的に養蜂を大規模に行っている商業養蜂家の問題は、ミツバチへギイタダニを撃退するために巣に殺虫剤を投入したり、蜂に抗生剤を使ったりすることにあるんです。それに、巣箱をトラックに載せて全国を引き回し、授粉でもっとお金を儲けようとしています。これがミツバチたちにストレスを与えているんです」

とはいえ私は、「正しいことをすべてやった」にもかかわらず、蜂が忽然と消えてしまった有機的養蜂家の話も耳にしている。ジェリー・ブローメンシェンク（例の、ミツバチを使って地雷探知をしている男）は養蜂家に対して広範囲な調査を行った。その結果、有機的飼育法とそれ以外の飼育法との間にはCCDの発生状況における差異などないことが判明した。「CCDは襲う対象のえり好みはしない。移動養蜂をしようがしまいが、小規模養蜂家だろうが中規模だろうが大規模だろうが、果ては世界有数の商業養蜂家だろうが、おかまいなしだ。それに、相手が良心的な商業養蜂家だろうが、まあまあだろうが、蜂をほったらかして勝手にうまくやることを期待するようないい加減な養蜂家だろうが、一切気にかけないんだ。もし自分のミツバチたちがCCDに襲われて、それを治すことができないとしても、自己嫌悪に陥る必要なんてない。今まで、誰一人として治せなかったんだから」

ブローメンシェンクはまた、CCDの解決に立ちはだかる大きな壁も指摘した。「この症候群のもっとも不可思議な現象は、蜂の死骸がないことで、これは調査を難しくしている原因にもなっている。死体がなければ解剖はできない。ほんとうに調べなければならないのは、いなくなったほうの蜂なんだ」

コバルトを照射する

ミツバチヘギイタダニは、明らかな容疑者だったが、このダニはずいぶん前から存在していたし、蜂を失踪させるようなことはしない。だとしたら、ミツバチヘギイタダニを撲滅するために使ったダニ駆除剤が原因なのだろうか？　この薬剤が使われるようになってから、多くの女王蜂の寿命が半減している。とはいえ薬剤を使わなければ、巣は全滅してしまう。

では、栄養失調はどうだろう？　蜂はそもそも花粉と凝縮された花蜜を食べるように進化してきた。けれども、最近では、ほとんど餌が得られないところでも作物を受粉させ続けることができるように、異性化糖のコーンシロップを与えることが多い。これは、長い目で見ると、問題にならないだろうか？

とはいえ、このような容疑者たちは、いずれもずっと以前から存在していたものだ。ミツバチの数を激減させたのは、何か新しい原因でなければならない。ウイルス？　寄生虫？　それとも農薬だろうか？　科学界はこのようなあらゆる原因論を探ってみたが、結局、答えは得られなかった。『ロサンゼルス・タイムズ』紙は、次のような典型的な記事を掲載した。「研究者たちは、放棄された巣をしらみつぶしに調べ、何千匹ものミツバチを解剖し、ウイルス、細菌、殺虫剤、ダニを徹底的に調べたが、いままでのところ、まったくお手上げの状態だ」

だれもが疑ったのは病原菌の関与だった。ＣＣＤは伝染するように見えていたから。健康なミツバチを壊滅したＣＣＤの巣箱に入れると（あるいは、壊滅した巣箱を正常な巣箱の上に置くと）、このミツバチも巣箱も全滅してしまった。さらなる証拠は、デイブ・ハッケンバーグのもとから寄せられた。彼はたまたまフロリダの養蜂場からほんの五〇キロほどしか離れていないところにあるコバルト放射線施設を知っていた。一度にトラック一台分の農産物を照射滅菌できるような施設は、アメリカには二カ所にある。ひとつはカリフォルニア、そしてもうひとつがこのフロリダの施設だ。ハッケンバーグは、崩壊した巣箱にコバルトを照射してくれるように頼み、この処理済の巣箱にミツバチを入れたところ、蜂たちは何の問題もなく正常に生き続けることができた。最初にＣＣＤに襲われたことを知ってから八カ月経った二〇〇七年の夏までに、ハッケンバーグは巣箱の八〇パーセントをこの施設で照射滅菌し、オーストラリアから輸入したミツバチを入れた。その結果、処理済みの巣箱に入れたミツバチは、ここ数年間目にしたどの巣箱の蜂よりも元気な姿を見せた。蜂蜜の生産量も多く、繁殖力も旺盛だった。とりわけ、近年経験していたように女王蜂がいなくなったり死んだりすることがなかった。

一方、コバルトを照射しなかった巣箱は、これほどうまくはいっていなかった。夏の時点ですでに蜂の数が減り始め、ハッケンバーグは、このような巣がこのまま次の冬を越せるという幻想を抱くようなことはしなかった。女王蜂を交代させたが[*2]、事態は変わらず、結局、巣が壊滅するにまかせ、壊滅後にコバルトを照射して、次の年の春に新しいミツバチを補充することに決めた。

コバルト照射は、CCDを引き起こした病原菌を死滅させたのだろうか？　いや、そうとも限らない。エイズ患者を無菌環境に入れると、状態はよくなる。これは、エイズを発病させているものが空気中に無くなったからではなく、患者の免疫システムが試練にさらされないからだ。無菌環境は、免疫システムが崩壊した生物にとっては、いつだって過ごしやすい環境なのだ。

良質の探偵小説には、多くの容疑者が必要だ。CCDは、この点は満たしていた。だが、悪事を働く犯人を突き止めるカリスマ性のある探偵も登場させなければならない。CCDには、この要素が確かに欠けているように見えていた。だがそれも、イアン・リプキン博士が現れるまでのことだった。コロンビア大学の高名な研究者で、遺伝子分野におけるハイテク捜査の花形であるリプキン博士が、CCD騒動の捜査に乗り出して、事件を担当すると表明したのだ。

ウイルス・ハンター

リプキン博士はウイルスを追い詰める。探偵と同じように、犯罪現場を解析し、あらゆる微細な証拠を検証して、犯罪が起きたとき、付近に誰がいたかを洗い出す。もし同じ容疑者が、同じ手口の複数の犯罪現場にいたとしたら、犯人である可能性が高い。だがリプキンは、世界最先端の遺伝子解析装置を駆使して、徹頭徹尾、遺伝子の世界でのみ捜査を行う。一九九九年にニューヨークで重い病気にかかった人たちが、実は聞きなれない「西ナイル・ウイルス」というウイルスに感染していたことを発見したのもリプキンだった。もしミツバチの世界に新しい病原菌が蔓延しているのだとしたら、それを突き止める者は、リプキン博士をおいて他にない。

運よく、ミツバチの全遺伝子情報（ゲノム）の解読は、ＣＣＤ発生のほんの数カ月前に終わっていた。リプキンは、四つの壊滅したコロニーと、二つの正常なコロニーから凍結した蜂を取り出して潰し、液体窒素と混ぜた液体シャーベットを作って、それぞれの塩基配列を調べた。これは遺伝情報である四種類の塩基、Ｇ、Ｃ、Ａ、Ｔが数百万個も連なった長い長い列である。

＊2．年老いた女王蜂の勢いが弱まると、養蜂家はこの女王蜂をとらえて殺し、若くて生命力豊かな女王蜂に交代させる。けれども、働き蜂と血縁のない女王蜂をそのまま巣に入れると、女王蜂は殺されてしまうので、あるトリックを使う。飴でできたプラグが入り口に押し込まれた小さなプラスチックの籠（王かご）に女王蜂を入れて、巣に置くのだ。この飴を食べだした働き蜂は、入り口が貫通するまでに、何日間もこの新しい女王蜂のフェロモンを嗅ぐことになり、この女王蜂を新たな君主としていただく可能性が高くなる。

これから、ミツバチのゲノムである配列を取り去ると、あとに残るのは、ミツバチと共生するさまざまな寄生虫、ウイルス、真菌、細菌などの配列だ。この作業は言ってみれば、ほとんど不可能なほど膨大な言葉探しゲームで、おびただしい文字の列から、「ミツバチ」や「ミツバチヘギイタダニ」といったキーワードを探して丸で囲んでいくようなものである。そして、最後に残った謎の配列を、さまざまな生物の情報を集めた膨大な国際的生物データベースに照らし合わせて同定するのだ。

犯罪現場にいたと思われるあらゆる生物の塩基配列をすべて丸で囲んだあと、リプキンのもとに残ったのは、いくつかの驚くべき容疑者だった。とりわけその中のひとつは、壊滅したコロニーについて行った遺伝子言葉探しゲームのほとんどにおいて顔を出していた。リプキン警部は、ついに捜していた犯人を捕らえたのだ。

マスコミは、リプキンの捜査を、まるで凶悪な殺人事件を追うような熱心さで追いかけた。真相が明らかにされる前にヒントが漏らされ、『ウォールストリート・ジャーナル』紙は、リプキンが「ミツバチの疫病の原因を突き止めたと話している」と報道した。だが、その内容は科学誌『サイエンス』で発表されるまで秘密にされ、その後の記者会見に、あらゆる主要テレビ局と新聞社が押し寄せたのだった。

この容疑者、「イスラエル急性麻痺病ウイルス」（ＩＡＰＶ）は、二〇〇四年にイスラエルで初めて発見されたミツバチのウイルスだ。これがＣＣＤコロニーからとられた三〇標本のうち二五標本に見つかった。一方、正常なコロニーからとられた二一標本においては、一標本にしか存在していなかったというのだ。このウイルスはＣＣＤコロニーのほかにも、オーストラリアから輸入されたミツバチと中国から輸入されたローヤルゼリーから見つかった。

疑惑の雲は、オーストラリアの上空にことさら厚く立ち込めることになった。『サイエンス』誌に掲載された論文に次のような一文があったからである。「CCDに侵された標本のミツバチは、例外なく、オーストラリアから輸入したミツバチを使っている養蜂場のものであるか、あるいはオーストラリアから輸入されたミツバチと交わる機会があった養蜂場のものだった。オーストラリアの蜂のアメリカ合衆国への輸入は二〇〇四年に始まったが、これは、コロニーの異常な壊滅が報告され始めたときと軌を一にしている」

ピンポーン！　一九二二年に制定されたミツバチ条例が、アメリカのミツバチの激減に際して、二〇〇四年に撤回されたことを覚えているだろうか？　特にアーモンドなどの花粉交配のためにより多くのミツバチの力を緊急に必要としていたことが、あらゆる警戒感をしりぞけてしまったのだ。当時、理性のある者はみなこの措置に反対したものだった。アメリカ国内の養蜂は、すでに問題山積で、これ以上外から問題を招くわけにはいかないと。だが驚いたことに、動植物衛生検査部（ＡＰＨＩＳ）は、輸入は差し支えないと指示するどころか、オーストラリアに存在すると判明しているミツバチの病気も寄生虫も、すべてすでにアメリカに存在しているという理由で、検査も検疫もまったく必要ない、とまで決定したのだった。それに、オーストラリアは、輸出前に必要な検査を行うだろうと。

「ええっ？」。全米蜂蜜生産者協会の会長、マーク・ブレイディは思わずこう叫んだ。「いったいいつからアメリカ合衆国は、自国の製品を保護するために他の国をあてにするようになったんだい？　これじゃまるで、中国から輸入するおもちゃの検査を中国にやってもらうようなものじゃないか」。フロリダ州の養蜂研究官ジェリー・ヘイズは、フロリダ州に入ってくるオーストラリアからのコロニーは、一度蜂児を得て検査ができるようになるまで検疫に隔離するつもりだと動植物衛生検査部に伝えたところ、そんなことをしたら、国際貿易を妨害した罪で政府から訴えられるぞと警告を受けた。そうまでしてもミツバチが必要な誰かが背後にいたのだろう……。

イスラエル急性麻痺病ウイルスは確かにオーストラリアの蜂といっしょにやってきたようにみえていた。タイミングは最適だった。リプキンとCCD作業部会が『サイエンス』誌に掲載した論文は次のように結論付けている。「CCDに侵されたコロニーのミツバチにおいて、イスラエル急性麻痺病ウイルスの配列が広範に見られること、およびCCDの発生とこのウイルスに感染したミツバチの輸入の時間的地理的一致をかんがみると、イスラエル急性麻痺病ウイルスはCCDの有意な指標であることが示唆される」。研究者たちは、オーストラリアは地球上でCCDに侵されていないわずかな地域のひとつであるという矛盾点も認めたが、これについては、オーストラリアのミツバチはイスラエル急性麻痺病ウイルスと共存するように進化してきたのだろうと仮定した。研究者はまた、「原因」とは呼ばずに「有意な標識」という表現を使うことにまで気を遣った。もしかしたら、イスラエル急性麻痺病ウイルスはCCDの直接の原因というより、CCDがミツバチの免疫システムを破壊したために、イスラエル急性麻痺病ウイルスがはびこったのかもしれない。自分では相手を殺さないけれども、その死体をむさぼるウジのように、イスラエル急性麻痺病ウイルスもコロニーは壊滅させないが、その残骸をむさぼっているのではないか、という含みを持たせたのだ。

とはいえ、マスコミにとっては、「有意な標識」は連座制の犯人と同じことだった。マスコミの報道は、ほとんどの一般大衆に、CCDの犯人が判明したかのような印象を与えてしまった。原因はイスラエル急性麻痺病ウイルスだが、真犯人は、病持ちのミツバチを送ってきたオーストラリアにあると。

だが、即座に反論を唱えた者たちもいなかったわけではない。養蜂家のジェイムズ・フィッシャーは、『ビーカルチャー』誌に寄稿し、『サイエンス』誌の論文の個々の要点について反論し、次のように結論づけた。「この論文に記載された根拠のない非難のおかげでこれから蒙ることになるバッシングについて、オーストラリアの養蜂家の方々に心からお詫びしたい」

彼の書いたことは決して誇張ではなかった。ペンシルベニア州のボブ・ケイシー上院議員は、四日間を費やして農務長官に送る文書をしたため、「オーストラリアのミツバチとCCDとの間に関連性がないことが立証されるまで、オーストラリアからのミツバチの輸入を一時的に禁止すること」および「すでに合衆国内に存在するオーストラリアからのミツバチのコロニーの悪影響を緩和するため、検疫や検査の強化などの手段を考慮すること」を要求した。その三日後、全米蜂蜜生産者協会も、動植物衛生検査部に次のような文書を送った。「動植物衛生検査部は、女王蜂およびパッケージ・ビー（巣板なしで販売されるミツバチ）のアメリカ国内への輸入を即刻一時停止することを、大至急要求するものである……大学、政府、および民間の科学者たちがお墨付きを下した最新の研究論文で、ミツバチの蜂群崩壊症候群（CCD）という深刻な事態とミツバチの輸入との間に強い関連性があることが示唆されたためである」

養蜂家たちはみな、オーストラリアのミツバチの輸入禁止は必然的な結論だと考えた。それなのに、さらなる証拠が入手できるまで国境を封鎖しないとする動植物衛生検査部の決定を知って、養蜂業界は騒然とした。

とはいえ、興奮に満ちた記者会見が終わり、冷静さが戻ってくると、多くの事実が一致しないことは歴然としてきた。まず、オーストラリアの蜂がCCDと共存するように進化できたはずはない。というのも、壊滅した巣箱のほとんどには、まさに『サイエンス』誌の論文が明言していたように、オーストラリアから輸入されたミツバチが入っていたのだから。

それに、カナダは、一九八七年からオーストラリアのミツバチを輸入していたが、カナダはアメリカよりCCDに侵されている率が低い。ということは、ただ単に病に侵されたオーストラリアの蜂を輸入したのが原因だというような単純な事態ではないはずだ。おまけに、カナダの蜂は始終アメリカにやってきている。だから、二〇年前にカナダにあったものは、ずっと前にアメリカにやってきているはずだ。一方、オーストラリアの蜂を輸入しなかったヨーロッパでも、コロニーは壊滅し続けている。

それはともかく、イスラエル急性麻痺病ウイルスとは、いったいどんな病気なのだろう？　世界で最初にこのウイルスを同定したイスラエル人の研究者、イーラン・セラによると、症状は、翅が震え、麻痺が生じ、巣のすぐ外側で死ぬことだという。こう聞くと、読者の方の目の前に、赤い旗がむくむくと立ち上がることだろう。CCDとはあまりにもかけはなれている症状だから。『サイエンス』誌の論文もこの点は意識していて、希望的観測の説明をもうひとつ付け加えている。「震えという表現型はオーストラリアから輸入されたミツバチにおいてもCCDにおいても報告されてはいないが、イスラエル急性麻痺病ウイルスの病原性における差異は、系統変動、重感染、あるいは農薬や栄養不良などの他のストレス要因の存在を反映しているものかもしれない」。つまり、イスラエル急性麻痺病ウイルスはアメリカで何か違うものへと変化して、完全に異なる症状をもたらすようになったのか、あるいは、アメリカにある何か（農薬？　栄養失調？）がイスラエル急性麻痺病ウイルスをまったく異なる形で発現させたのかもしれない、というのだ。

オーストラリア説に逆風が吹いたのは、二〇〇七年の一一月に、米国農務省の研究所で二〇〇二年から凍結保存されていたミツバチを調べていた研究者が、当時からイスラエル急性麻痺病ウイルスが存在していたことを発見したときだった。二〇〇二年というのは、オーストラリアからのミツバチ輸入が始まるよりずっと前のことだ。これでオーストラリアの嫌疑は晴れることになった。イスラエル急性麻痺病ウイルスの遺伝子情報が明らかになった今では、このウイルスは、過去だろうが現在だろうが、国内だろうが国外だろうが、調べるところ、どこにでも見つかった。新たな侵入者というよりも、人間がこれを見つける技術を開発するのをずっと待っていた、世界中に蔓延しているもうひとつのミツバチの疫病のように見える。CCD作業部会は、追報において、次のように認めた。「確かに、イスラエル急性麻痺病ウイルスが今ではアメリカ、オーストラリア、イスラエル、中国（ローヤルゼリー標本より）に見つかったということは、このウイルスがすでに世界中に広がっている可能性を示している」と。

ノゼマ病？

オーストラリア人たちは、研究者たちがこの可能性にもっと早く気づくべきだったと憤慨した。「オーストラリアの養蜂家に対して謝罪すべき人間がいる。だがそれが寄せられると期待するのは無駄だろう」と言ったのは、当時のオーストラリアの農業・水産業・林業大臣、ピーター・マクゴーランだった。もっと激烈な意見を表明したのは、オーストラリアの指導的なミツバチ病理学者、デニス・アンダーソンだ。彼は、『サイエンス』誌の論文のデータが指し示しているＣＣＤの原因は、イスラエル急性麻痺病ウイルスではなく、「ノゼマ病微胞子虫」と呼ばれる真菌だと主張した。「だが、この論文の研究者たちには、ミツバチの病理学に関する包括的な知識も経験もなかったので、ノゼマ病微胞子虫を見過ごしてしまったのだ。これは、『サイエンス』のような権威ある科学誌の名誉にとっても、その査読者の人選基準にとっても、ゆゆしき事態である」

ノゼマ病？　これはいったいどこからきたのだろう？

これは、みんなが抱いた疑問だった。ミツバチへギイタダニと同じように、ノゼマ病微胞子虫はもともとアジアのミツバチを悩ませていたが、どこかの時点で、ヨーロッパのミツバチにとりついた。この原虫はミツバチの消化管に感染して、食物の消化に必要な上皮細胞（管の内膜）を破壊する。ノゼマ病にかかった蜂は、栄養素を吸収することができなくなり、餓死してしまう。この病気が最初にヨーロッパで見つかったのは二〇〇六年のことで、多くのヨーロッパ人は、ミツバチの大量死の原因がこの病気にあるのではないかと疑った。二〇〇四年に典型的なCCDの症状によりおびただしいコロニーが壊滅したスペインでは、二〇〇三年までさかのぼって調べたほとんどの標本からノゼマ病が見つかった。だが、それ以前の標本からは、ほとんど発見されなかった。一方、壊滅したコロニーからイスラエル急性麻痺病ウイルスが発見されたケースは一例だけだった。

二〇〇七年初頭、カリフォルニア大学サンフランシスコ校の研究者たちは、CCDに侵されたミツバチからノゼマ病微胞子虫を発見し、これがCCDの原因かもしれないと発表した。これに対して、「いや、違う」と反論したのは、メリーランド州ベルツヴィルにある米国農務省のミツバチ研究所だ。この研究所では、ノゼマ病微胞子虫を一九九五年に凍結保存されたミツバチから発見していたのだ。正確を期すために、この研究所ではCCDに侵されている一〇カ所の養蜂場のノゼマ病微胞子虫の胞子レベルを調査した。商業養蜂家はノゼマ病の標準的な治療薬であるフマギリンを使用し、治療効果をあげていたため、胞子レベルは非常に低かった。ところが、それでも巣箱の蜂は死に続けていたのである。少なくとも、このような巣箱においては、ノゼマ病は蜂の死の原因ではなかった。米国農務省の研究所では、死にかかっている巣箱においてミツバチへギイタダニの蔓延程度も検査したが、その存在はあまり確認できなかった。

誰もが合意できたのは、CCDを発生させるには、複数の引き金が必要であるにちがいない、ということだった。病原体は、すでに蜂が弱まっているときに限ってCCDを引き起こすのかもしれない。この立場をとったのは、ナイフの矛先を逆にアメリカに向けたオーストラリアの全国紙『ザ・オーストラリアン』だった。「オーストラリアのコロニーとは異なり、アメリカのミツバチのコロニーは、栄養失調と殺虫剤と寄生虫に苦しめられている。さらに、授粉を行うためにトラックに載せられて長距離を引き回され、体が弱りきっているのだ」

カナダもこの期に乗じた。イスラエル急性麻痺病ウイルスはカナダの東西沿岸から発見されていたが、『トロント・グローブ・アンド・メイル』紙は、次のように見出しをつけた記事を掲載した。「ミツバチ・ウイルスの論文はざれごとだったのか?」この記事には、高名なカナダのミツバチ学者、マーク・ウィンストンの言葉が引かれている。「(イスラエル急性麻痺病ウイルスは)それを超える大きな悲劇に登場する単なる端役にすぎない。これからやってくるほんとうの危機とは……ミツバチを家畜のように飼育した結果が招く〝農業崩壊症候群〟だ」

アメリカのCCD作業部会は、それでもイスラエル急性麻痺病ウイルスが何らかの形で関与しているという主張を曲げなかった。データをより詳しく検証した結果、アメリカには、少なくともこのウイルスの系統が少なくとも三種類存在していることがわかった。そのうちの一系統は、西海岸で蔓延しているものだが、これはオーストラリアのものと遺伝子的に同じものだった。つまり、この系統のイスラエル急性麻痺病ウイルスは、やはりオーストラリアのミツバチとともにアメリカに上陸した可能性がある。東海岸で広まっているもうひとつの系統は、少なくとも二〇〇二年から存在していることがわかった。ということは、西海岸の系統とは違う経路でアメリカに上陸したものだ。それがどこからきたのかは皆目見当もつかない。さらに事態を混乱させることに、このアメリカに存在していた二系統のイスラエル急性麻痺病ウイルスは、最初に見つかったイスラエルのウイルスと遺伝子の配列がそれぞれ有意に異なっていた。そして、アメリカの系統は、ちょうどインフルエンザと同じように、急速な突然変異を起こしているようにみうけられた。つまり、将来、大惨事を引き起こす可能性があるのだ。

いずれにせよ、おなじみジェリー・ブローメンシェンクが、独自のデータを使って、イスラエル急性麻痺病ウイルスがCCDの主要プレーヤーではないことを証明した。アメリカ陸軍の技師であるチャールズ・ウィックと組んで共同研究を行ったのだ。ウィックは、新しいウイルスが検出できる機械を米国陸軍のために開発していた。細菌戦のこの時代、陸軍は、そんな機械があれば重宝すると思ったらしい。この機械は、ウイルスには独自のサイズがあること、そしてウイルスは地球上でもっとも小さな物のひとつであるという事実を利用している（ウイルスのサイズは、細菌の約一〇〇分の一で、花粉粒の約一万分の一）。蜂の液体シャーベットをつくり、大きな粒子をすべて濾したあとに、残った粒子をチューブに吹き付ける。その数を、それぞれの大きさごとにレーザーがカウントするという仕組みだ。（そんなことができるのかと思われるかもしれないが、ウィックの機械を使えばできる。世界に六台しかないが）。何を見つけようとしているのかわからなくてもいい。たとえば、翅変形病ウイルスのサイズは、二〇・九ナノメートル（nm）だから、二〇・九nmの粒子はすべて翅変形病ウイルスだとわかる。それを除いたあとに残ったさまざまなサイズの粒子の中から、まだ同定されていない新しいウイルスを見つければいいのだ。

そして実際、ブローメンシェンクのチームは、この機械を使って、さまざまなウイルスを見つけた。全部で一四種類見つかったウイルスのうち、まだ同定されていない謎のウイルスも二つあった。サイズはそれぞれ二五nmと三三・四nm。この二つのウイルスは、CCD巣箱のすべてに見出されたわけではなかったが、いくつかのものから発見された。この二つのウイルスがCCDに関与しているのだろうか？　それとも、単に、ミツバチに常にとりついてきていたウイルスなのだろうか？　イスラエル急性麻痺病ウイルスはCCD標本の一〇パーセントにしか見られず、オーストラリアの標本からはまったく発見されなかった。だから、このデータによると、イスラエル急性麻痺病ウイルスは原因どころか、良い指標ですらない。すべてのCCD巣箱に必ず見られたウイルスというものは存在しなかった。

CCDの原因をハイテク技術を使って解明しようとしたこの二つのグループの結果から導き出せる重要な情報とは、あらゆるミツバチは今、驚くほど多くの病気を抱え込んでいるという事実だ。ブローメンシェンクのチームは、二七・九nmの大きさのウイルスを多くの健康な巣箱の標本の中に見つけた。このウイルス、「カシミールミツバチウイルス」は、もともとのイスラエル急性麻痺病ウイルスの研究では、CCDの三〇標本のすべてと、健康な巣箱の二一標本のうちの一六標本に見つかっていた。ノゼマ病微胞子虫はほとんどすべての標本の中に存在した。「サックブルードウイルス」（主に前蛹期の有蓋蜂児が侵されて死ぬ病気）と翅変形病ウイルスとミツバチ急性麻痺病ウイルスも見つかった。このようなウイルスを抱えたミツバチは、たとえCCDに侵されていない「健康な」巣箱の蜂だとしても、病気に侵されているミツバチだ。エイズの比喩はここでも一致している。だが、これまでのところ一致したのは、この比喩だけだ。

アメリカにいるほとんどの人がCCD事件は解決したと信じ、興味も失いかける中、商業養蜂家たちはイスラエル急性麻痺病ウイルスが原因だという説に対し、事態の解決には何も貢献しないと不満をもらしていた。オーストラリアに謝罪した例の養蜂家、ジェイムズ・フィッシャーなどは、『サイエンス』誌に掲載されたあのちっぽけな論文には、段落の数（一四段）より、共著者の数（二三人）のほうが多いとさえあざけった。[*3] 発見としてのこの論文の価値は、毎年秋になると鼻がぐずぐずして体の節々が痛むのはインフルエンザという名前のウイルスのせいだ、と発表した程度のものだった。その内容は正しいかもしれない。だが、そうだからといって、何も変わることはないのだ。ただでさえ人を襲うウイルスのほとんどに対して効果的な治療法がまだ確立していない中、ミツバチのウイルスにまで気を遣う余裕はない。それに、収入がどんどん減っている商業養蜂家にとってみれば、自分のミツバチがどのウイルスに侵されているのかを検査する費用を工面することさえ論外といった状況なのだ。CCD作業部会が養蜂家に提供したアドバイスには、明確な指針は何も含まれていなかった。「健康なコロニーを維持すること。ミツバチへギイタダニのレベルを低く抑えること。ノゼマ病微胞子虫のレベルを低く抑えること。必要であれば、補足的な栄養を与えること」

つまり、体を休め、水分を補給して、チキンスープを飲みましょう、と言わんばかりのアドバイスだ。

実は、商業養蜂家たちは、当初からウイルス説をあまり信用していなかった。デイブ・ハッケンバーグと同僚たちは、そんな養蜂家たちの最前線にいた。彼らは長年にわたって情報を交換し、ミツバチが病気に襲われた時期と場所を突き止めようとしてきた。そして、自分たちには、この「蜂群崩壊症候群」を引き起こした真犯人がわかっていると確信していた。

＊3．これは小気味いいせりふだが、公平さに欠けるきらいがある。論文内容を裏付けるデータは補遺に含まれていた。実際には、CCDの研究者たちは、資金と才能を自分たちで集めてきて、記録的な短期間にCCDの研究をやり遂げたのだ。無償で研究を引き受けた学者も多かった。研究者たちはみな、頭脳優秀で、勤勉で、献身的だった。彼らの唯一の過ちは、マスコミと養蜂業界が即答を要求する中、騒動が落ち着くまで五年ほど待てばよかったのに、なんとかそれに応えようとしてしまったことにあった。

第五章 夢の農薬

それは農家にとっては「夢の農薬」だった。種をひたせば、組み込まれ、成長後も植物の全てにいき渡る。しかも昆虫の神経にだけ作用するのだ

農薬メーカーのジレンマを考えてみよう。目標は生き物にとって有毒な化学薬品を作り出すことだが、ただ単にあらゆる生命を抹殺してしまうわけにはいかない。この薬品は植物に使うものだからだ。害虫は殺すけれども、植物は殺さないような物質を使うことが肝心だ。それでも、守ろうとしている作物は、最終的には動物の餌になる。誤って他の動物を殺すことなしに、特定の動物だけを殺すように図らなければならない。だから、農薬を製造するコツは、昆虫と人間の基本的な生物学上の違いを利用することにある。

保守的なアプローチは、摂取量に重点を置くものだった。「マラチオン」や「ダイアジノン」といった有機リン系農薬は、私たちを簡単に殺せる威力を持っているが、作物を洗ったあとに残る微量な量では人を殺すことはない。約一五年ほど前に、人知れず農薬革命が起き、この時代遅れのアプローチは世間の脚光を浴びることなく新しい農薬にとって代わられた。「ネオニコチノイド」と呼ばれるグループの新しい農薬が登場したのである。ネオニコチノイド系農薬は、植物が葉を食べられないようにするために大昔から体内で作り出してきた天然の農薬であるニコチンを模したものだ。もちろんニコチンの王者はタバコだが、トマトやジャガイモやピーマンも微量のニコチンを生成している。

ネオニコチノイド系農薬は神経を麻痺させる毒薬で、アセチルコリンと結合すべき受容体に結合する。アセチルコリンは、神経細胞が、他の神経細胞や筋肉と情報をやりとりするために使う神経伝達物質だ。受容体が、アセチルコリンではなくネオニコチノイドと結合すると、文字通り信号が交錯してしまう。神経は興奮すべきでないときに興奮し、伝えるべき信号は伝わらなくなる。方向感覚の喪失、短期記憶喪失、食欲の減退がアセチルコリン障害の最初の兆候として生じ、そのあと、震え、けいれん、麻痺と進行して、最後には死を招く。人間においてアセチルコリン受容体の機能不全が招く代表的な疾患は、パーキンソン病とアルツハイマー病だ。

昆虫の神経経路は、哺乳類よりはるかにネオニコチノイド系農薬の影響を受けやすい。[*1] そのため、昆虫には一時間以内に化学的な認知症を引き起こしても、私たち人間には実質的にまったく影響を与えず、四八時間以内には体内から排出されてしまう。完璧だ！　作物をネオニコチノイド系農薬に浸したとしても、まったく心配はいらないというのだから！　そして実際、私たちが食べる農作物はこの薬剤にどっぷり浸かっている。年間、五億六〇〇〇万ユーロの売り上げを誇り、世界一〇〇カ国において一四〇種類の農作物への使用許可をとりつけている

＊1．たとえば、一度も床に倒れてけいれんを起こすようなことなく、どれだけ多くのタバコが吸ってこられたかを考えてみよう。実際、奇妙なことではあるが、喫煙者がパーキンソン病にかかる率は非喫煙者の二分の一でしかない。

「イミダクロプリド」は、もっとも人気の高いネオニコチノイド系農薬で、世界で今もっともよく売れている殺虫剤の多くに使われている。

この薬剤は単に農作物に使われているだけではない。ペットにノミ駆除剤の「アドバンテージ」を使っているなら、あなたもイミダクロプリドの利用者だ。ここでもこの薬剤は完璧に働く。たとえどれだけ犬や猫が体をなめようと、ペットは殺さずにノミだけを殺してくれるのだから。芝生やゴルフコースに「メリット」を撒いているとしたら、やはりイミダクロプリドを使っていることになる。ここでもイミダクロプリドは、犬や猫や、ヨチヨチ歩きの子供や下手くそなゴルファーなどは殺さずに、土壌中の虫だけを殺してくれる。スーパーマーケットの「ウォルマート」の店内を歩けば、イミダクロプリドが含まれているたくさんの商品にお目にかかることができるが、その中には、考えもしなかったような商品もある。虫の被害も防いでくれるというオールインワンの花用栄養剤や、「ワンシーズンずっと効果がある」ことを謳っている地虫対策の薬もそうだ。アメリカ合衆国とヨーロッパでは、少なくとも七種類のネオニコチノイド系農薬が販売されているが、その中でももっともよく使われているのがイミダクロプリドだ。一エーカー用の価格は、アメリカでは二〇ドル。中国ではたった二ドルで売られている。

ときおりイミダクロプリドは、予想もしなかったところに登場する。最近、米国農務省林野部は、「カサアブラムシ」との必死の攻防にイミダクロプリドの力を借りることにした。カサアブラムシは、アブラムシに似たアジア原産の昆虫で、サウスカロライナ州からメイン州にわたってカナダツガの林を荒廃させている。この昆虫はカナダツガの針葉の根元から樹液を吸い、寄生してから数年のうちに木を枯らしてしまう。何とか手を打たなければ、アメリカ東部のカナダツガは全滅してしまうと予想されている。そこで、数千本ものカナダツガの根元周囲の土に、イミダクロプリドが注入されることになった。この農薬は木の中をめぐって、カサアブラムシと、たまたま樹液を吸っていた昆虫を殺す。今では、グレートスモーキーマウンテンズ国立公園の地面の多くに、イミダクロプリドが浸み込んでいる。

浸透性農薬という魔法

イミダクロプリドが成功した理由のひとつは、この薬剤が「浸透性農薬」であることにある。浸透性農薬は植物の体内に浸み込んで、茎、葉、根など、その植物のあらゆる組織に現れる。薬剤の浸透した植物のどこをかじっても、昆虫は死ぬわけだ。雨で流れてしまうこともないし、作物に噴霧する必要すらないことも多い。イミダクロプリドに種を浸して（種子販売会社は、こうしてから消費者に種を売る）、そのまま育てれば、イミダクロプリドがたっぷり詰まった植物に育つ。

この薬剤が天の恵みのように思える理由は理解できるだろう。イミダクロプリドで処理された種を植えれば、毒の霧を撒いて、大気や地下水を汚染することが避けられる。雨が降るたびに農薬を撒く必要もない。農家は大喜びだ。それに、ネオニコチノイド系農薬は従来の農薬を改善したものだという意見に反論するのは難しい。米国環境保護庁は、あまりにも毒性の強い有機リン系農薬の使用を段階的に撤廃しようとしている（有機リン系農薬は、ＤＤＴよりもっと毒性が強い。ただし、環境に残留する期間はＤＤＴより短い）。ネオニコチノイド系農薬に代えれば、みんなが勝ち組になれるというわけだ！

だが、もちろん、ミツバチは勝ち組には入らない。昆虫の神経伝達物質を狂わせることを目的とし、餌に浸み込むような新種の農薬は、彼らにとっては、天の恵みどころではないのだ。

とはいっても、ミツバチに対する農薬の脅威は今に始まったことではない。ほとんどの農薬は、どんな虫でも殺してしまう。昔は殺戮状況を簡単に目にすることができた。農薬撒布用飛行機が、あとに白い霧をたなびかせながら、畑の上を低く飛ぶ。畑では、何百万匹ものミツバチが死に、養蜂家は悲鳴を上げて、無駄とは知りつつ損害補償を要求する。これは控えめに言っても、きまずい状況だった。「養蜂業は、いつだって、農業にとって醜い異母姉妹のような存在だったんだ」とジェリー・ヘイズは言う。花粉交配という作業を行うミツバチは、感謝もされずに利用され、挙句の果てには毒殺されてきたのだ。

こんな状況が数十年間続いたあと、農業経営者と養蜂家のコミュニケーションは改善した。農業経営者は、ミツバチが仕事を終えるまで農薬撒布を控えるか、そこまでいかなくとも、農薬散布時期が近づいていることを通知するようにはなった。そして徐々にではあったが、農薬に殺されるミツバチの数は、以前の三分の一にまで減少した。それでも、カリフォルニア大学デービス校のミツバチ専門家であるエリック・マッセンは、今でもミツバチの死因の一〇パーセントは農薬によるものと推定している。多くのコロニーが農薬の十字砲火の狭間に陥ってしまうのだ。

だが、新世代の浸透性農薬の登場は、こんな状況を一変させてしまった。ミツバチが仕事をしている最中でも、農薬を不使用にするようなことはできなくなったのだ。バイエル社（そう、あのアスピリンの会社だ）は、何も問題はないと主張している。彼らの研究によると、花粉や花蜜に含まれるイミダクロプリドの量はごく微量（一ないし二ｐｐｂ、すなわち十億分の一か二）

いと。

でしかないため、ミツバチが集めて巣に持ち帰るイミダクロプリドの量は無視できるほど少ないと。

だが、みんなが同意したわけではなかった。ＣＣＤ禍が勃発したすぐあと、ペンシルベニア州立大学の昆虫学者で、ミツバチにおける農薬の影響を専門に研究しているマリアン・フレイジャーはこう言った。「花粉と花蜜にどれだけネオニコチノイド系農薬が入り込んでいるかについては、多くの議論がたたかわされています。バイエル社に訊けば、もちろんごくわずかだと言うでしょう。でも私たちはこの答えに納得していません」。彼女のチームは、二〇〇七年に、かつてない規模で、ミツバチのコロニーにおける農薬の影響についての包括的な研究を開始した。

イタリアのウディネ大学の研究は、イミダクロプリドでコーティングされた種が地面にまかれるときに、種まき機のファンの排液管から農薬がしたたっていることを発見した。実際、この実験で使われた紙のフィルターは、ヨーロッパのイミダクロプリド製品である「ガウチョ」の液がしみ込んでピンク色に染まっていた。畑の境に植えられた花からは、種まきの当日には一二四ｐｐｂもの残留農薬が検出され、三日後の値もまだ九ｐｐｂもあった。

このような量のイミダクロプリドでも、まだミツバチを殺すに至らないことは事実だ。とはいえ、ミツバチが構成している社会的な特性には影響が出ないのだろうか？　殺しはしないけれども致命的な影響を与える農薬がミツバチの行動に変化を起こし、巣の知恵を損なって、ＣＣＤのような症状を引き起こすことはないのだろうか？

ハチの集団的意思を狂わせる

まさにこの疑念は多くの研究に裏付けられることになった。

イタリアの国立養蜂研究所が行った二〇〇一年の研究では、花蜜に似せた砂糖液にさまざまな量のイミダクロプリドを混ぜ、給餌器によりミツバチに与えて実験を行った。イミダクロプリドの濃度は、〇ppb、一〇ppb、五〇〇ppb、一〇〇〇ppb。ミツバチを籠に入れ、番号をつけて、巣に戻れるかどうかを観察した。その結果、対照群のミツバチ（イミダクロプリドを与えられなかった蜂）のほぼ八〇パーセントが二時間以内に巣に戻り、二四時間以内には九〇パーセントの蜂が巣に戻った。一〇ppbの濃度のイミダクロプリドを与えられた蜂で二時間以内に巣に戻ったのは、わずか五七パーセントで、二七パーセントの蜂が、二四時間以内になんとか巣に戻ってきた。

これより高濃度のイミダクロプリドを与えられた蜂の結果はどうだったのだろう？「五〇〇ppbと一〇〇〇ppbの濃度のイミダクロプリドを与えられた蜂は、両方とも、餌を食べたあとの二四時間以内に、給餌器からも巣からも完全に消えてしまった。その後も、このような蜂は、生きているにしろ死んでいるにしろ、給餌器周辺でも巣の周辺でも、まったく姿が見られなかった。おそらく巣に戻ることができず、野原のどこかで死んでしまったのだろう」

とはいえ、イミダクロプリドはミツバチをその場で殺したわけではない。ミツバチは、籠の蓋が開いたときに外に飛んでいくことはできたのだから。それでも、飛び立つまでの時間には差があった。平均的に、対照群の蜂はほぼ即座に飛び立ち、一〇〇ppb群の蜂は一〇分間、五〇〇ppb群の蜂は四五分間かかり、一〇〇〇ppb群の蜂は飛び立つまでに七五分間もかかった。このような蜂はまた、研究論文の著者らが控えめに記した「特異的な飛行行動」をとっていた。「草の上に落下する蜂が多く、飛行の方向も巣に戻る方向ではなかった。イミダクロプリドを与えられた蜂は方向感覚を失くしてしまったように見えた。これが失踪の原因だったのかもしれない」

そう、そうだったのかもしれない。このパターンにはうなずける。つまり、ミツバチに、方向感覚を狂わせ短期記憶の喪失を引き起こすとして知られる神経毒をちょっと与えて、家に帰れなくする。けれども、大学の友愛会のメンバーが二日酔いを寝てさますように、ミツバチも最終的には立ち直って、何時間か後には家に辿り着いたというわけだ。だが、一〇〇ppbと五〇〇ppbの間のどこかで、事態は深刻な様相を呈し出す。あまりにも酩酊させられてしまったミツバチは、蓋があけられても出口がなかなか見つけられず、飛び立っても地面に落下し、ようやく翅を必死に動かして再び飛び上がったあと、州間高速道路を疾走する酔っぱらい運転者のように、やみくもに外の世界に突き進んでしまったのだ。

イタリア、フランス、イギリスで行われた研究でも、イミダクロプリドの亜致死濃度、すなわち殺しはしなくても致死寸前になる濃度の影響が確認された。ある研究では、ミツバチを巣の中に閉じ込めて、五〇〇ppbのイミダクロプリドを与えた。巣内のミツバチは、動きを止め、他のミツバチとまったく交信しなくなったが、数時間後にこの状態を脱して、正常に戻った。これも、イミダクロプリドに酩酊させられた状態で巣から飛び立った蜂は、この薬剤に直接殺されたわけではなく、巣に戻る方向がわからなくなって外で客死したという説を裏付けている。

コロニーが生き残れるかどうかは、蜂の卓越した学習能力にかかっている。だが、複数の実験が証明しているように、ミツバチにイミダクロプリドを食べさせれば、彼らの基本的な学習反応に障害が起きる。匂いと食物を関連づけることができなくなるのだ。この農薬を与えられた蜂を解剖した結果、脳障害が起きていることがわかった。

このような研究に対して、バイエル社はとりたてて反論しようとはしていない。彼らは、ミツバチの餌になる花粉と花蜜に含まれる量は無視できるほど微量だという主張を崩さない。バイエル社自らが行った研究では、残留濃度は、ヒマワリの花蜜と花粉では一・五ｐｐｂ未満、トウモロコシとキャノーラでは五ｐｐｂ未満だった。そしてミツバチを使った実験では、亜致死の影響を与えるには少なくとも二〇ｐｐｂの濃度が必要だと結論付けた。ただし、他の研究機関の調査では、亜致死濃度が六ｐｐｂから四八ｐｐｂまでばらつきがあることも認めはした。

そもそも、なぜこれほど多くの研究がイミダクロプリドについて行われているのだろう？　そのわけは、フランスにイミダクロプリド農薬の「ガウチョ」が導入された一九九四年に、フランスのミツバチが不可解に失踪する現象が発生しはじめたからだ。それまで一五〇万群あったコロニーは、二〇〇一年までには一〇〇万群を切っていた。この現象を記録したバイエル社の科学者の言葉は、聞き覚えのある現象を不気味に思いおこさせる。「この現象は、まるで無関心になったかのように不活発な蜂の発生によって特徴づけられる。このような蜂は巣箱の外側の地面に集まる傾向がある。さらに、蜂は震えているほか、採餌蜂の方向感覚の喪失により、巣箱の蜂の数が減少する。この症状を呈する蜂は、巣の入り口を守る仲間のミツバチに攻撃される。形態学的には、この現象の影響を受けている蜂の腹部は黒ずんで光沢を帯びる。通常、コロニーの三分の一の蜂が、このような症状を呈する。コロニーのレベルで言えば、この疾患は、明白な死因が不在のまま蜂の数を激減させ、蜂蜜の生産量も激減させる」
たとえ何と呼ぼうとも、この現象はＣＣＤそのものだが、フランス人はもっと受けのよさそうな名前を考えた。「狂蜂病」と名づけたのだ。糾弾の矛先は、ミツバチの好物で、最近イミダクロプリドを最初に大規模使用することになったヒマワリに向けられた。ヒマワリの花粉に少量のイミダクロプリドが残留するという初期調査結果が発表され、憤慨したフランスの養蜂家たちがパリの目抜き通りをデモ行進したことを受けて、フランスの農業省は一九九九年一月に、ヒマワリの種へのガウチョ使用を全国で二年間禁止する措置をとるとともに、一連の調査を指示した。

二〇〇一年になって、フランス農業省は、それまでの調査では、ガウチョと死滅するミツバチとの間に決定的な関連性は見つからなかったと発表した。だがそのあと、彼らはアメリカでは考えることもできないような行動に出た。ガウチョの使用禁止措置を、安全策をとるという原則に基づいて二年間延長することに決めたのだ。米国環境保護庁がモンサント社に対して「貴社のもっともよく売れている製品が問題を起こしているという証拠はまったくないが、さらなる調査をする間、念のために二年間使用禁止にさせてもらう」などと通告することなど想像だにできるだろうか？

とはいえ、懸念を抱かせる理由がなかったわけではない。フランス全土から集めた花粉標本を調べた二〇〇二年のある調査で、四九パーセントもの標本からイミダクロプリドが発見されたのだ。これは、発見されたさまざまな農薬の中でも、もっとも頻繁に見つかった製剤だった。たった数年のうちに、低用量の新しい化学物質は、フランスの田園地帯に蔓延してしまっていた。

フランス農業省の要請により、イミダクロプリドの危険性を判断するための包括的な疫学的研究が開始された。担当したのはパスツール研究所、科学研究局、カン大学、メス大学が共同で設立した「科学的・技術的研究関係閣僚委員会」だった。二〇〇三年に提出された一〇八ページからなる報告書は、次のように結論づけている。「種子処理を行うガウチョの危険性に関して調査を行ったところ、その結果は、憂慮すべきものであった。ガウチョによる種子処理は、ミツバチのさまざまな生育段階に重大な影響を与えるものである」。このあとすぐに、ヒマワリに対するガウチョの使用禁止措置は無期限になった。

激しく反発したバイエル社は、ガウチョとミツバチの壊滅には何も関係がないことを示す研究で対抗した。バイエル社は、一九九九年のイミダクロプリド使用禁止以来、「狂蜂病」がまったく減っていないことを指摘した。これに対して、フランス養蜂家組合の広報担当者であるモーリス・マリーはすぐに応戦した。「ガウチョが最初に使われだして以来、ヒマワリの蜂蜜の収穫は激減した。この農薬は最大三年間土壌に残留するから、ガウチョで処理されていない植物でさえ、ミツバチにとって致命的となる濃度を含むことになる」。養蜂家たちはさらに指摘した。ヒマワリへの使用が最初に禁止されたあと、ガウチョは広くトウモロコシに使用されるようになった。だから、ヒマワリがミツバチを殺していないとしても、トウモロコシが殺しているのだと。

科学的・技術的研究関係閣僚委員会は、追跡調査報告において、この意見に同意した。「ガウチョによるトウモロコシの種子処理についての調査結果は、ヒマワリと同様に憂慮すべきものである。汚染された花粉の摂取は、育児蜂の死亡率を増加させることになり、これが、ヒマワリへの処理を禁止したあとも継続してミツバチが死んでいる理由である可能性がある」

明らかに、フランスの養蜂家組合が抱えるロビイストは、アメリカの組合のロビイストより優秀だったようだ。というのも、二〇〇四年四月に、フランスの農業大臣は、トウモロコシについてもガウチョの使用を禁止することを発表したからだ。おまけに彼は、もうひとつの浸透性農薬であるフィプロニルを含む他の六種類の農薬も禁止した。

バイエル社は不当に扱われたのだろうか？　この答えを出すのは難しい。CCDの症状はイミダクロプリドを有罪に導く確実な証拠であるように思えるとはいえ、その反証となる多くの証拠もあがっているからだ。フランスは今でもイミダクロプリドとフィプロニルの使用を禁止している唯一の国だが、フランスのミツバチが、イミダクロプリドが現在も広範囲に使用されているヨーロッパのほかの国々より良い状態にあるとはとてもいえない。

二〇〇二年に、カナダのプリンスエドワード島とニューブランズウィック一帯でミツバチの巣が壊滅した。イミダクロプリドは、前年に導入されてから、早くもこれらジャガイモ特産地のジャガイモの九〇パーセントにまで使用されるようになっていたため、犯人としてすぐに名指しされた。ミツバチはジャガイモの花には行かなくても、同じ地域に植えられたキャノーラ、クローバー、ヒマワリ畑は訪れる。イミダクロプリドは地中を伝わって、このような花々を汚染したのだろうか？

いや、プリンスエドワード島大学の研究によれば、そんなことはないらしい。ミツバチの巣が壊滅した翌年に行われたこの調査では、土壌標本からはイミダクロプリドがたっぷり見つかったものの、花、花蜜、花粉からは、この薬剤は実質的にまったく見つからなかった。アルゼンチンで行われたもうひとつの調査でも、ガウチョ処理されたヒマワリの花蜜と花粉を集めたミツバチのコロニーからは、何の副作用も発見されなかった。蜂は大量のヒマワリの蜂蜜を作り続け、七カ月後も巣の勢いは衰えていなかった。

では、デイブ・ハッケンバーグがコバルトで照射滅菌した巣箱の蜂は、そうでない巣箱の蜂より勢いがよかったという事実はどうなる？　このことはCCDには何らかの生物が関与していることを示唆しているのではないのだろうか？　だから、農薬の嫌疑を晴らすことにはならないのか？　いや、必ずしもそうとはいえないのだ。まず、強力な放射線を浴びると、多くの農薬は分解する（イミダクロプリドは太陽光線でも分解する）。次に、前述したように、もしイミダクロプリドが免疫崩壊を引き起こしているのだとすれば、コバルトで照射滅菌された巣箱は、ちょうど病院の無菌室のように、患者の状態を悪化させる可能性は低いのだ。

イミダクロプリドのもっとも不利な証拠は、状況証拠でしかない。ミツバチを殺しているものが何であるとしても、その手口は巧妙だ。たとえば、フロリダのジェリー・ヘイズは、初めてCCDに襲われたコロニーを見たとき、こう言った。「まず考えたのは、イミダクロプリドのせいだということだった。この殺虫剤は、ここフロリダでも、シロアリの駆除に使われていたから。この薬は、ミツバチに巣に帰る方法を忘れさせ、免疫システムを崩壊させる。これはイミダクロプリドの典型的な兆候だ。典型的な」

デイブ・メンデスは、メイン州のブルーベリー、マサチューセッツ州のクランベリー、そしてフロリダのかんきつ類へと、七〇〇〇箱の巣箱のミツバチを、東海岸に沿って南北に移動させている。彼はCCD作業部会に協力していたが、イスラエル急性麻痺病ウイルス説には納得していない。「私の壊滅していない巣箱からも、このウイルスは見つかった。翅変形病ウイルスも見つかったし、ノゼマ病微胞子虫も見つかった。私の蜂は、犯人として挙げられたありとあらゆる問題を抱えているが、それでもまだ死んではいない」。メンデスは、原因はもっと目立たないものだと思っている。「私は、浸透性農薬がこの件に大きく関わっていると信じている」。彼の巣箱の蜂パンからは、低濃度のイミダクロプリドとアルジカルブが検出された。「蜂パンは、蜂児が神経系を発達させる時期に、餌として与えられる。ミツバチの神経系についてはあまりよくわかっていないようだが、ミツバチの生育段階に何かが起きていることは確かだ。このことを誰かに説明したら、〝あんたの蜂は先天性障害にかかってるということか〟と言われた。そう、その通りなんだ。被害は農薬にさらされた世代から始まるが、羽化した蜂は正常に見える。見掛けには何も異常はない。けれど、どこかがおかしい。症状が出てくるまでには、何世代もかかる。羽化した蜂が育児蜂になって、その次の世代の世話をするという事実を忘れちゃいけない」

デイブ・ハッケンバーグは、彼の蜂の様子をこう私に説明した。「行動がおかしい。ただ座っているだけだ。群がろうともしないし、どこにもいかない。食べようともしないし、巣を増強しようともしない。おまけに女王蜂は、本来いるべきでないどこかの片隅に入り込んでしまう。ネオニコチノイドの能書きを読むと、昆虫に、記憶喪失、食欲減退、方向感覚の喪失、免疫系の崩壊を招く、と書いてある。神経系の障害を引き起こすんだ。私の巣箱の蜂を見てみたらいい。神経疾患そのものだから」

シロアリで免疫系の崩壊が起きる一因は、頭がもうろうとなってしまった昆虫が身づくろいをしなくなり、菌類や病原体が体中に蔓延するのを許してしまうからだ。これは、ＣＣＤにかかったミツバチの様子にぴったり一致する。ミツバチにおいても、身づくろいは、病気や寄生虫に対する重要な防御メカニズムだ。エイズは直接には人を殺さない。免疫系を崩壊させるだけで、とどめの一撃は肺炎などの疾患が下す。ちょうどこれと同じように、そしてバイエル社が主張するように、イミダクロプリドが直接の下手人ではない可能性はある。菌類や餓死にとどめを刺させているのかもしれないのだ。

たとえ研究所や現地調査が、作物の花粉や花蜜に含まれるイミダクロプリドの濃度はCCDを引き起こすほど高くはないと主張しても、類似点は見過ごすことができないほど酷似している。あなたは刑事で、女性を毒殺して犯罪現場に赤い手袋を残すことが趣味の連続殺人犯を追っていたとする。もし新たな遺体が発見され、そこに赤い手袋が置かれていたら、犯人がそこにいたことは確かだ。そして、たとえ覆し難いアリバイがいくつかあったとしても、あなたは彼を容疑者リストから外さないだろう。今現在、イミダクロプリドは、まだ告発の準備が整っていないとはいえ、刑事たちに厳しく監視されている。

ミツバチをただちに殺すのに、どれだけイミダクロプリドを投与すればいいかはすでにわかっている。ミツバチをぼおっとした忘れんぼうにする分量もわかっている。だが、ごく少量を蜂の一生にわたって与え続けたとしたら、いったいどうなるだろう？　諸研究によれば、ほんの〇・一から一・〇ナノグラムのイミダクロプリドでも、ミツバチの学習能力と方向探知能力を損なうにはじゅうぶんだという。採餌蜂がその程度のイミダクロプリドに毎日さらされている可能性もじゅうぶんにある。このことがどんな影響をもたらすかは、誰にもわからない。タバコの例を考えてみよう。人間をタバコで殺そうと思ったら、非常に多くの量が必要だ。一日中タバコを吸ったとしても、まったく変化はあらわれない。その極めて有害な影響がやっと明らかになるのは、慢性的にタバコを吸い続けたあとだ。ネオニコチノイド系農薬もこれと同じではないのだろうか？

そして、イミダクロプリド処理された作物から集めた花粉を餌にする育児蜂に育てられた幼虫はどうだろう？　ミツバチの幼虫は成虫になるまでに、〇・三から〇・五ナノグラムのイミダクロプリドを体内に取り込む可能性がある。明らかに幼虫を殺す量ではないが、彼らの神経系に影響を及ぼしているのではないだろうか？

デイブ・ハッケンバーグは、これこそ二〇〇六年の一一月にCCDがアメリカを襲った理由だと信じている。つまり、夏の間ずっとミツバチがイミダクロプリド処理された作物から花蜜と花粉を集めたあと、数カ月経ってCCDが発生したと考えているのだ。このような作物から集められた花粉は、巣に蓄えられ、蜂児に食糧として与えられる。晩秋にさなぎになる幼虫は、通常の六週間ではなく、六カ月間生き続けるべき冬蜂に成長する。二〇〇六年の冬蜂の行動は、イミダクロプリドに汚染された餌を食べたことによって、致命的な方向に変わったのだろうか？

この答えを知っているものは誰もいない。「一種類の農薬について、亜致死の投与量の影響または長期間にわたる曝露の影響を調べようとするものは誰もいないのです」。マリアン・フレイジャーはこう言う。「亜致死の影響というものは、私たちには気づくことができないほど微妙なものなのかもしれません」。二〇〇八年になって、フレイジャーは爆弾を投下した。それまで続けてきた農薬の影響における研究結果を発表したのだ。一九六例の花粉と蜂ろうの標本は、CCDに侵された巣箱、対照群の巣箱、そしてペンシルベニアのリンゴ園で授粉作業をしていた巣箱からとられた。このリンゴ園が選ばれた理由は、詳細な農薬の使用歴があったことと、その周囲にミツバチが花粉と花蜜を採取できる他の花が存在しなかったためだった。一九六例の標本のうち、一九三例に残留農薬が見つかった。つまり、農薬の影響がなかったのは、たった三例だけだった。「ひとつの標本からあまりにも多くの種類の農薬が検出されたことに驚きました」。彼女は、控えめな調子で言った。「残留濃度には、かなりばらつきがありました。ほとんどのものは、ほんの数ppbでしかありませんでしたが、人間の食物として憂慮すべき濃度のものもいくつかありました」

フレイジャーは、すべての標本のなかから、合計で四三種類の農薬と、五種類の代謝産物を検出した。代謝産物は農薬が分解して生成されたもので、農薬より毒性が強くなることがある。さらに、有機リン系農薬、ピレスロイド系農薬など、あらゆる種類の農薬が検出された。その中には、ネオニコチノイドを含む一四種類の浸透性農薬、一四種類の殺菌剤、六種類の除草剤が含まれていた。一標本から一七種類もの農薬が検出されたこともあり、平均では、一標本につき五種類の農薬が含まれていた。

彼女はこの結果をどう見たのだろう？「ミツバチはいろんなものを拾い集めるのが得意なようですね。ミツバチが集めた農薬の中には、ずいぶん長いこと噴霧されていないものもありました。どうやってこのような農薬を拾ってきたのかは……興味深いです」

では、私はフレイジャーの結果をどう見たか？ それは、想像以上に私たちの大地が農薬にどっぷり浸っていて、農薬は思ったより完全に消え去らない、ということだった。

イミダクロプリドの調査結果はどうだったのだろう？ 驚いたことに、この農薬を含んでいた標本は、たった七例しかなかった。残留濃度は、六・二ppbから二四ppbの幅があり、平均は一四・九ppbだった。これは、花粉に含まれる量としてバイエル社が主張した濃度よりずっと高いし、バイエル社がミツバチに悪影響を与えるとした濃度の二〇ppbを超えるものもあった。それでも、イミダクロプリドは四三種類の農薬のリストでは、下位に留まっていたし、この農薬が検出された七標本には、CCDとの相関関係はなかった。

ＣＣＤと相関関連を示していた化学物質は、「アピスタン」と「チェックマイト」の有効成分であるフルバリネートとクーマホスだった。驚くには値しないが、このふたつはもっともよく検出された殺虫剤で、フルバリネートは一六〇標本に、クーマホスは一四六標本に検出された。蜂ろうでは、すべての標本に大量に含まれていた。このふたつのダニ駆除剤の含有量は、弱まっているコロニーあるいは死滅しかけているコロニーからの標本では、三倍から五倍多かった。因果関係を証明する決定的な証拠ではないが、危険信号であることは確かだ。

クーマホスと死滅しかけているコロニーとの因果関係は理解できるが、フルバリネートには毒性が特に弱いという評判がある。自然養蜂を信奉している知り合いの養蜂家でさえ、こう言っていた。「効き目がなくなるまで、五年間アピスタンを使い続けたよ。良い製品だった。あれは危険な化学物質じゃない。巣箱の中に三、四週間入れたあと、取り出すだけだから」

こんな穏やかな薬剤なのに、なぜフルバリネートが問題を引き起こす可能性があるのだろう？

そのわけはこうだ。穏やかなフルバリネートという評判が確立したのは、一九八三年にゾーイコン・コーポレーションが商品登録をしたときだった。当時、ミツバチにおける中央致死薬量（試験群の半数を殺すのに必要な量）は、ミツバチ一匹あたり六五・八五マイクログラムで、毒性は比較的弱かった。だが、それ以来、フルバリネートは曲がりくねった道をたどることになり、製造企業も、一九八三年にサンドス・アグロ社へ、一九九七年にウェルマーク・インターナショナルへと、二度変わった。そして、その道のりで処方が変わったのだ。「タウ-フルバリネート」として知られる新しいバージョンは、ミツバチ一匹あたりの中央致死薬量が〇・二マイクログラムで、私たちが考えているより、三二九倍も毒性が強い。フルバリネートは、今ではミツバチに対してきわめて毒性が強い殺虫剤に分類されている。フレイジャーは調査したすべての蜂児において、ほぼ有害となるレベルのフルバリネート（とクーマホス）の濃度を検出した。

私は、アメリカ全土の商業養蜂家のほとんどが結集した会議で、フレイジャーがこの調査結果を発表した場に居合わせた。驚いたことに、一五年間にわたって致命的な神経毒を自分たちの蜂に与えてきたという事実をたった今知らされたわりには、会場は静かだった。フレイジャーは彼女らしく単刀直入に状況をまとめた。「こうした化学物質を巣箱から追い払うことが必要なのです」

だが明らかにこの問題は、イミダクロプリド、フルバリネート、あるいはそのほかの殺虫剤が単独でミツバチや動物たちにどんな影響を与えるかといった単純なことではない。農家も、庭のある人も、ゴルフコースも、水生生物管理局も野生保護局も、市販されている合法的な農薬や殺虫剤を自由に使うことができるし、隣近所が何を使っているかを調べることなどまずしないため、環境中には、複数の農薬が何の制限も受けずに混ざり合っていると考えてよいだろう。農家は農薬を「積み重ねて」使うことさえする。一度に畑に撒くことができるように、数種類の農薬を混合するのだ。米国環境保護庁の調査はいったい、このような複合農薬の影響についてどのような結果を得ているのだろうか？

実は、環境保護庁は農薬を混合した影響の調査を一度もしていない。というより、そもそも農薬の検査さえ、ほとんどしないのだ。販売企業に安全検査を行わせ、それを報告させているだけだ。環境保護庁はこの報告に目を通すことはするが、なにか疑わしいことがない限り、追加の検査は行わない。

それなら、世界の市場を支配する化学薬品の複合企業体、つまりバイエル、ＢＡＳＦ、ダウ、モンサント、デュポン、シンジェンタなどが、新製品を販売するときに、すでに環境に存在する毒とどのような相互作用を引き起こすかを検査しているわけだろう？

いや、実のところ、彼らが相互作用について検査を行うことはまったくない。検査をしているものは誰もいないのだ。

ジェリー・ヘイズはこの点を懸念している。「ミツバチにおけるこのような薬品の影響の検査は、とてもおおざっぱで基本的なものでしかない。薬品はすべて検査はされるが、調べられるのは個々の薬品の影響だけだ。基本的に検査は、ミツバチを殺すか否かについて行うもので、亜致死量についても、複合的に使われた場合についても検査はしない。もし一〇種類の農薬を混ぜて、ミツバチの餌に含まれるようにして、それをミツバチが食べたとしたらどうなる？亜致死量の物質に毎日二四時間週七日間さらされ、それも一種類じゃなくて一五種類もの物質にさらされたら、いったい何が起きる？　働き蜂を殺すのか？　幼虫を殺すのか？　女王蜂に何かおかしな行動をとらせるのか？　あるいは、ある種の農薬により生じるとすでにわかっているように、雄蜂の精子を死滅させてしまうのか？　我々には科学的なデータが何もない。西欧社会に住む私たちには、危険な事態が生じて手当てを講じなければならないときまで、手をこまねいて見ているという悪癖があるんだ」

危険な事態は目前に迫っていると思われる。たとえば、最近の研究で次のようなことがわかった。「プロキュア」という殺菌剤は、ウリ科の植物（キュウリ、メロン、スカッシュ、カボチャ、ズッキーニなど）や、リンゴ、梨、イチゴ、さくらんぼなどの、ミツバチが花粉を交配する作物につく「うどんこ病菌」を処置するために使われるが、ネオニコチノイドとともに使われると、相乗効果により、ミツバチにとって一〇〇〇倍も毒性が強くなる。また、フルバリネートの一般的な処方のひとつには、ピペロニル・ブトキサイド（ＰＢＯ）と呼ばれる「非活性」成分が含まれているが、この成分が一〇〇ミリグラムあるだけで、フルバリネートの毒性はミツバチにとって二〇倍も高くなる。ほとんど行われていない複合農薬の影響調査のうち、すでにこの二つの結果が得られているとすれば、世界中の畑や小川では、毎日この何百倍もの毒のカクテルが生み出されているとみてよいだろう。

第六章
おかされた巣箱を見る

全滅、全滅。私は実際にＣＣＤに犯された巣箱を見る。それは蜂の巣が脳だとしたら、まるでアルツハイマー病におかされているようなものだった

州道四四号線は、レーザーで均されたように平らな土地柄だからこそ可能な直線を描いて、フロリダ州のレイク郡を切り裂いている。途中目にするのは、家畜牧場、バージニア松の林、食べ放題のナマズ料理店、売りに出されているバス釣り用のボート。地平線の空にはハゲワシが円を描いて舞っている。ここでは、ヤシの木に縁取られた砂浜も、ニヤニヤ笑いをしている巨大なネズミも目にすることはない。

東にほんの一時間も行けばデイトナビーチがあり、南に一時間下れば「魔法の王国」があるのだが、レイク郡はそんな華やかなところとは無縁の場所だ。地名から容易に想像できるように、ここには多くの湖がある。けれども湖にはぎっしりワニがつまり、ドックからは上半身裸のがっしりした少年たちが釣り糸を垂れる。レイク郡は、フロリダがあのフロリダになる前に、この州の大部分を占めていた面影をいまだに留めている。

レイク郡でかんきつ類の栽培が大々的に行われるようになったのは、二〇世紀になってからだ。理由は土地が安かったためで、養蜂家たちはかんきつ類の花を追って集まり、オカラ国有林に隣接する街ユマティラは、フロリダ州の養蜂場のメッカのひとつになった。ビル・ローズは、今でもユマティラに残る数少ない商業養蜂家のひとりである。四五〇〇箱ほどの巣箱を飼うローズの養蜂場は、今ではフロリダ州で最大だ。そのいちばんの理由は、ほかの養蜂家が廃業していったからだが。二〇〇五年にCCDが初めて襲ってきたとき、ローズは一万箱を擁する大養蜂家だった。

私がビル・ローズを訪ねたかった理由は、彼がCCD騒ぎの渦中にいたからだ。ローズはフロリダ州最大の養蜂家であるだけでなく、偉大なビジネスマンだ。彼の養蜂場は最適な場所にあるし、資源もじゅうぶんにある。もし彼が生き残れないとしたら、生き残れる者など誰もいないだろう。だが、ローズの蜂は数百万単位で死んでいた。「死にかけている蜂たちを見たかったら、すぐに来るんだな」。彼は電話でこう言った。「今すぐに来たほうがいい。でないと、空の巣箱しか目にできなくなる」

年のころ六〇あたりのローズは、体格がよく、ごま塩の口ひげをはやし、その南部なまりと人使いの荒そうな気性はアメリカ南部のフットボールコーチを思わせる。実は、ほんとうにそうなっていたかもしれなかった。一九六〇年代にフロリダ州立大学フットボールチームのオフエンシヴラインの花形ガード選手として活躍したローズは、セントルイス・カーディナルズから三年契約を申し込まれた。けれども、根っからのビジネスマンだった彼は、もう少し報酬の良かったカナディアン・フットボール・リーグのチームと契約を交わしてモントリオールに移り、一九六七年のモントリオール博覧会の一環として建てられた、立方体をむやみに積み上げたような集合住宅「アビタ67」に二年間住んで「毎晩女の子たちを追いかけた。ああ、あのときは、ミニスカートの時代だった。ほとんど何も着てないのと同じだったよ。当時、モントリオールにいるのはほんとに素晴らしかった」

だがこれも、不安定なアビタ67の階段から落ちて、膝をうちのめすまでだった。翌日試合会場には行ったものの、歩くことさえやっとだった。トレーナーに膝に痛み止めの注射を打ち込んでもらって、なんとか試合に出場した。「ちゃんと出場して、いい試合をした。気分も高揚していた。だからその晩、どんちゃん騒ぎをしたんだ。だが、長く浮かれているわけにはいかなかった。あの厄介な膝が、ずきずき痛み出したから。くそ、なんてこった、って思ったさ。結局、その晩、病院で寝ることになって、考えたんだ。〝こんな生き方をしても意味がない。おれには、おふくろも兄貴もいるし、農場で働くのも好きだ。家に帰ろう。たいした金にはならないが、友達の近くに住むことはできる〟って。ある日オーナーのところに行って、チームを辞めると告げた。オーナーは驚いたよ。〝今、なんて言った？〟って訊き返した。だから言ったんだ。〝家に帰る〟とね」

ローズの一家は、四平方キロほどの農場をレイク郡に所有していて、酪農業のほか、トウモロコシなど、フロリダの実直な作物を栽培していた。ローズは数年間兄の農場を手伝ったあと、独立を決めた。その地域で養蜂業が繁栄している姿を見ていたからだ。一九七三年に最初の五〇箱のミツバチを買ったあと、三五〇箱買い足した。そのあとは、現在に至るまでほとんど買い足していない。

ミツバチの大きな魅力のひとつは、幾何級数的に増えていくことだ。巣分けの方法はさまざまだが、基本的な考え方は次のようなものである。八枚の巣板が蜂で溢れかえっている巣箱を見つけ、空の巣箱を持ってくる。空の巣箱の四枚の巣板を、成虫と幼虫がぎっしり詰まった巣板と交換する。新しい巣箱に、新しい女王蜂を入れる。これで、充満した巣箱一箱を持つかわりに、勢いが半分の巣箱を二箱手に入れることになる。

条件がよければ、半分の勢いのままでいる期間は短い。女王蜂は時を待たずに空の巣板を卵で満たし、卵はすぐに幼虫になる。あっという間に、二箱の充満した巣箱のできあがり、というわけだ。もうひとつの方法は「二世帯住宅」だ。充満した巣箱の上に空の巣箱（継箱）を載せて、女王蜂にこの空の巣に卵を産ませる。そして、上部の巣箱が充満したら、この二つの巣箱を分離して、新しい女王蜂を入れる。もちろん、そのときは、女王をちゃんと籠の中に入れることは忘れない。

ローズはいつも、早春、オレンジの花が開く直前に巣分けを行っていたが、その二週間後、オレンジの花蜜が流れている真っ最中に、早くも再び巣分けを行わなければならなくなることもよくあった。二月に四〇〇箱だった巣箱を、四月にミツバチとオレンジの花の蜂蜜がぎっしり詰まった一六〇〇箱に増やすことすら可能だった。「四〇〇箱の巣箱からは、山のようなスプリットオフを生み出すことができる。ただし、良い巣箱なら、の話だ。そうでなければ悪夢が待っている。ここのところの状態がまさにそれだ」

今から考えると、七〇年代と八〇年代は、アメリカの養蜂業の黄金時代だった。ＣＣＤもなく、ミツバチへギイタダニの災いもなく、第三世界から突きつけられる価格競争もなかった。フロリダの蜂蜜は、世界でも最高の品質を誇っていた。北方で作られるクローバーの蜂蜜よりいくらか色は濃いけれども、風味はそれより優れていた。アメリカで売れないものには、ヨーロッパが喜んで飛びついた。レイク郡は州の、いやアメリカ国内のかんきつ類の首都だった。そして、毎春、ただ巣箱を置きさえすれば、ミツバチたちは、デリケートで、花の香りの豊かな、えも言われないオレンジの花の蜂蜜を何百キロもせっせと作り出してくれた。[*1] かんきつ類の次には、オクノフウリンウメモドキとパルメットヤシが花開いた。フロリダにほとんど花がなくなると、ローズは蜂をサウスダコタのクローバー畑に連れて行った。秋にはまた、コショウボクが咲くフロリダに戻った。冬には、カエデ、ヤナギ、野生のサクラが咲いて、かんきつ類の花が再び咲き始めるまで、じゅうぶんにミツバチを養ってくれた。「八〇年代には、何年も続けて、巣箱あたり九〇キロの蜂蜜が収穫できた。それも平均九〇キロだ。巣箱によっては、一三〇キロ以上の蜂蜜がとれるものもあった」ローズは収穫のたびに、蜂蜜のたっぷり詰まった継箱をすべて外し、蜂の餌として少し蜂蜜を残して、もっと蜂が増えるように、次々と巣分けをしていった。あとはミツバチと大いなる自然がすべてまかなってくれた。「あの頃は、蜂に餌をやるなんてことはしなかった。蜂に給餌（きゅうじ）するなんて話は、誰も聞いたことがなかった

＊1．かんきつ類は、興味深い受粉例のひとつだ。素晴らしい蜂蜜ができるため、養蜂家は、相手を蹴落としてでもオレンジの果樹園に入り込もうとする。けれども、ほとんどのかんきつ類は自家受粉する。つまり、ひとつの花にあるオスとメスの部分が結合して果実が実る。そのため、オレンジ園の農場主は、何の見返りもなく花蜜を養蜂家に渡しているとずっと思い込んできた。けれども現在では、ミツバチがかんきつ類の授粉を行うと、より良質の果実がより大量に収穫できることが研究で明らかになっている。ミツバチがいなければ、オレンジは今より半分しか出回らなくなり、ずっと高価な果物になってしまうだろう。ところが、クレメンタイン（マンダリンオレンジとも呼ばれる、日本のみかんに似た品種）の場合は事情が異なる。一〇年前、スペインから輸入されたクレメンタインが一大ヒットを飛ばした。種がなく、簡単に皮がむけることから、アメリカの子供たちの非公式なスナックとさえ呼ばれるようになった。カリフォルニアはこの機に乗じ、何千エーカーにもわたってオレンジの木を根こそぎ抜いてクレメンタインに植え替えた。けれども生産者たちは、クレメンタインはほかのかんきつ類と交配すると、種ができることを知らなかった。種のあるクレメンタインが食べたい消費者などいない。そこで、クレメンタイン生産者は毎年花の時期になると、周囲何マイルにもおよぶ飛行禁止ゾーンを設定しようとして、カリフォルニアの養蜂業者と臨戦態勢に入る。

よ」

ローズはすぐに何千箱もの巣箱を手にすることになった。金は転がるように手に入り、彼は蜂に感謝の念を募らせていった。レイク郡で自分と同じほど一所懸命働いているのは、ミツバチたちだけだったから。

この感謝の念は、私を養蜂場に案内したときにも彼の声に聞き取ることができた。ただし、今それは、ストイックな悲嘆という形で表現されていた。私がローズのもとを訪れたのは二〇〇七年一一月一四日だったが、その前の月、彼は四〇〇〇箱のミツバチが死んでいく姿を見ていたのだ。「おびただしい数の蜂を介抱したのに、みんな結局死んでいった。あんまりだ」

一カ月前、ミツバチがサウスダコタから帰ってきたときは「巣箱が見えないほどびっしり蜂が群がっていた」という。ローズは、過去三五年間ずっとそうしてきたように、巣分けを行い、充満した巣箱の半分の巣板を空の巣箱に移して、新しい女王蜂を入れた。「一週間後に巣箱のところに戻ってきたとき、何か異変が起きていることがわかった。ほとんどの女王蜂は、まだ籠の中だった。働き蜂があまりにも早く死んでいったので、女王蜂の籠のプラグを嚙み切って女王蜂を外に出すことさえできなかったんだ。人間が一つ一つ巣箱を調べて、手で女王蜂を籠から出すはめになったよ」

この時点でローズは、作業長のフェリーぺに各巣箱に一壜分のコーンシロップを入れさせて、ミツバチに力をつけようとした。「フェリーぺは、これで生きのびられるだろうと言った。だが、この二週間、蜂を見ていないから、どうなっているのかわからない。これから見てみよう」

全滅、全滅、あれも

私たちは巣箱の列の間を歩いた。「あまり蜂が飛んでいないようだな。だからといって問題が起きているというわけじゃないが」。ローズは最初の巣箱の蓋を開けて、静かに悪態をついた。「十数匹しかいないようだ。でも蜂蜜はたっぷり詰まっている。持ち上げてみたらいい。少なくとも一一キロはあるだろう。だが、蜂はいない。それなのに、蜂蜜を盗もうとするやつもいない」。彼は首を横に振った。「この巣箱には、他の巣の蜂が群がっていてもいいはずなのに」

私たちは次の巣箱の蓋を開けた。「巣板一枚分の蜂しかいない。つまり、壊滅しかけているってことだ」

パレットの上に並べられた巣箱の列を調べながら、私はまるで、傷病兵に重症度判定検査（トリアージュ）を施している野戦病院の中を歩いているような気がした。そして私たちの側は打ち負かされかかっていた。「これも全滅……あれも全滅寸前だ……全滅……全滅……ここにあるのは何とか生き残るだろう。だが、コロニーはあまり大きくない。巣板二、三枚分の蜂だけだ。鍵は、花粉がちゃんと集められているかどうかだ。コバノセンダングサとアキノキリンソウのちょっとした花畑があるんだが」

ローズがそれぞれの巣箱の健康状態をチェックするには、ただカバーの下を一瞥（いちべつ）するだけでよかった。「あれは不均衡だ。正常じゃない……これは巣板一枚と半分の蜂しかいないが、少なくとも組織立っているように見える」。彼の歩みは早くなっていった。まるで、あまりにも辛くて、必要以上に長く巣箱を見たくないかのように。「全滅……全滅……あれも生き残れないだろう。継箱いっぱいに蜂蜜が入っているのに、蜂がまったくいない……これも全滅だ」。ローズはため息をついた。「全部壊滅してしまうだろう。フェリーぺはいいやつだから、おれの気持ちを引き立ててくれようとしたんだろう。だが、おれは現実的な人間だ」

次の巣箱の上には、数匹の蜂が這い回っていた。「これも、もうおしまいだ」

私は、期待を持たせようとして蜂を指差した。ローズは足を止めて、カバーをすべて外し、膝をついて、三五年におよぶ蜂の観察経験を一言に凝縮しようとした。「こいつらが気がおかしくなったようにむやみに歩き回っているのがわかるかい？　組織化されていないんだ。群れようとしない。蜂の塊がどこにもない。ただ、巣のいたるところをうろついているだけだ。何をしたらいいのかわからなくて。組織立っていない」

私は、彼の言うことが理解できているかどうか自信がなかった。組織立った蜂とは、どんな姿なんだろう？　だが、そのあと、ローズに健康な巣を見せられたとき、違いは歴然としていた。一見、あてもなくうごめく無数の昆虫に見えていたものは、実は意思の波のようにまとまっていることがすぐわかった。あらゆる蜂が、フィードバック・ループ、本能、簡素なコミュニケーションという目に見えない指示に従って協力して働いている。これが巣全体の意思だ。健康なコロニーでは、ちょうど個々の神経細胞の間に電流が流れるように、個々の蜂の間に知性が瞬時に流れる。あらゆる蜂がそれぞれの仕事にとりかかっている。彼らが与える印象は、おびただしい数の個々の蜂ではなく、一つの流れるような知性だ。この印象は、その知性が手際よくその巻きひげを動かして私の耳を刺したときに一層強まった。けれども、私が目にした壊滅しかかっているコロニーには、知性がまったく感じられなかった。たしかに蜂は少しはいたが、まるで大災害の生き残りのように、あてもなくうろついているだけだった。もちろん、そのものずばりだったのだが。組織が寸断された蜂は、指示を求めて巣板をさまよっていた。巣全体の意思の脳葉の大部分が死滅し、わずかに残ったものも組織の原則をすべて失っていた。もし蜂の巣が脳だとしたら、それは、アルツハイマー病が進行した姿だった。

ローズは、この事態を引き起こしたものが何なのかについて、まったく疑いを抱いていなかった。そして、それが名前を授けられるより早く、すでに自分の蜂に起こっていたこともわかっていた。「それが何だかはっきりわかった今、前にも起こっていたと思いあたる。だが、今年みたいにひどいのは初めてだ。最初にそれに気づいたのは四年前だ。サウスダコタから最後に戻ってきた蜂が変だったんだ。蜂たちの状況はどんどん悪化していき、数が減って、死んでいった。そのとき、ずっと考えてたんだ。〝この蜂たちはいったいどうしてしまったんだ？どこかで何かにやられたに違いない〟とね」

二〇〇四年の秋、ローズは、アーモンドの花の授粉をさせるために、五五〇〇箱の巣箱を初めてサウスダコタからカリフォルニアに送った。それまではずっと蜂蜜採取だけのために養蜂を行ってきたが、巣箱のレンタル料金が巣箱一箱あたり八〇ドル近くにまで跳ね上がるにおよんで、そろそろアーモンドの授粉を手がける頃合だと思ったのだ。そして、二月の授粉期まで冬を暖かく越せるように、カリフォルニアの貯留地にミツバチを送った。ある日、彼の作業長から、蜂の数が減っているという電話の報告があった。ローズは、各巣箱に、もう一ガロン（約三・七リットル）ずつコーンシロップを投入するように指示した。

「巣箱」とひと口にいっても、二、三枚の巣板しか入っていない小さなものから、巣板が八枚の「強勢の」巣箱まである。アーモンド農園主は、強勢の巣箱にしか全額を払わない。ローズの五五〇〇箱の巣箱のうち、支払いを受けられたのは一一〇〇箱だけだった。残りは拒絶された。「拒絶された巣箱は、大急ぎでここに戻した。だが、コロニーは先細りする一方で、その理由もわからなかった。ダニのせいじゃないことはわかっていた。今までひどくダニにやられたことは一度もなかったから。いつだって虫にやられないように気をつけていたんだ。この同じ年に、サウスダコタから、全滅した巣箱が三台のトラックに満載されて戻ってきた。巣箱には一匹も蜂の姿がなかった。蜂を殺しているものがサウスダコタにいるんじゃないかと思ったが、合点はいかなかった。誰だってみなサウスダコタに蜂を連れて行っていたから」

二〇〇六年、ローズはサウスダコタでさらに二〇〇〇箱の蜂を失った。損失を補塡するために、彼は指示されたとおりにリンゴ酢を巣板に噴霧して、健康な巣箱の上に壊滅した巣箱を載せ、大量に餌を与えた。これで、女王蜂が壊滅した巣箱にも卵を産みつけ、コロニーが拡大すると思ったのだ。「四回ぐらい餌を与えたあと、様子を調べにいったんだ。どの巣箱も全滅していた。思わず言ったよ。〝なんてこった！　死んだ巣箱が元気な蜂も殺しちまった！〟と。死骸もなかった。ちょうどこのときハッケンバーグが同じ現象の話をしだして、みんなが蜂群崩壊症候群という名で呼び出したんだ。おれのところにもやってきて、〝あんたも同じやつにやられている〟と言ったよ」

ローズは調査をはじめ、さまざまなところに問い合わせた。そして、イミダクロプリドがフランスで禁止されたことを知った。この情報はピンときた。「むかしサウスダコタには、大草原とアルファルファと干し草用の畑が広がっていた。だが今では、バイオエタノールの需要が増えたおかげで、トウモロコシと大豆とヒマワリ畑だけになってしまった。種はガウチョに浸されてから植えられる。だからこういった作物を食べるものは、みんな死んでしまうんだ。このつながりは、ロケット科学者みたいに賢くなくてもすぐわかる」

ローズはその夏、すべての蜂をサウスダコタに送ったわけではなかった。いつも巣分けする分を手許に残すようにしていたのだ。これによりローズは、無意識のうちに、科学的な実験用の対照群を作り出すことになった。もしＣＣＤの原因がウイルスにあって、彼の蜂がサウスダコタでそのウイルスに感染したのだとしたら、帰ってきたときに、フロリダの蜂にもウイルスを感染させるはずだ。一方、ＣＣＤの原因が、花蜜や花粉に入り込んだ農薬にあるとしたら、サウスダコタ帰りの蜂がフロリダの蜂にＣＣＤを引き起こすことはない。ただし、サウスダコタで壊滅した巣箱をフロリダの元気な巣箱の上に置いたときのように、サウスダコタの蜂が作り出す餌をフロリダの蜂が食べた場合は別だが。

かつては、ローズの蜂が秋にフロリダで一堂に会したとき、サウスダコタで夏の間じゅうクローバーとヒマワリの花蜜と花粉を集めていた蜂は、コーンシロップしか食べるものがなかったフロリダの蜂よりずっと勢いが強かった。だがこのパターンはＣＣＤの勃発以来、逆転してしまった。ローズはたまたま、半分サウスダコタ、半分フロリダの巣箱を置いた養蜂場をフロリダ州南部に持っていた。そこではちょうど、コショウボクの花が満開になっていて、新たな継箱が必要かどうか調べるために、彼の息子がその養蜂場に出かけた。息子はどちらの巣箱がサウスダコタの蜂で、どちらがフロリダの蜂かは知らなかった。彼は父親に電話をかけた。「父さん、なんだか蜂が変なんだ。継箱に蜂は少し入ってるけど、蜂蜜はまったく作っていない」。ローズは、奥のほうにある巣箱（フロリダの蜂）はどうしているかと尋ねた。「すごいよ、山のように蜂蜜を作ってる」

ローズはＣＣＤが死亡宣告であるとは思っていない。息子の電話を受けて、彼は蜂を見に行った。「最初に出かけた養蜂場で、すぐに事態がわかった。蜂蜜は溢れていた。だが、蜂蜜を継箱に運ぶ蜂の労働力が足りなかったんだ」。内勤蜂があまりにも弱く、数も少なかったため、運搬ラインが崩壊してしまっていた。みな巣の底に足止めをくってしまい、下の巣箱のどの巣房も蜂蜜でいっぱいになっていた。「隔王板[*2]を巣箱につけていたんだが、それが余計事態を悪くしていた。女王蜂は卵を産むところがなかったんだ。この状況を打破しようと思って、おれは、このいまいましい隔王板をとるように指示した。おかげで状況は改善はした。だが、なんてこった。ふだん三五キロから四五キロも蜂蜜を生み出す巣箱なのに、下の巣箱から上に這い上がることさえできなかったなんて」

とはいえ、蜂が死んだわけではなかった。「新たな花が咲きだして、花粉と花蜜が手に入ったからなんとか救われた。コロニーはどんどん先細りしていったが、完全に死んでしまうことはなかった。今では、勢いを盛り返そうとしている。もしかしたら、蜂は死ぬのをやめたのかもしれない。これ以上は死なせないですむかもしれない。おれは、何とか立ち直ってくれるだろうとあてにしてる。もしこの蜂も死んでしまったら、もうお手上げだ。といっても、蜂はまったく蜂蜜を作らなかった。おそらく、四〇〇〇箱の巣箱からドラム缶一本分の蜂蜜もとれないだろう。いつもなら五〇〇本分もとれるのに」

ローズは、彼の蜂がサウスダコタで農薬にさらされたと確信しているが、農薬に汚染されていない高品質の花のあるところに蜂を移動させれば、システムを立ち直らせる可能性があるとも信じている。そして、これこそ、過去数年間、サウスダコタからセミトレーラーに載って戻ってきた最初の蜂たちが、そのあと直接フロリダ南部のコショウボクの原野に送られたときに、立ち直れた理由だと考えている。そして、サウスダコタから最後に戻ってきた蜂は、コショウボクの花の季節に間に合わずに死に絶えたのだろうと。だが、これさえも二〇〇七年には過去のことになってしまった。「今年は、最初に（サウスダコタから）戻ってきた蜂もやられてしまった。最初に戻ってきたものから最後に戻ってきたものまで、全滅だった」

世間では、CCDの被害をこうむっている養蜂家は、すべて花粉交配に携わっているものと思いがちだ。そして、二週間ごとに蜂を移動させ、野原や畑にひそむ無数の病原菌にさらすことが悪いのだと非難する。だが、ローズは違う。彼の蜂たちは、フロリダとサウスダコタ以外のところでは暮らしたことがないし、移動させられる回数も年にほんの数回だ。例のアーモンドの惨事以外は、一度も花粉交配の仕事に手を染めていない。彼の養蜂業の収入はすべて蜂蜜生産から得ている。そしてこのことが、彼を廃れる運命にある養蜂家にしているのだ。ローズはこの先どれほど今の形態を続けていけるか自信がない。

「五年ぐらい前に豊作の年があった。サウスダコタだけで、一二〇〇ドラム缶分の蜂蜜がとれた。それ以外に、オレンジから九〇〇ドラム缶分、オクノフウリンウメモドキから四〇〇ドラム缶分の蜂蜜もとれた。ひどくいい年だったね。だがそれ以来、ほとんど蜂蜜がとれなくなってしまったんだ。去年のオレンジは三〇〇ドラム缶分だった。その前は二〇〇ドラム缶分だ。今年は一五〇ドラム缶分もとれれば御の字だろう。今年がかんきつ類の蜂蜜の最後の年になるかもしれない」

フロリダにおけるかんきつ類栽培の衰退は、急速かつ着実に進行している。最初の打撃は、一九八〇年代に襲った一連の壊滅的な寒気だった。フロリダで育った私は、午後の気温が下が

＊2．働き蜂はこの板の網目を通って継箱に入れるが、女王蜂は大きすぎて通れない。

るにつれ、近所のかんきつ類農家が必死に霧を吹いていた姿を覚えている。氷の被膜を作れば、致命的な霜の害が防げると思ったのだ。

だが、そうはいかなかった。フロリダ州中央部のかんきつ類栽培は一九九〇年までに壊滅し、その過程でいくらかの養蜂家を道連れにした。廃業に至らなかった養蜂家は、蜂をトラックに載せて、かんきつ類栽培がかろうじて生き残った南部まで何時間もかけて向かい、使用できる養蜂場を探そうとした。だが今では、二〇〇五年にフロリダに上陸した「グリーニング病」が残った果樹園を根絶やしにしている。これは中国からのもうひとつのプレゼントで、この病気にかかると木は数年後に枯れてしまうのだが、決定的な治療法はまだ見つかっていない。このグリーニング病を運ぶキジラミを撲滅するために、農園経営者は、そう、浸透性農薬を使っているのだ。養蜂家は果樹園に近づかないようにするか、あるいは近づいてミツバチを全滅させたり蜂蜜を汚染したりするリスクを負うかの選択を迫られている。フロリダ州政府が勧告したかんきつ類への農薬撒布スケジュールでは、農薬が噴霧されない月は三月だけだった。[*3]

けれども、たとえグリーニング病がないとしても、不吉な兆候はほかにもある。土地開発と外国のかんきつ類との競争だ。私が話したなかで、今から一五年後にもフロリダのかんきつ類栽培が存在していると考えたものはひとりもいなかった。そしてそれとともに失われるのが、あの崇高なオレンジの花の蜂蜜だ。

では、他の花はどうなのだろう？　オクノフウリンウメモドキとパルメットヤシは、フロリダ中央部からジョージアにかけて広がる松林の中にふんだんに存在する。その地域の南側はパルメットヤシが優勢で、北側はオクノフウリンウメモドキが優勢だ。だが、もしご存知でなかったら言っておくが、今、多くの人がフロリダに移住している。平床トラックを運転していくつかの養蜂場を回る途中、ローズと私は「ザ・ヴィレッジ」という地区の横を通った。これは、かつての牧草地と今では壊滅したかんきつ類の果樹園の跡地に何キロにもわたって広がる退職者向け居住施設だ。ここには、二八カ所のゴルフコース、四〇カ所のレクリエーションセンター、一カ所のポロクラブがあり、その居住者数は七万人にもおよぶ。スーパーマーケット、ショッピングセンター、病院でさえ、ゴルフカート用の道で結ばれている。

ザ・ヴィレッジを見れば、レイク郡の土地がもはや安いなどと言えないわけがわかるだろう。かんきつ類が消えてしまっただけではなく、年を追うごとにオクノフウリンウメモドキやパルメットヤシも消えている。皮肉なことに、フロリダの養蜂家にとって偉大な救い主となったのは、外来種のメラレウカとコショウボクだった。ティーツリーとも呼ばれるメラレウカは、オーストラリア原産の、樹皮が紙のようにはがれる低木で、一八〇〇年代に装飾用植物としてフロリダに植えられたのが最初だった。人々はこの木が湿地帯でよく育つことに気づき、一九四一年には米国陸軍工兵隊が、オキーチョビー湖の堤を補強するために、この木を植え出した。これがとてもうまくいったので、工兵隊はさらに湿地帯を乾燥させて開発可能な土地にするために、大湿地帯のエバーグレーズに植えるようになった。メラレウカは、自生している樹木より水分を吸い上げるわけではないが、花と種を豊富につけるため、自生種に勝る結果となった。一九九〇年代までに、メラレウカは、エバーグレーズの千数百平方キロメートルもの土地を結びつけて、かつてのソーグラスの湿原やプレーリーを沼沢地に変えてしまった。この変化は誰

＊3．グリーニング病を抑えるための農薬を撒布した果樹園に置かれた巣箱の検査では、懸念される量のアルジカルブが検出された。アルジカルブは人間にとって非常に有害な農薬だ。

にとっても喜ばしいものではなかったが、唯一の例外が養蜂家だった。突然、莫大な花蜜がたなぼた式に手に入るようになったのだから。

一九九〇年代、フロリダ州政府は、物理的撤去手段と除草剤を駆使してメラレウカの掃討作戦を開始した。まず、外側の地域から撤去を始めたが、ここはまさに養蜂家が蜂を飼っていた地域で、彼らの不興を買うことになった。メラレウカは今でもエバーグレーズの広い部分を覆っているが、ミツバチが近づけるところはほとんどない。[*4]

コショウボクについては、今のところ、誰も侵略を押し戻そうとして成功したものはいない。月桂樹に似た低木のこの植物は、道端の溝や荒れた場所などに育ち、赤い実をつける。この実のために「フロリダヒイラギ」のあだ名がある。[*5]コショウボクも一八〇〇年代に装飾用の植物としてやってきたが、人気が出たのはようやく一九五〇年代になってからだ。現在では、フロリダ州の約二八〇〇平方キロにわたって繁茂している。そのほとんどが、道端や野原だ。フロリダの秋に大量の花蜜を産出する木は他にないため、コショウボクはフロリダ筆頭の蜂蜜の源となっている。いずれにせよ、蜂蜜算出量のナンバーワンを占めているのがコショウボクの蜂蜜だ。けれども、コショウボクの蜂蜜は風味が劣ると考えられ、「ベーカリー・グレード」として、卸売市場で四五〇グラムあたり六〇セント程度で取引される。ちなみに「テーブル・グレード」の蜂蜜は、同量あたり八〇セント程度で売れる。

二四〇箱の巣箱をとりに行くために、平床トラックでオキーチョビー地域を通り過ぎたとき、ローズはコショウボクの木を私に指差した。それは、この地域のいたるところにある掘割を縁取る青々としたカーテンのように、どこにでも生えていた。だが、まるで火炎放射器で焼かれたかのように途切れている箇所があった。ローズは「撒いたんだ」と言った。フロリダ州政府は、浸透性除草剤の「ラウンドアップ」やその仲間を総動員して、コショウ戦争に挑もうとしているのだ。

ローズは今でもメラレウカを失ったことをくやしがっている。今度コショウボクも失ったら、廃業するしかない。「むかしはコショウボクがびっしり生えている場所がたくさんあった。が、ちくしょう、もうそんなところはなくなってしまった」。フロリダ政府が除草剤を噴霧しはじめたとき、ローズは実際に州都のタラハシーまで出かけていって不満をぶちまけた。「行政は何でもスローガンにする。〝マナティーを救おう〟、〝ヒョウを救おう〟、〝クマを救おう〟と。それなら、いっそ〝いまいましい養蜂家を救おう〟キャンペーンをやったらどうだ、ってやつらに言ってやったんだ。でなければ、おれたちは廃業するしかないと。今は、おれたちが必要ないと思っているかもしれないが、いつかつけが回ってきて、派手に後悔することになるぞ、ってな」。これに対して、州政府のお役人は、外来植物はアメリカ土着の植物ではないと説明した。「それを言うなら、オレンジの木だって同じだ!」。ローズは反論した。「なんであんたたちに何がどうだという権利があるんだ?　なんであんたたちに、残す植物と根絶やしにする植物の線引きをする権利があるんだ?」

かんきつ類の果樹園は規制なしにはびこるようなことはないとはいえ、ローズの言い分にも一理ある。私には、外来種の一種（私たち）が毎日数百エーカーの土地を侵略しているにもか

＊4．ローズのトラック運転手は一度、近道をしようとして、沼沢地を走る泥の道に乗り入れたことがある。道は陥没してしまい、セミトレーラーと、その積荷の二四〇箱の巣箱すべてが沼沢地に転倒してしまった。助かったのは、溺れた巣箱の上に載っていた五〇箱ほどの巣箱だけだった。
＊5．グルメの好む〈ピンク（赤）胡椒〉は、実はコショウボクの実を乾燥させたもの。

かわらず、化学薬品で殺す外来種（メラレウカ、コショウボク、アジアのキジラミ）、守る外来種（かんきつ類、乳牛）、無視する外来種（ミツバチ）を選別していることが皮肉に思えた。渇いた都市マイアミは、現存するメラレウカすべてを足したものが吸い上げる以上の水分をエバーグレーズから汲み上げている。

そして、拡大の一途をたどる土地開発は、フロリダだけの専売特許ではない。全米蜂蜜生産者協会会長のマーク・ブレイディは、私にこう言った。「私の本拠地はヒューストン近郊にあるんだが、テキサス州のかつての養蜂場は、今ではすべてコンクリートに覆われてしまった。ミツバチはコンクリートじゃたいしたことはできないんだが」。また、セージのようなすばらしい蜜源を含むユニークな野草の花が豊かに咲くカリフォルニアは、かつては養蜂家のパラダイスだった。だが今では、その原野の多くが、開発、気候変動、森林火災などに脅かされている。六月から一一月まで、干ばつに悩まされる火口箱と化すカリフォルニアは、ミツバチにとって過ごしにくい場所のひとつになってしまった。不毛なトウモロコシ砂漠が広がる中西部は、もっと悪い。

中国産ハチミツ

にもかかわらず、ビル・ローズやマーク・ブレイディに、彼らが直面している最大の問題を尋ねると、土地開発は上位三位にも入らない。ＣＣＤでさえ、必ずしも第一位にランク付けされるとは限らない。第一位の名誉が与えられるのは、中国とその蜂蜜の氾濫だ。それが本物の蜂蜜であろうがなかろうが。

私はローズと彼の従業員とともに、「グローブ農場」に行った。ここは、全米最大の蜂蜜出荷包装業者で、世界でも有数の規模を誇っている。そこに行ったのはローズが所有する数百本の空のドラム缶を回収するためだったが、そのついでに私は、蜂蜜の万里の長城を目にすることになった。おそらく一〇〇〇本はあろうと思われる、約三〇〇キロの中国製蜂蜜が詰まった鮮やかな緑色のドラム缶が、四・五メートルの高さに積まれて並んでいる。もうひとつの六メートル高の壁に並んでいたのは、コーンシロップを収めた巨大なプラスチックの大樽だった。グローブ農場は、一一三トンほどの蜂蜜を毎日壜に詰めているが、そのほとんどはあなたの地元の養蜂家が作った蜂蜜ではない。アメリカ全土で消費される蜂蜜のおよそ七〇パーセントは輸入されたもので、そのほとんどが中国から来たものだ。

ほかの多くの分野と同じく、蜂蜜の生産においても、中国は他の国をはるかに凌駕している。おまけに、それを低価格で売る。実際、あまりにも安すぎるので、国内の蜂蜜生産者たちの告訴を受けて、アメリカ政府は二〇〇二年に輸入関税を中国の蜂蜜に課税することになった。当時、蜂蜜の価格は、一九七九年からずっと変わっておらず、四五〇グラムあたりおよそ五〇セントだった。だが、アメリカで蜂蜜を生産するには、コストが四五〇グラムあたり約一ドルもかかったので、国内の商業養蜂家の経営は急速に行き詰まっていた。この輸入関税は、彼らのハンディをなくすための措置だった。

だが、輸出側はすぐに「ハニー・ロンダリング」技術をマスターしてしまった。あっという間に、輸入関税が適用されないアジア諸国の新会社が、蜂蜜出荷包装会社に取引攻勢をかけるようになり、山のような蜂蜜を破格のバーゲン価格で提供した。世界の取引記録を調べると、中国からの蜂蜜の輸出が急落し、そのかわりに、今まで主要な蜂蜜生産国ではなかったマレーシア、タイ、ベトナムのような国々の輸出が数カ月間激増したことがわかる。蜂蜜の原産国は調べようがない。中国の蜂蜜の中には、まず最初にカナダに輸出され、カナダ産の蜂蜜としてアメリカに輸入されたものもあった。公的記録を見ると、アメリカが輸入する蜂蜜に占める中国産蜂蜜はほんの二七パーセントほどだが、実際の数値は八〇パーセント近くになるだろうと大方は見ている。

アメリカの税関は迅速にこの手口を見極め、このような第三国から入荷された積荷の一部を差し押さえた。その際、手順の一環として、差し押さえた蜂蜜の検査が行われた。ここでまた驚くことが起きた。この蜂蜜は、抗生物質のクロラムフェニコールに汚染されていたのである。これは、炭疽病をはじめとする重度の感染病の治療に使われる強力な薬剤で、この抗生剤に対してバクテリアが抵抗力をつけるのを防ぐため、アメリカ、カナダ、ヨーロッパでは、農業用途での使用が禁じられている。この薬はまた、人間に骨髄損傷を引き起こし、致命的な再生不良性貧血を生じさせる危険性がある。ここで、FDA、すなわち米国食品医薬品局が乗り出すことになった。二〇〇二年八月から二〇〇三年二月にかけて、FDAの係官は、ルイジアナ州とテキサス州の複数の輸入業者からクロラムフェニコールに汚染されたおびただしい量の中国産蜂蜜を差し押さえた。そして、中国産蜂蜜の輸入は一時的に禁止されることになった。

二〇〇三年二月に行われた強制捜査は、とりわけがっかりさせられる事件だった。それをさかのぼること半年、二〇〇二年の八月一九日に、FDAは出荷包装業者に対し、蜂蜜が抗生物質に汚染されている可能性があることを通告した。けれどもこの出荷包装業者は販売を続け、その中には、サラ・リー社に出荷された七〇トンの蜂蜜が含まれていた。サラ・リー社は、一〇日後に蜂蜜の使用を中止したが、そのときまでに、汚染された蜂蜜は五〇万袋分の食パンに使用されて、消費者に販売されていた。二〇〇二年九月一八日、ＦＤＡは出荷包装業者に、同社が販売している蜂蜜が実際に抗生物質で汚染されていたことを通知した。なぜその後、ＦＤＡがその蜂蜜を差し押さえるのに五カ月もかかったのか、そしてその間販売された蜂蜜はどうなったのかは不明だ。

　中国産蜂蜜の輸入禁止と差し押さえを受けて、蜂蜜の卸売り価格は四五〇グラムあたり八八セントに跳ね上がり、その後も急騰を続けて、一時は、一・五ドルの大台に乗った。アメリカの蜂蜜生産者は、これで再び蜂蜜を生産して生計を立てることができると有頂天になった。その一方で、蜂蜜の出荷包装業者は生産者ほど高揚した気分にはなれなかった。蜂蜜の最大購入者はサラ・リー社のような産業界の大手企業で、こういった企業は蜂蜜を三倍の価格で購入するようなことはしなかった。出荷包装業者は、板ばさみになってしまった。

　だが、それも長くは続かなかった。中国産蜂蜜の輸入禁止措置は、中国が農産物におけるクロラムフェニコールの使用を禁止したあとに撤回された。それにその間、中国企業はアメリカの関税法の抜け道を見つけていた。関税法には、不当廉売の前科のない新しい会社は、蜂蜜の出荷時に関税を払う代わりに保証金を供託できるという規定があった。この場合、米国商務省は一年以上をかけて物価状況を調査したあとに、適正な税額を決定することになる。そこで中国企業は、保証金を供託して関税をカバーし、蜂蜜を以前と変わらぬ最低価格で出荷した。ようやくアメリカ政府が税額を回収しに訪れたとき、このような中国企業は不可解にも蒸発しているか廃業していた。それでも、一層多くの保証金を供託して大量の蜂蜜をアメリカに輸出しようとする新たな新会社はひきもきらなかった。今までのところ、一四〇〇万ドルにおよぶ蜂蜜関税が回収された一方で、六四〇〇万ドルの関税は未回収のままになっている。そして蜂蜜の価格は、以前のレベルに急降下した。
価格の急騰に痛い思いをさせられた蜂蜜出荷包装会社、つまり中間業者は、二度と不意打ちを食らわないようにしようと決意した。蜂蜜は何十年も品質が落ちない食品であることを覚えているだろうか？　だから今、フロリダに中国産蜂蜜の万里の長城が築かれ、南北両ダコタ州にある無数の倉庫にクローバーの蜂蜜が眠っているのだ。これで、世界の市場に何が起ころうが、アメリカの産業用蜂蜜はただ同然の価格に留まるわけだ。[*6]
とはいえ、こんな蜂蜜は食べないほうがいいかもしれない。本書を書いている今、私の目の前の机の上にはジャクソンヴィルにある世界最先端の食品安全性研究所「ADPEN」からの報告書がある。ADPEN研究所は、二〇〇六年一月に、フロリダのある蜂蜜出荷包装業者が扱っている中国産蜂蜜の無作為標本を調べ、四八ppbのシプロフロキサシンを検出した。そう、耐性菌への感染に対する最終手段であるシプロが発見されたのだ。二〇〇一年の炭疽菌攻撃の治療に使われた、あのスーパー抗生物質が。ドイツ最高の食品安全性研究所「アップリカ」も、中国産蜂蜜のおびただしい標本からシプロを検出している。[*7]どうやら中国の養蜂家は、蔓延する公害、不十分な下水処理、ほとんど存在しない農産物栽培基準などとともに国中にはびこるバクテリアの嵐を回避しようとして、シプロを巣の中に投げ込んでいるらしい。
投げ込んでいるところは、巣箱だけではない。シプロは、フルオロキノロン類として知られる抗生物質のひとつだが、フルオロキノロン類については、二〇〇五年にアメリカ南東部の各州のスーパーマーケットで売られていたベトナム産のナマズから発見されて大問題になったことがある。そのあと、二〇〇七年に、発癌性と関連づけられているものを含む抗生物質とフルオロキノロン類が、ナマズやエビなど中国で養殖された水産物から検出された。検査を行った全標本の一五パーセントにもあたるものが（しかも、ＦＤＡは二〇個の入荷物あたり一個についてしか検査を行わない）抗生物質の含有検査で陽性反応を示したため、中国の水産物は全面的に輸入禁止されることになった（が、これも一時的なものだった）。

こと食糧調達に関しては、アメリカ政府は、私たちに残されている最良の抗生物質であるフルオロキノロン類の有効性を損なおうとする輩には容赦しない。バクテリアが抵抗力をつけることを恐れているからだ。それに、これは遠い将来の話などではない。黄色ブドウ球菌のうち、抗生物質に対する耐性を獲得した変種は急速に広がり、少なくとも年間二万人を死に追いやっている。

これはエイズの死亡率を上回るものだ。このような殺人変種は、かつては病院の中にしか現れなかった。これだけでも恐ろしいのに、最近では、複数の新しい変種が一般の人々の間にも広まっている。このような菌には抗生物質が効かないため、かかると命にかかわることがよくある。

このような抗生物質耐性菌はいったいどこで生まれたのだろう？　マイケル・ポーランが書いた『ニューヨークタイムズ・マガジン』誌の記事によると、専門家たちは工場式の畜産場で

＊6．二〇〇八年に養蜂家は、中国産蜂蜜の流入を許していた抜け道を再び塞ぐことに成功した。このことと、アルゼンチンの養蜂産業の崩壊（干ばつと、バイオエタノール需要に合わせて農作物がクローバーとアルファルファから大豆に替えられたため）、および米国で史上最低の蜂蜜生産記録を更新したことが原因となって、世界中で蜂蜜が不足する事態が生じた。世界の蜂蜜価格は再び高騰することになったが、これがどれだけ続くかは、誰にもわからない。

＊7．このような蜂蜜はＥＵに拒絶されたあと、検査基準がヨーロッパほど厳しくないアメリカに流れ着くことになった。

進化したのではないかと考えているということだ。このような畜産場では、畜牛、豚、鶏などが強制収容所のような環境に押し込められ、当然蔓延する細菌類を抑えるために抗生物質漬けになっている。ほとんどの細菌は死滅するが、薬剤耐性を獲得した遺伝子を持つ生き残りは、スーパー細菌を繁殖しだす。これは現に今起こっていることだ。オランダの養豚場の六〇パーセントには、すでに薬剤耐性を持つ黄色ブドウ球菌が住みついているし、オンタリオ州の養豚場の従業員の二〇パーセントもがこの耐性菌に感染している。*8

中国の農場における薬剤耐性を獲得したバクテリアの現状を示すデータはどこにもない。だが、その数は恐ろしいほどであるに違いない。中国の養殖水産の規模も中国の水質汚染の程度も、推測は困難だ。中国には養殖水産に携わる人口が四五〇万人いるが、その多くが人間が接触すると危険だと指定されている水の中で働いている。重金属、水銀、難燃剤、下水、そしてDDTのような農薬がしょっちゅう中国の水から検出される。このように毒性があり過度に混雑した環境で魚を生かし続けるには、抗生物質などの化学薬品を常に投与しなければならない。そしてこの化学薬品は下流に流れていく。中国政府は、この状況は変化していると主張する。「二〇〇五年以前には、たしかに私たちは薬品を盲目的に使用していた」と中国のある養殖水産協会の会長は『ニューヨークタイムズ』紙上で語った。「薬品は病気に対して非常に効果があったが、私たちはもうそんなことはしようともしていない。規制が厳しくなったから」

中国産の蜂蜜に同じ抗生物質が存在していたということは、中国の養蜂家たちが同じ問題、つまり過度の混雑と汚染という問題が原因で発生したミツバチの病気と闘っている事実を示しているに違いない。『ロサンゼルスタイムズ』紙は二〇〇七年に、中国の蜂蜜産業に関する、背筋が凍るようなレポートを掲載した。この記事では、中国の農村部、陝西(せんせい)省に暮らすひとりの養蜂家を取り上げていた。彼は地元の薬局からペニシリンの薬瓶を一本一〇セントで購入し、それを蜂の治療に使った。蜂が、近くの化学工場から漏れた薬品で汚染された水を飲んで病気になったと信じていたからだ。推定では、中国の養蜂家の七〇パーセントが抗生物質を使っていると考えられている。ある中国人の起業家は、中国政府からアカシアの自然保護林を借り受けた。そして、抗生物質も、蜂蜜に鉄と鉛汚染をもたらす金属製の保存容器も使わずにこの自然保護林で養蜂を行うことに賛同した四五人の養蜂家を集めた。だが彼の骨折りは、さんざんな結果に終わってしまった。競合相手をきらった地元の養蜂家一五人に待ち伏せされ、殴られて脳震盪を起こしたままその場に置き去りにされたのだ。

おそらく、ほとんどの中国人養蜂家は完璧に高潔な人々だろう（公平を期すために言うが、ほとんどのアメリカの養蜂家も抗生剤を使っている。ただ、違法な薬を使っていないだけだ）。それに、中国にはすばらしい花源がある。たとえば、幅八キロ、長さ四〇キロにわたって広がるアカシアの森は、おびただしい量の、芳醇な香りと淡い色をもつ蜂蜜を作り出す。この蜂蜜はテュペロの蜂蜜と同じようになかなか結晶しない。それでも私は、中国産の水産物はまったく口に入れたくはないし、中国産の蜂蜜を口に入れるとしてもその前にすごく迷うことだろう。[*9] 原則として、私は蜂蜜を買うときは、養蜂家から直接買うことにしている。今では、このような蜂蜜は、全国のいたるところにある農産物直売マーケットや道端の直売店で買うことができるよう

＊8．抗生物質耐性を獲得した黄色ブドウ球菌と必死で闘っている医師たちは、大昔からある治療法に目を向けた。この物質は驚くほど期待が持てる結果をもたらし、今では、地球上で最も効果の高い抗菌物質として認められている。つまり、蜂蜜のことだ。詳しくは巻末の付録4を参照のこと。

＊9．さらに言えば、中国製のおもちゃが誰の口にも入らないように心がけている。

になった。蜂蜜はわざわざコンテナ船でやってくる必要はないのだ。

もちろん、ハニーマスタード味のドレッシングやハニーベイクドハムのラベルに貼られている成分表からは、蜂蜜を作ったのが誰なのかはわからない。国際的ないかさま取引のおかげで、食品製造業者でさえ、その確かな情報は知りようがないのだ。でも、それが聖なるアカシアの森から来ているのでないことは確かだ。実はここで一層事態を複雑にする問題が浮上する。というのも、もしかしたらその材料は蜂蜜でさえないかもしれないのだ。

蜂蜜は生産するのに費用がかかるが、コーンシロップは、まるでタダのように安い（栄養価も値段に比例する）。一九七〇年代の蜂蜜生産業者は蜂蜜をコーンシロップでごまかすことによってぼろもうけした。四五〇グラムあたりの蜂蜜の価格は五六セントだったのに、コーンシロップはたった六セントだったのだから。けれども、これを見破る方法はすぐに開発されてしまった。そのあと粗悪蜂蜜製造者たちはもっと賢くなった。一九九八年、蜂蜜を大量に買い付ける北米の大手諸企業のもとに、あるインドの会社から、「蜂蜜類似物」をトン単位で提供するというファックスが届いた。コーンシロップあるいはライスシロップからなるこの類似物は「酵素的に加工」されているため、見た目も成分も蜂蜜に酷似しているという。このインドの会社は、この類似物が天然の蜂蜜をチェックするあらゆる検査にもパスすると保証し、本物の蜂蜜の代用品として使えると請けあった。このような「蜂蜜類似物」こそ、アメリカとカナダとヨーロッパの養蜂家たちが直面している問題なのだ。そして、私たちが食べているハニーローステッド・ピーナッツも、このインチキ蜂蜜を使っているのかもしれない。ある国際的な食品バイヤー用の手引きの新版には、八件の蜂蜜供給企業と一四件の「蜂蜜代用品」の供給業者の名前がリストアップされている。

　この詐欺は、ライスシロップを蜂蜜に見せかけるような化学的な詐欺の場合もあるし、存在論的な欺瞞の様相を呈することもある。つまり、蜂蜜とはいったいなんだろう？　もしあなたの答えが、「ミツバチにより、花蜜だけを使って作られるシロップ」というようなものだったら、あなたは完璧に時代遅れだと思っていい。ここで、中国が提供する新製品「出荷包装業者(パッカーズ)ブレンド」を紹介させてもらおう。この製品は二〇〇六年、保証金供託の抜け道がアメリカ連邦議会によって閉じられた直後に市場に現れた。中国の「蜂蜜」は関税の対象になるが、もし製品に含まれる蜂蜜の量が五〇パーセント未満なら、法律の適用外になる。商業養蜂家が「うさんくさい蜂蜜(ファニー・ハニー)」と呼ぶこの製品の蜂蜜含有量は、四〇パーセントから四九パーセントの間で、残りはシロップだ。コーンシロップのときもあるし、ライスシロップや乳糖のシロップなど、その場にあって安ければ、何でも使われる。このようなブレンドを輸入した出荷包装業者は、そのままブレンドとして販売する場合もあるし、アメリカ産かカナダ産の良質のクローバー蜂蜜を少し足したあと、混じりけなしの本物の蜂蜜として食品製造企業に売りつけることもある。

　パッカーズ・ブレンドの値段は四五〇グラムあたり四〇セントで、私たちの誰もが考えているよりはるかに多くの食品にまぎれこんでいる可能性がある。消費者が製品の成分表示ラベルで「パッカーズ・ブレンド」という文字を目にすることはない。ライスシロップと蜂蜜として別々に表記されるか、ただ単に蜂蜜として記載されているはずだ。いったい食品製造企業はパッカーズ・ブレンドを購入するとき、どんなものを買っているのかわかっているのだろうか？　それが蜂蜜だとだまされて買っているのだろうか？　汚染されている可能性のある中国産蜂蜜を食品に使用していることを知っているのだろうか？

確かなことはわからない。けれども言えるのは、アメリカの養蜂家は、たとえどれほど大量生産によって製造原価を下げようとも、もはや太刀打ちできないということだ。ローズの養蜂場から三二キロほどはなれたデランドにあったホレース・ベル蜂蜜会社は、ついこの前まで合衆国最大の商業養蜂家だった。妻のルエラとともに一九六四年に会社を興したベルは、四万箱の巣箱と五〇人の従業員を擁し、年間四五〇トンの蜂蜜を製造していた。だが、中国とアルゼンチンからの四〇セント蜂蜜の直撃を受けて、彼は二〇〇〇年にすべての蜂を売り払い、従業員に別れを告げた。「ただ蜂蜜の値段のせいだけじゃなかったのよ」とルエラは私に言った。ミツバチへギイタダニの来襲と高まる農薬の使用のせいでもあった。ベルたちは、ミツバチにダニの殺虫剤や抗生物質を使いたくなかったし、蜂蜜が農薬に汚染するリスクも負いたくなかった。だから、店をたたんだのだった。

今日、ホレース・ベル蜂蜜会社の跡を歩くのは薄気味悪い。一四〇〇平方メートルとその半分の広さの二つの巨大な倉庫が、ほとんど空の状態で残っている。倉庫周囲のひび割れた舗装道路には割れ目に草が生えている。蜂蜜販売の看板はまだ掲げられていて、大きな声で呼べば、今でも誰かがやってきて、色の濃くなった何年も前の蜂蜜を売ってくれるだろう。だが、巨大な倉庫の片隅から、ハンマーの音が響いてくる。一握りの日雇い労働者が新しい巣箱を作っているのだ。近くにある四ヘクタールの畑は新たに耕され、コーンシロップの餌が入った巣箱が列をなしている。ミツバチを三六年間育てたベルは、この仕事に背を向け続けることができなかったのだ。けれども、彼は悪い兆しを再び目にしていた。アメリカ合衆国とカナダの蜂蜜産業は、ほぼ壊滅したも同然だ。ベルは夢想家ではない。だからもう、ミツバチに蜂蜜を作らせようなどとは思わない。そう、彼はミツバチに大量にシロップを与え、暖かい秋のうちに勢力をつけさせて、『アメリカンビージャーナル』誌の広告を通して、一箱一四〇ドルで販売しているのだ。そのほとんどが、帰郷不可の使命を背負った「カミカゼミツバチ」になるだろう。彼らが向かうのは大陸の西。目的地は、ミツバチを喉から手がでるほど求めていて、そのためには大量の金をばら撒くこともいとわないアメリカ最後の土地だ。

第七章

人間の経済に組み込まれた

二〇〇〇年代、アーモンドは金のなる木になった。いかにその生産量を増やすか。経済効率を第一に繁殖戦略がねられ、ミツバチはまきこまれた。

毎年二月になると、カリフォルニア中央部の約五〇〇キロにおよぶ帯状の地域が真っ白になる。季節はまだ冬だとはいえ、これは雪ではない。セントラルヴァレーでは、二月に雪は降らない。なにしろ日中の気温はすでに摂氏一五度を上回りはじめている。白いものはアーモンドの花びらだ。この地域を何時間車で走ろうとも、目に入ってくるのは、整然とした白い縞が丘や谷床を埋め尽くす光景だけ。合計三〇〇〇平方キロメートル強におよぶアーモンドだけの巨大な森だ。この人工的な景観の中にいる生き物は、アーモンドの木、木立と木立の間に定規のように真っ直ぐに生えている草、農園の世話をするヒト、そして毎年数週間アーモンドの生殖の宴を手助けするミツバチしかいない。

カリフォルニアのアーモンドは巨大産業だ。私はアーモンドと聞くと、スペインが思い浮かぶ。タパスバーでシェリーのグラスを傾けながらアーモンドをつまむイメージだ。実際、スペインはアーモンドの世界第二の生産国だが、その生産高は世界のたった五パーセント。カリフォルニアは世界の産出量の八二パーセントを占めている。カリフォルニアのアーモンド産業は名実ともに世界一なのだ。

そうなるまでにはさまざまな要因が関与してきた。まず手始めはアーモンドの木そのものにある。アーモンドは桃の近縁種だ。この二つの果実の共通の祖先は中央アジアに生まれて進化していった。桃は東に向かって湿気のある低地に適応し、アーモンドは西に向かって乾燥した丘陵地に適応した。この二つの木の外見は似ている。両方とも三・五メートルぐらいの高さで、幹が四、五本の枝に分かれる。花も似ているが、実は異なる。桃の実がふっくらした果肉と食べられない種を持つのにひきかえ、アーモンドは、食べられる種の周りに革のような外皮をつける。

中央アジア原産のアーモンドの木は、六〇〇〇年以上も前に、かつてのレバント地方、すなわちトルコからヨルダン、シリア、イスラエルまで地中海に沿って広がる三日月地帯と、イラクからイランまでの地域で栽培されはじめた。ツタンカーメン王の墓にもアーモンドが供えられていたし、聖書にもアーモンドがよく出てくる。この木は気候についてはとても気難しく、中近東に似た気候条件、つまり暑くて乾燥した夏とひんやりと湿った冬のもとでしかうまく育たない。開花時期はとても早く、バレンタインデーの付近に花が咲くが、そのあとに冷え込みが襲うと、生育途中の実がだめになってしまう。このように生育条件が厳しいため、うまくアーモンドを育てられる地球上の地域は限られている。スペイン、ギリシャ、トルコ、イラン、それと中国のごく一部。アメリカでは、カリフォルニアのサクラメントヴァレーとサンワーキンヴァレーだけが唯一の適合地域だ。早くも一八四〇年代にはアメリカ南東部、そしてニューイングランドでさえもアーモンドの栽培が試みられたが、春先の霜と夏の雨のためにあきらめざるをえなかった。

とはいえ、気候が完璧でありさえすればアーモンドが育つわけではない。花の受粉媒介を行う昆虫が必要だ。それも、大量の。大きく魅力的な果実を育てるために摘果が必要な桃やリンゴでは、豊作を確実にするには、ほんの一〇パーセントの花が実をつければいい。ところがアーモンドでは、私たちが食べるのはその種のほうだ。実が生りすぎることにはまったく問題がないし、実際、小さい実のほうが消費者に喜ばれる。小さくて一様な実の豊作を期すには、ほぼ一〇〇パーセントの花の授粉が必要だ。それには、アーモンド果樹園に大量の授粉昆虫がいなければならない。

けれども、二月のサクラメントには、それほど多くの昆虫が羽化して活動しているわけではない。もしかしたら、もともとのレバント地方には、その時期にもっと昆虫がいたのかもしれないが、大規模農業が行われ農薬にまみれたこの不毛の地は、どこもかしこも作物が植えられ、何キロにもわたって雑草一本見つけられないような場所だ。一年のどの時期をとっても有益な野生の昆虫などほとんどいない。だから授粉はミツバチに任せるという状態がずっと続いてきた。一九七〇年代にアーモンド栽培について出版された古典的な手引書『栽培作物における昆虫による花粉交配 Insect Pollination of Cultivated Crop Plants』には、次のような記載がある。「アーモンドにとって経済的に有益な授粉昆虫は、実質的にミツバチだけであり、世界中のアーモンド生産者がミツバチを利用するように勧めている。ミツバチを大量に導入することの重要性は、強調してもしすぎることはない」

だが、問題はまだある。多くの果実や木の実と同じように、アーモンドは自家不和合の植物だ。つまり、同じ木に咲いている花同士では実が生らないし、他の木でも同じ遺伝子を宿している場合は実が生らない。自然が近親相姦を防いでいるのだ。ところが、同じ品種の果物の木は、みな接木されたクローンだ。そのため、アーモンドの実を生らせるためには、ミツバチはあるアーモンドの花から、他の品種のアーモンドの花に花粉を運ばなければならない。このため、アーモンド生産者は少なくとも二種類のアーモンドの品種を植えなければならないわけだ。伝統的にアーモンド生産者は、実を収穫したい品種「ノンパレル」を三列植え、その隣に、この品種を他家授粉させるための別の品種を一列植えるという方法をとってきた。

ハチとアーモンドの需給曲線

さて、ここでもう一度、ミツバチの目線で考えてみよう。朝少し遅く、太陽が寒さを蹴散らしたらすぐ、あなたは巣を飛び出して、一番近くにある満開のアーモンドの木に向かう。そして、最初に目にした花に止まり、雄しべの先端のねばねばする葯(やく)を押しのけて花蜜を吸う。蜜胃をいっぱいにするにはいくつもの花から蜜を吸わなければならない。では、次のターゲットはどこにする？　すぐ隣にある花？　それとも、わざわざ果樹園の向こう側まで行って、たまたま品種が異なっているアーモンドの花の蜜を吸う？　そう、もちろん、あなたは時間とエネルギーを節約するためにすぐ隣の花に向かうはずだ。そして、できればすべて同じ木の花の蜜で胃を満たし、すぐに巣に戻って荷降ろしをしたいと思うだろう。

では、ミツバチが一回の採餌飛行で二本以上の木を訪れるのは、どんなときだろう？　それは、同じ木からじゅうぶんな花蜜がとれないとき（姉妹たちがすでに空にしてしまったから）、あるいはすべての花が他の蜂に占領されてしまっているときだ。こうなったら、他の木を探すしかない。つまり、アーモンド生産者は、二品種以上のアーモンドの木を植えるだけではなく、農園をミツバチの飽和状態にすることが必要なのだ。花ひとつひとつについて競わなければならなくなれば、蜂は無数の木を訪れることを余儀なくされ、おそらく品種の異なる花粉を運ぶことになるだろう。すべての木のすべての花を他家授粉させるためには、過飽和状態を作り出さなければならない。[*1]

難点は、アーモンドの開花時期が早いことだ。ミツバチは組合労働者で、寒いときや雨の日には仕事をしない。アーモンド業界は「ミツバチ工数」を記録している。すなわち、毎年アーモンドが開花している期間に、気温が摂氏一二・七度以上あり、風速六・七メートル未満で、雨が降っていない時間がどれだけあるかを調べているのだ（ミツバチ工数は、さんざんだった二〇〇四年の九二時間から、晴天の続いた二〇〇二年の二〇〇時間まで大きく変動している）。もっと悪いことに、アーモンドの花の受粉可能性が最大になるのは開花日だけだ。三日もたてば受粉可能性はゼロになる。二月のセントラルヴァレーの気温は摂氏二四度近くになることもあれば、寒々とした一〇度以下になることもある。そこでアーモンド生産者は、天候が悪いときにも、わずかなチャンスをものにして強力な絨毯爆撃を花にしかけられるように、じゅうぶんな「衝撃と畏怖」作戦を彼らの空軍にとらせる必要がある。

つまり、莫大な数のミツバチが必要なのだ。現行のルールは、一エーカー（約四〇〇〇平方メートル）につき巣箱二箱というものだが、理想的には、二・三箱が望ましいと考えられている。通常の条件下でなら一エーカーにつき一箱でじゅうぶんだと専門家は言うが、ほとんどのアーモンド生産者は、余裕を見て、二箱プラスアルファにしたがる。カリフォルニアには七〇万エーカー（約二八〇〇平方キロ）もの土地にアーモンドの木が立ち並んでいる。そう、つまり、一五〇万箱もの強勢の巣箱が必要になるわけだ。これはほぼ、アメリカ国内に残っている稼動可能な巣箱をすべてかき集めた数に匹敵する。一月が来れば、ミツバチを貸したいと思っている養蜂家なら、誰だって、アーモンド農園経営者に巣箱を貸すことができるといった状況だ。

だが、なぜ蜂を貸したいなどと思う？　混雑度と競争のことを考えると、二月のアーモンド果樹園で花蜜を探すのは、まるでクリスマスイブのマンハッタンでファービー人形を探すようなものだ。まだ花蜜が残っている花をようやく見つけたときには、ミツバチの翅は擦り切れてしまっていることだろう。

それに、二月に強勢になるというのは、巣箱の自然な営みに反する。ヨーロッパのミツバチは通常、一二月と一月を半冬眠状態で過ごす。塊になって翅を震わせ、蜂児もあまり作らずに、じっと春を待つ。そのため、巣板八枚に蜂が充満した状態を二月の初旬までに築くには、養蜂家は蜂をだまさなければならない。一二月に春が来て、食糧がじゅうぶんにあると思い込ませなければならないのだ。それには、巣箱を一一月から一月までどこか比較的暖かいところに置いて、ともかく餌漬けにすることが必要だ。こうしてはじめて女王蜂が卵を産み出し、採餌蜂の密集軍が二月のアーモンドに間に合うように整う。この「肥育養蜂」は不可能ではないし、

＊1．人間がこの事実に気づく前は、いったいアーモンドはどうやって繁殖してきたのだろうかと思われるかもしれない。もしそうだとしたら、アーモンドの故郷で育っていた野生のアーモンドは、クローンが林立するような形に進化することなどなかったことを思い出してほしい。森には遺伝子の異なる木がじゅうぶんにあった。それに、毎年豊作を迎えるような必要もなかった。いくつか新しい種がとれるだけでよかったのだから。異様な受粉戦略が必要になるのは、生産過剰のクローン森という異様な場所においてだけだ。

現に増加の一途をたどっているが、養蜂家には大きな費用負担を生じさせ、ミツバチにとってもリスクの大きいものになっている。

養蜂家のやる気をくじく要因は他にもある。ディーゼル燃料の高騰。盗巣の危険性。ときおり巣箱を盗まれたり壊されたりすることは、ほとんどの商業養蜂家が経験することだ。仲間にけしかけられた子供のいたずらであることもあるが、巣箱のレンタル料が高騰するにつれ、仲間の商業養蜂家によるフォークリフトとトラックを使った窃盗事件も急増している。見張りもなくアーモンド農園に置かれている巣箱は、楽に手に入れられる獲物だ。養蜂家の中には、家畜と同じように巣箱に焼印を押すもの、果ては追跡可能なマイクロチップを埋め込むものさえでてきた。けれども、泥棒は蜂を自分の巣箱に入れると、盗んだ巣箱は捨ててしまう。二〇〇七年から二〇〇八年にかけて、カリフォルニアの養蜂家が巣箱の窃盗により失った額は、三三万ドルにもおよぶ。

そしてさらに「売春窟効果」がある。三週間にわたって繰り広げられるこの狂宴の間、アメリカ全土から集められたおびただしい蜂が同じ花に集中するわけだから、自分の蜂が、ミツバチの間で流行している病気や寄生虫を拾ってくる可能性はじゅうぶんにある。弱まり、飢えて、病気を抱えた蜂の巣箱が三月にアーモンドの森から息も絶え絶えに出てくるというこの見通しがあるため、アーモンド生産者は、商業養蜂家が甘い汁を吸えるような取引を提供しなければならない。この汁とは現金だ。それも、商業養蜂家にとって他の方法ではとても蓄えられないような高額の。

これほどまでして、なぜアーモンドにこだわるのだろう？　アーモンドの豊作は、こんなにリスクが大きく費用もかかるというのに。なぜ、もっと融通のきく作物を育てない？　その答

え は「アミン（アーモンド）は金鉱だから！」[*2]だ。

アーモンド・ゴールドラッシュ

アーモンドは農業における二〇〇〇年代最大のサクセスストーリーである。カリフォルニアのワイン産業についてはご存知だと思う。けれども、年間一〇億ドルもの輸出高を誇るアーモンドは、ワイン輸出高の二倍にも及ぶ。アーモンドは、カリフォルニア全土でもっとも経済的に成功している作物なのだ。二〇世紀のほとんどの間、アーモンドは数あるナッツのひとつに過ぎなかったが、最近生じたいくつかの要因が、アーモンドの森をカリフォルニアの金山に押し上げることになった。

アーモンドの成功は花粉交配によるところが多い。アーモンド生産者は以前からミツバチと他家授粉が必要なことは知っていたが、それがどれほど重要であるかに気づいたのは最近のことだ。そして、じゅうぶんな数の蜂がいれば、アーモンドの木をもっと近くに植えて、エーカーあたりの生産量を上げることができることに思い至った。アーモンド三列ごとに他品種一列を植えるという従来の三対一のレイアウトでは、「花粉交配用」品種と隣り合っていない三列のうちの中央の列は、ナッツの生産量が落ちる。そこで、アーモンド生産者は二対一のレイアウトに切り替えた。それと同時に、より多くのミツバチを持ち込むことにした。一九七〇年代

＊2．アーモンド農園地域ではアーモンドのことを、アドリブ演奏の「ジャミン」と韻を踏むように「アミン」と発音する。

の巣箱のレンタル料は一箱あたり一〇ドルで、これは豊作を確実にするには安い手段だった。これで生産量は二倍以上になった。けれども二対一のレイアウトでも、同じ品種と向かい合っている側面の生産量は、花粉交配用品種と向かい合っている側より収穫量が三〇パーセント少なかった。そこで生産者はレイアウトをついに一対一にした。これで生産高は飛躍的に向上した。一九六〇年代、生産者は一エーカーあたり四五〇キロの収穫量を目指していたが、二〇〇二年までには、収穫量は一エーカーあたり平均九〇〇キロを記録していた。今日、より新しい品種と密集した植え方を採用した畑の多くでは、エーカーあたり一三五〇キロの収穫高を上げている。

アーモンドブームを押し上げるにはマーケティングも貢献した。カリフォルニア・アーモンド協会は、アーモンドを新手の健康食品として宣伝した。アーモンドに含まれるビタミンEと抗酸化物質が癌と心臓病の予防に役立つという研究報告を大いに活用したのだ。世界のアーモンド消費量は天井破りとなり、一九九五年に二七万トン余りだった消費量は、今日七二万五〇〇〇トンを超えている。

近年の途方もない産出量でさえも、このような需要には追いつかない。アーモンドの価格は急騰した。二〇〇一年には、一ポンド（約四五〇グラム）あたり一ドル、二〇〇二年には一・五ドル、二〇〇三年には二ドルに上がった。二〇〇五年には、雹（ひょう）の嵐が吹き荒れ、生産高が予想を六万八〇〇〇トン下回ったため、市場が狂乱に陥り、アーモンドの取引価格は一ポンド当たり三ドル、そして四ドルへと急騰し、アーモンド購入企業にパニックを引き起こした。この年以来、前年を上回る豊作が毎年続き、価格は一ポンドにつき二ドルあたりで安定している。一九数字をつき合わせれば、「アーモンドラッシュ」と呼ばれている理由がわかるだろう。

九〇年代に一六〇〇平方キロだったアーモンド畑の作付面積は、二〇〇〇年には二〇〇〇平方キロ、二〇〇五年には二二〇〇平方キロ、そして二〇〇八年には二七〇〇平方キロに達した。[*3]

今では、セントラルヴァレーに住むだれもが、アーモンドを植えたがっている。綿花もセントラルヴァレーの主要作物だが、綿花の価格はここずっと低迷している。実のところ、二〇〇八年の時点で、綿花農家は綿花を栽培するよりも、水を渇望しているアーモンド農園主に「水利権」を売ったほうが、より多くの収益を得られるようになった。綿花栽培をあきらめた農家は、畑から綿の木を引き抜いてアーモンドに植えかえてきた。そして今、このような畑のアーモンドが実を付けだしている。

だが、ミツバチがいなければ、アーモンドの木は無価値だ。カリフォルニアのミツバチの数がおそらく三五万コロニーにまで減少している一方で需要は一五〇万コロニーにまで膨れ上がっている現在、養蜂家にとっては、とてつもない売り手市場が到来することになった。一九七〇年代の巣箱あたり一〇ドルといったレンタル料は遥かむかしの話だ。最近は、アーモンド生産者が胃下垂になりかねないようなレンタル料の上昇が年々続いている。二〇〇四年には巣箱一箱あたり五〇ドル、二〇〇五年には七〇ドルから九〇ドル、二〇〇六年には一二〇ドル、そしてCCD禍に襲われた二〇〇七年には一五〇ドル以上にまで高騰した。二〇〇八年に養蜂家とアーモンド生産者が交わした契約は、一箱あたり一六〇ドルから一八〇ドルあたりの間で交

＊3．参考までに、同じように花粉媒介を必要とする作物のトップにランクされているメイン州のブルーベリー畑の場合と比較してみよう。その総栽培面積は二四〇平方キロでしかない。二〇〇七年のブルーベリーの収穫高は約三万五〇〇〇トンで、一ポンドあたり九四セントで売れた（二〇〇五年の六五セントからの急上昇だった。その理由の一つが、高騰した巣箱のレンタル料である）。七二〇〇万ドルの総収益は、アーモンドのほんの三パーセントでしかない。

渉が始まった。そして、開花直前に不足分を補うためにアーモンド生産者が支払ったレンタル料は、一箱あたり二〇〇ドルにまで跳ね上がった。

過去一〇年間のアーモンド生産量の増加がミツバチの衰退と比例しているという事実は薄気味悪い。だがその反面、アーモンドの増産はミツバチにとって奇跡的な幸運だったとも言える。もしアーモンド生産者が大金を手にして、それを養蜂家がもっとも困窮している時期にばら撒くことがなかったら、アメリカの養蜂業界はすでに死滅していただろう。アーモンドによる現金注入は商業養蜂家の生命線だった。そしてこれは、商業養蜂家を助けただけではない。アーモンド生産者にミツバチを仲介するジョー・トレイノーが指摘するように、巣箱のレンタルにあれだけの金額を喜んで支払うことにより、アーモンド業界は、花粉交配が必要だがじゅうぶんな費用を賄うことができない他の農産物生産者たち（リンゴ、ブルーベリー、クランベリー、スイカ、カボチャの生産者たちなど）を間接的に支援しているのだ。アーモンド業界はまた、養蜂業界の寄付額をも上回るかなりの額を花粉交配の研究のために寄付している。

とはいえ、アーモンド業界と養蜂業界には軋轢もある。巣箱のレンタル料が高騰し、他に収益を得る方法をすべて失った養蜂家たちがアーモンドブームに便乗しようと押し寄せる中、この機につけいろうとする者がでてきた。アーモンド生産者が支払う料金は、巣箱単位だ。実は、巣箱にはさまざまなものがある。ミツバチに興味がない人には、元気な蜂があふれている八枚の巣板を収めた巣箱と、病気を患っている蜂がうごめいている数枚の巣板の巣箱の違いは、少なくとも外側からはわからないかもしれない。けれども、もしそれがあなたのナッツの収穫量の違いに現れたとしたら、いやでも気がつくはずだ。

数年にわたって悪徳養蜂家に壊滅した巣箱をアーモンド農園に持ち込まれ、金を騙し取られてきたアーモンド生産者は、巣箱の勢いを気にかけるようになり、受け入れ前の検査を行うようになった。アーモンド生産者の多くは、ジョー・トレイノーのようなブローカーを通じてミツバチをレンタルしたがる。ブローカーは八枚の巣板の入った巣箱を保証してくれるからだ。この検査により、多くの巣箱が拒絶され、養蜂家は大きな苦悩を抱えることになった。大金をはたいてカリフォルニアまで蜂を連れてきたあげくに拒絶されただけでなく、他人の土地に置いた半死の巣箱の処置も決めなければならないのだから。

大部分の専門家は、巣箱の拒否の問題は、これからもっと厳しくなるだろうと見ている。カリフォルニアの養蜂家で花粉交配のブローカーも手がけているライアン・コジンズは、自分自身もCCDで巣箱の半数を失った。彼はこう話す。「過去二年間、ほんとうに養蜂業界がニーズに応えられたのかどうかはわからない。巣箱は確かにたくさんあった。が、その中身は？もし多くの中身が点検されることになったら、重大な問題が持ち上がるだろう」

たしかに一部の養蜂家は、実際に標準以下の巣箱と知りながら、アーモンド生産者をごまかそうとしたのかもしれない。けれどもそれよりずっと多くの養蜂家はそんなつもりはまったくなかったろう。二〇〇五年のビル・ローズのように、夏に調べたときには強勢の巣箱だったのに、道中あるいはカリフォルニアの貯留地で待機していたときに、CCDにやられてしまった場合もあるだろう。そして、たとえ待機中は問題のなかったコロニーでも、アーモンド授粉のストレスにさらされて、開花一週間後に壊滅してしまった場合もあるに違いない。拒絶のリスクとミツバチを死に追いやるリスクは、アーモンド授粉を引き受けるに際して養蜂家が留意しなければならないもう二つの要因である。

一見すると、養蜂家は、授粉契約において優位に立っているように思える。アーモンド生産者はミツバチを利用しなければならない。蜂がいなければ、アーモンドも実らないから。それに彼らには養蜂家に支払う潤沢な現金がある。これまでのところ、アーモンド生産者の財布はかなり融通がきくものだった。巣箱あたり一八〇ドル払っても、まだかなりの収益を上げることができた。けれども、アーモンドの価格高騰現象は、もう遥かかなたに過ぎ去ってしまったことかもしれない。これから数十万エーカーものアーモンド農園が新たな収穫を生み出そうとしており、毎年毎年、前年を上回る生産高が記録されているなか、壊滅的な悪天候にでも襲われない限り[*4]、アーモンドの価格は低い水準にとどまることだろう。さらに、今後は、オーストラリアと中国からの価格競争にさらされる可能性がある。現在中国は、新疆ウイグル自治区の一〇万人の農民を、巨大なアーモンド植林事業に有無を言わせず駆りだしている。

最近まで、巣箱のレンタル料金はアーモンド生産コストの約八パーセントを占めていたが、今では二〇パーセント前後にまで跳ね上がっている。一エーカー分のアーモンドを栽培するには約二〇〇〇ドルの経費がかかる。そして、この経費の各項目、すなわち燃料、水利、労働力、農耕器具、花粉交配費用は、すべて軒並み急騰している。生産者はコスト削減を迫られており、そのターゲット・ナンバーワンが巣箱のレンタル料だ。

アーモンドがミツバチを必要としているのと同じだけ、養蜂家もアーモンドを必要としている。巣箱一箱の維持コストが年間約一〇〇ドルかかり（まったく問題がない場合）、巣箱一箱からとれる蜂蜜の年間収益が五〇ドルから八〇ドルという時代、アーモンド生産者から渡される一箱一六〇ドルの小切手がなければ、養蜂はビジネスではなく、高価な趣味になってしまう。ミシシッピ河の西方で養蜂家が生き延びられる唯一の根拠がアーモンド産業だ。もしアーモンドの仕事がなくなれば、養蜂家も消える。ジョー・トレイノーは、「全米養蜂連盟」の名称を

「アーモンド授粉協会」に変えるべきだと冗談を言った。

ヤキマに本拠地を置くワシントン州有数の商業養蜂家エリック・オルソンは、こんな状況を体現しているよい例だ。「去年、私の蜂は最高の仕事をしていた。他の商業養蜂家が抱えている問題については聞いていたが、そんな問題はPPBのせいだと思っていた」。つまり、ヘタクソな蜂の飼い方（ピス・プア・ビーキーピング）である。「だが、今年は蜂の様子が違った。そして突然、PPBが違うものに見えてきた」。二〇〇七年の夏に一万三〇〇〇コロニーあったオルソンのミツバチは、二〇〇八年のアーモンド授粉シーズンまでには九〇〇〇コロニーにまで激減していた。「もしアーモンドの授粉価格が一箱八〇ドルだったら、今頃は廃業してたね」

東海岸においてさえも、ホレース・ベルが選んだ道を追う商業養蜂家が増えている。つまり、ミツバチの巣箱を、使い捨てのアーモンド授粉箱のように考えはじめているのだ。古くからの商業養蜂家の中には、問題山積の養蜂業に疲れ果て、すべてのミツバチをアーモンド農園に送り込んで、最後の小切手を換金したら廃業しようと考えているものもいる。

増えるアーモンドの木と減るミツバチ。この二つの傾向はカリフォルニアの地面の下に横たわる構造プレートのように擦れあっている。ここ数年のうちに、プレッシャーは耐えられないレベルにまで高まるだろう。アーモンドの合計作付面積は、二〇〇八年には二七〇〇平方キロメートル、二〇〇九年には二九〇〇平方キロメートル、そして二〇一〇年には三一〇〇平方キロメートル近くにまで増加するとみられている。

＊4．二〇〇八年一月にサクラメントヴァレーを襲った〝世紀の嵐〟は、数千エーカーにわたってアーモンド畑を壊滅させた。

限界に達する

いったい誰がこれだけの花を受粉させるというのだろう？　アメリカのミツバチだけではもう足りない。カナダの養蜂家は、自分たちの蜂をアメリカの蜂と交わらせることに不信感を抱き、クローバーの畑が無限に広がり外来種の病原菌がほとんどいないアルバータ州のような天国に留まりたがる。[*5]そこで、イスラエル急性麻痺病ウイルスを蔓延させているかもしれないし、そうではないかもしれないオーストラリアの「パッケージ・ビー」が、負担をより多く肩代わりするようになった。今年はおそらく一〇万パッケージが輸入されるだろう。それぞれのパッケージには腹をすかせたミツバチが数千匹収められている。季節的には申し分ない。オーストラリアの夏はアメリカの冬だから、一月のアメリカにやってくるオーストラリアの蜂は「地球の正反対の地（ダウンアンダー）」で流蜜期を過ごしたばかりで元気満々だ。とはいえ、一パッケージ一一五ドルのオーストラリアのミツバチは、急場しのぎの策にしかならない。サンフランシスコまでのボーイング747による空の長旅は彼らを疲弊させるし、到着したらしたで巣が必要になる。そして、その時点までに多くの採餌蜂が老齢に達してしまう。授粉能力について調べたテストでは、一・八キログラムのオーストラリアの蜂のパッケージは、越冬を終えた強勢のアメリカのコロニーの半分しか能力がないことがわかった。オーストラリアの蜂は弱まった巣を増強する保険としては役立つが、単独で授粉作業を行わせるのは無理だ。

もしかしたら、移動養蜂の経済性はもう限界に達しているのかもしれない。システムを崩壊させるものがアーモンド価格の下落だろうが高騰する原油価格だろうが、それはどうでもいいことだ。肝心な点は、カリフォルニアが、もはや自らが必要としている授粉昆虫を支えられなくなったことにある。この州は、かつてのミツバチの天国から、三週間仕事をしたあとに生きて帰れたら御の字というおぞましい場所に変わってしまった。

二〇年前、CCDどころかミツバチへギイタダニでさえまだ到来していなかったとき、カリフォルニアの有名な養蜂家アンディ・ナッチバウアはすでに将来の危険な方向について養蜂家にこう警告していた。

アーモンドの花粉のみという食事は、ミツバチにとっては好ましいものとはいえない……ミツバチはバランスのとれた食事が必要で、そのためには、ほとんど常に二種類以上の花粉が必要になる。アーモンド（それ以外の作物においても）の授粉では、あまりにも多くの巣箱が比較的狭い地域に集めて置かれるので、果樹園を超えた場所や果樹が植えられている地面から花粉を集める機会がほとんどない。そして、一〇〇万箱に近い巣箱がアーモンド授粉のために狭い場所に結集したとしたら、ウイルスが蔓延する格好の場所と化すのは必至だ。

自分が飼っていた多くのコロニーが壊滅していく姿を目にしたナッチバウアは、この現象を表現する名称を考えた。「ストレスが促進する衰退現象（SAD＝Stress Accelerated

＊5．カナダのアルバータ州とサスカチュワン州にいるミツバチは、四週間の花の開花期に巣箱一箱あたり一八〇キロの蜂蜜を作り出すことで知られている。

Decline)」と「ミツバチの自己免疫欠乏症（BAD＝Bee Autoimmune Deficiency)」。この二つの頭字語は気に入っていた、と彼は言う。自分の蜂が死んでいったときにまさに感じたことだったから、と。「SADだろうがBADだろうが、この現象に襲われた蜂は、壊滅するまえに兆候を示す。こういったコロニーは、花蜜が流れて蜂蜜を潤沢に作り出したあとや蜂児を長い間育てたあとは、強勢で生産性の高い巣のように見えている。だが秋や初冬になると……非常に短期間のうちに変化が生じ、山のような蜂蜜を残したまま、蜂の姿が消えてしまうんだ」。ミツバチがもっとも無防備になるのが、蜂蜜を潤沢に作り出したあとか蜂児を育てたあとだという事実は、一見すると理にかなわないように思われるかもしれないが、子供をたくさん育てた人や、何カ月も残業を続けたことのある人なら理解できるだろう。

ナッチバウアは養蜂業の現状に当惑して、悲惨な将来を予想した。

私が蜂を飼いだしたのは、今では過去のものとなった世代の養蜂家に見習いとして（一九五四年に）奉公したときだった。そのときの巣箱一箱あたりの蜂蜜収穫高は今の平均の三倍だった。五〇〇箱の巣箱を持つ養蜂家の一家は、快適な中流階級の生活が営め、新しい車を三年に一度買い替えることも、子供たちに大学教育を受けさせることもできた。年間一〇パーセントを超えて蜂を失うなどということは異常な事態で、養蜂技術が稚拙なことを意味していた。今日のカリフォルニアにおいては、蜂を入れ替えなければならない率は三〇パーセントに達し、五〇パーセントに向かって増え続けている……私は、三五年におよぶ観察と膨大な文献研究に基づいて、この劇的な蜂の減少が今後も引き続き起こり、ときには、大規模な原因不明の蜂の死に何度も見舞われることになるものと確信している。

彼の予想は的中した。そして「ストレスが促進する衰退現象」という名称は、頭字語「SAD」のために選ばれた言葉だったとしても、ミツバチが死んでいく姿を見たほとんどの専門家が信じるに至ったことを端的に言い当てている。私たちはミツバチに無理をさせすぎ、彼らは限界に達してしまったのではなかろうか？

第八章

複合汚染

ミツバチの二百万年におよぶ歴史のなかで、これほどストレスが多く環境が激変した時代はない。CCDはその複合した要因によるものなのか？

現代のミツバチは、彼らの祖先が一度も経験したことのなかったような重圧にさらされている。悪者リストに名を連ねているのは、ミツバチヘギイタダニ、アカリンダニ、ハチノスムクゲケシキスイ、アフリカ化した「キラー」ミツバチ、アメリカ腐蛆病菌（ふそびょうきん）、ありとあらゆる種類の真菌類やウイルス。さらには、農薬、抗生物質、栄養不良、都市化、グローバル化、そして地球温暖化も脅威だ。穏やかな話し方が印象的なフロリダ州の蜂研究官、ジェリー・ヘイズは、この状況を一言でまとめた。「ミツバチがまだ生きていること自体が不思議なくらいだ」と。

ミツバチの遺伝子調査をしたCCD作業部会が発見したのは、イスラエル急性麻痺病ウイルスだけではなかった。チームメンバーのウイルス学者、エドワード・ホームズはこう説明している。「ミツバチの集団が驚くほどさまざまなウイルスに侵されていることがわかった。CCDで壊滅したコロニーも、そうでないものも……その中のひとつはCCDと強い関連性を示したが、最大の問題は、このようなウイルスたちがミツバチの集団の中でどのような相互作用を引き起こしているかということだ。これについては、見当もつかない」

　CCDの症状を示していない蜂のコロニーでさえ、サックブルードウイルス、翅変形病ウイルス、ブラッククイーンセルウイルス、カシミールミツバチウイルスなどのさまざまなウイルスが蔓延している。ミツバチの世界で、何かとんでもないことが起きているのだ。死にかけている集団で一種類のウイルスが見つかったとしたら、おそらくこのウイルスが原因だろう。けれども、一四種類ものウイルスが発見されたとしたら、免疫系が崩壊したことを示している。この事態を引き起こす典型的な要因は慢性ストレスだ。

　ミツバチにストレスを生じさせる原因とはなんだろう？　実はそれは、人間のものとほとんど変わらない。

　典型的なある一日を想像してみよう。あなたは一晩ぐっすり寝て気持ちよく目を覚まし、筋肉と頭脳にたっぷりエネルギーを送ってくれる健康的な朝食をとる。きょうも一日効率よく働く準備は万端だ。会社では、一日中居心地のよい環境で仕事をする。ほとんど邪魔も入らないし、室温も適度に保たれているので、震えたり汗をかいたりして余分なエネルギーを使うこともない。有害な物質にさらされる程度も最小限だし、友人や家族もしっかり支えてくれている。あなたは一日じゅうリラックスして過ごし、生産性を最大限にまで引き出すことができる。

　ここで、もうひとつのシナリオについて考えてみよう。あなたは大陸を横断する長旅のあと、充血した目つきでよろよろと空港に降り立ち、ペプシコーラを朝食の代わりに飲んで元気をつける。すぐにレンタカーに飛び乗って、得意先との会議に向かうが、車のナビゲーションシステムが壊れていたせいで道に迷ってしまう。ようやく遅れて会議にたどりついたときは、いらいらして、震えが止まらない。会議中には、下痢をもよおしてトイレに駆け込まなければならない。腹の具合がずっとおかしいのだが、抗生剤の効き目がちっともあらわれないのだ。足元の絨毯にはノミが飛び回っているのか、何かが靴下の中にもぐり込もうとしている。会議に戻ってしばらくすると、害虫駆除会社の連中がやってきて、吐き気をもよおす白い煙を部屋中に撒き散らす。会議でのあなたのパフォーマンスは最低だ。期待していた取引もまとめることができない。けれども、くよくよしている暇はない。すぐに次の会議に向かわなければならないから。実は、このあとも夜遅くまで、いくつもの会議が目白押しだ。そのあと、とんぼ返りで飛行機に乗り、目を充血させて家に戻ることになっている。ゆっくり座って食事をとる時間などないので、車を運転しながら、ドーナツにかぶりつく。

あなたの調子は最低だ。不可能な詰め込みスケジュールのせいで常にいらいらしているだけではない。睡眠不足、糖分の多い食事、化学物質による汚染が免疫系に重い負担をかけている。おそらくこれからさまざまな病気にかかり、仕事の業績もどんどん落ちていくだろう。ついに妻の待つ家にたどり着いても、ロマンチックな気分などにはとてもなれない。心配事があまりにも多すぎるから。子供たちに何らかの学習障害があるらしいこともそのひとつだ。

私たちのエネルギー貯蔵量は限られている。これをとり崩そうとするものは、何であってもストレス要因になる。病気との闘い、疲れる長旅、有害な化学物質の解毒作業、脅威に対する憂慮、そして睡眠と食事が足りない状態で一日じゅう自分を駆り立てなければならないような状態などは、みなエネルギーを無駄に消費させてしまう。このエネルギーは本来、免疫系、生殖系、細胞の損傷の修復といった長期的な健康プロジェクトに使われるべきなのに。

そもそもミツバチは、蜂児から内勤蜂になり、その後外勤蜂に変わるという、よく制御された、ゆっくりと変化する一生を送るように定められている。その二〇〇〇万年におよぶ歴史のなかで、ウイルスや病原菌は常につきまとっていたが、背後におとなしく潜んで、ちょっと悪さをするだけだった。毎年花があふれるほど満開になるようなことはなくても、野原にはじゅうぶんな種類の花があり、巣には過不足なく食糧が貯められていたから、いつでも何かに頼ることができた。ミツバチの生活は、不慮の事態などないゆっくりとしたもので、ストレスにさらされることもほとんどなかった。

残念なことに、二〇〇八年にこういった穏やかな生活を送っているミツバチはほとんどいない。数週間ごとに新しいところに連れて行かれ、糖度の高いコーンシロップで気合を入れられ、殺虫剤と抗生剤を投与され、寄生虫に襲われ、外来種の病原菌にさらされて、どんどんぼろぼろになっている。私たちと同じように、ミツバチもストレス要因の一つや二つは振りはらうことができる。ダニがいたり、食事がほとんどとれなかった日などがあっても、何とかしのいで正常な暮らしが営める。けれども、ストレス要因が累積し、それがずっと低く鳴りつづける太鼓のとどろきとなって毎日毎日襲ってくると、被害は、免疫系の抑制、生殖作用の抑止、寿命の短縮、正常なコロニーの発展の阻害という形をとって次々と現れだす。[*1]そして、崖っぷちまで追い詰められたミツバチは、最後のストレス要因に一押しされて転落死してしまうわけだ。

テクノロジーは、蜂を追い詰めることにおいて、大きな役割を果たしてきた。巣箱の大移動、殺虫剤のアピスタンとチェックマイトとのファウスト的契約、広範囲におよぶ病気と寄生虫の

＊1．ストレスに関するある逸話を紹介しよう。ニューヨーク州に住むある養蜂家が、巣箱を四軒のビルに分散して越冬させた。その中の一軒のビルは製材所で、その冬じゅう機械音を立てていた。髪の毛が逆立つような、鳴っては止まり、止まっては鳴る、甲高い金属音だ。春が来たとき、他の三軒のビルにいた蜂たちには何の問題もなかったが、製材所のビルに入っていた巣箱の蜂は死に絶えていた。

引きもきらぬ爆撃。みなストレス要因だ。ミツバチの遺伝子を研究している遺伝学者のトム・リンデラーはこう言った。「ミツバチに何が起きたんだと思う？　ジェット機時代に突入したのさ」

解毒と免疫にかかわる遺伝子

化石燃料に駆動された乗り物に乗って猛スピードで集団移住（ディアスポラ）するのに適した種などもとから存在しないが、ミツバチが受けた打撃は、他のほとんどの生物よりずっと大きかった。ミツバチの全遺伝情報が二〇〇六年に解析されたとき、ミツバチには、解毒と免疫に使われる遺伝子の数が他の昆虫に比べて半分しかないことが判明した。つまりミツバチは、新たな侵入者からうまく身を守ることができないのだ。それなのに、彼らが直面させられた状況は、侵入者のオンパレードだった。ミツバチへギイタダニ、アカリンダニ、ノゼマ病微胞子虫、イスラエル急性麻痺病ウイルスだけではない。グリーニング病は中国からやってきて、ミツバチが大好きだったオレンジ畑を農薬アルジカルブの戦場に変えてしまった。ミツバチの警戒フェロモンに惹かれてやってくる昆虫のハチノスムクゲケシキスイは、アフリカの果物の貨物に隠れて、一九九七年にフロリダに上陸し、蜂蜜、卵、巣板を食い尽くして、あっという間に二万箱の巣箱を全滅させてしまった。一九五〇年代にアフリカからブラジルに船で運ばれて以来、現地のミツバチと交わって誕生した「アフリカ化したミツバチ」は、中南米の養蜂業を荒廃させたあと、一九九〇年、テキサスに上陸した。

次にいつ招かれざる客がヨーロッパミツバチのもとにやってくるかは、誰も予測できない。

私たちに予測できるのは、より多くの押しかけ客がやってきて、ミツバチがまたもや新たな脅威にさらされるだろうということだけだ。どの客がやってくるかあててみよう。顔ぶれはこうだ。まず、寄生虫のコノピッドフライ。ボルネオで、幼虫がミツバチを体の中から食い尽くしている。二〇〇四年に中国製の陶器にまぎれてフランスに上陸した中国のスズメバチは、ミツバチの体を切り刻んで幼虫に与えるのが趣味だ。やってくるのは、これら以外の予想もつかない客かもしれない。

養蜂家も果物生産者も一般大衆も、CCDが、かつて蜂の数を減らした病気と同じように、一年限りの現象であるようにと願った。けれども、この願いは、二〇〇八年までに潰えてしまった。デイブ・ハッケンバーグがコバルトで照射滅菌した巣箱は、夏の間に南北ダコタ両州のクローバー畑にいたときにはあれほど元気だったのに、二〇〇七年一一月末の感謝祭のころには、先細りになっていた。この蜂たちは彼に残されていた最良のミツバチだったが、二〇〇八年の一月までに、その八〇パーセントが死んでしまった。

状況はフロリダでもよくなかった。「なんとか立ち直ってくれるよう期待していた蜂のことなんだが」。ビル・ローズが言った。「やはり、無理のようだ」

サウスダコタに本拠地を置くアメリカ合衆国最大の養蜂会社「エイディー・ハニー・ファーム」は、二〇〇八年に七万箱の巣箱をアーモンド農園に送った。そして、その四〇パーセントにあたる二万八〇〇〇箱を失った。「今年の損失は異常だ」。ブレット・エイディーは言った。「今起きている事態は、持続可能どころの話じゃない」

ジェリー・ブローメンシェンクは、二〇〇八年の初頭に状況をこうまとめた。「この二カ月間に、私たちはアリゾナ、アイダホ、ワシントン州東部、ミネソタ、ノースダコタにある養蜂場の中からそれぞれいくつかを選んで調べた。そしてノースダコタ、サウスダコタ、フロリダ、テキサス、コロラド、カリフォルニアから、CCDが発生しているという報告を受け取った。発生状況は、ちょうど一年前の同時期と同じようなレベルで、分布のタイプも似通っている。CCDはもう過ぎ去ったと言いたいところだが、残念ながらそうは思えない」

郊外病にさらされるミツバチ

二〇〇八年の時点で研究者たちは、CCDには単一の原因があるという考えをほぼ捨て去っていた。大方の養蜂家は、イミダクロプリドが主犯であると信じていたが、そう考える研究者はほとんどいなかった。というのも、証拠があまりにも好悪入り乱れていて、決定的なものがなかったからだ。研究者たちは、あらゆる見込みのある手がかりを追い、「AとBとCがミツバチにとって特によくない」という期待の持てそうな証拠のかけらを積み上げたが、決定的なことは何ひとつ導き出せなかった。

問題のひとつは、潜在的な原因が相互作用を引き起こして邪悪な相乗効果を生み出していることにある。殺虫剤は、殺菌剤との相乗作用により、より毒性の強い薬品になることがある。さらには、ウイルスをより強力なものにさえしかねない。ウイルス自体、ほぼ確実にウイルス同士で相乗作用を生み出しているのだが、そのプロセスはまだ解明されていない。ウイルスはミツバチへギイタダニとも相互作用する。ダニがミツバチに免疫抑制を引き起こすのは、ミツバチが侵入微生物を殺すために作り出す抗菌ペプチドと酵素の生成を妨げる物質を分泌するからだ。[*2] 宿主の免疫防御システムが弱まると、ウイルス感染が勃発する。[*3] もちろんダニ自身も、宿主にウイルスを運び、ウイルスが侵入する穴を宿主の体に開けることによって、感染に一役買っている。この格好の例が、ミツバチヘギイタダニの到来後に大きな問題と化した翅変形病ウイルスだ（81ページ参照）。ある研究で、翅変形病ウイルスは、ミツバチヘギイタダニの被害が深刻で、かつ大腸菌にさらされた蜂の間では急速に広がったが、ミツバチヘギイタダニに襲われていない蜂の間では蔓延しなかったという事実が示された。つまり、翅変形病ウイルス、ミツバチヘギイタダニ、バクテリアの三つの要因の組み合わせが揃ったときに、二週間という短期間でコロニーが壊滅してしまったのだ。

ハチノスムクゲケシキスイもミツバチヘギイタダニと相互作用する。ハチノスムクゲケシキスイが蔓延した巣箱では、半分の量のミツバチヘギイタダニでコロニーが壊滅してしまう。

悪循環はまだ続く。アピスタンとチェックマイトを巣箱に放りこめば、ミツバチヘギイタダニは殺せるが、それと同時にミツバチも弱り、ダニ以外のあらゆるものに対して無防備になってしまう。いったいどちらの害に目をつぶればいいのだろう？　殺虫剤？　それともダニ？　そして、抗生物質の問題がある。ほとんどの養蜂家は、アメリカ腐蛆病のようなウイルス性の病気と闘うために、ミツバチに抗生物質を投与している。抗生剤は腐蛆病を食い止めるとはいえ、蜂にどんな影響を与えているかはわからない。

＊2．ミツバチヘギイタダニの親類であるマダニも同じことをする。おそらく、体液を吸うときに免疫反応が起こるのを防ぐためだろう。

＊3．ヘルペスがその典型的な例だ。

善玉菌の減少

ＣＣＤの研究者が見出したもっとも興味深い発見でありながら、残念なことにあまり取り上げられていないのは、ミツバチの消化システムに存在する善玉乳酸菌（ＬＡＢ）に関する発見である。細菌学者のナンシー・モーランは、この発見を次のように説明した。

世界中に存在するコロニーのミツバチには、体の中、おそらく主に内臓と腸に、同じ一そろいのバクテリアが存在していることがわかったのです。この一連のバクテリアは、それ以外の環境にも、ほかの宿主にも見出されていないものです。ＣＣＤに侵された蜂にも健康な蜂にも存在していたため、ＣＣＤと直接関連しているようには見えません。むしろ、ミツバチの健康に大事な役割を果たしているものと思われます。ほかの昆虫においては、このようなバクテリアが、宿主に不可欠な栄養素を提供することや、病原菌や天敵に対する防御メカニズムとして貢献することがわかっています。今の時点では、このようなバクテリアがミツバチにどんな作用をもたらしているかは定かではありませんが、私たちが調べたミツバチの標本すべてに存在し、ミツバチだけに特有な一揃いのバクテリアであることは確かです。このようなバクテリアは約八種類あり、さまざまな細菌群に属していますが、すべてまだ命名されていない種であり、その実態についてはほとんどわかっていません。

二〇〇八年に、スウェーデンの研究者、トービアス・オロフソンとアレハンドラ・バスケスが、ミツバチの胃の中に存在する一〇種類の新種の乳酸菌を発見した。みな、ラクトバシラス属とビフィドバクテリウム属の菌だった。私たちの内臓に棲み、私たちを健康に保ってくれているものと同じだ。[*4] 最初に夏に調べたとき、ミツバチたちはラズベリーの花から花蜜と花粉を採取していて、体内の微生物叢は豊かだった。だが冬の間、ショ糖液で食いつないでいたミツバチの体からは、善玉菌が消え、腐蛆病を引き起こす菌が蔓延していた。けれども再び春が巡ってきてシナノキの花が開花すると、腐蛆病の菌は死に絶え、善玉菌がふたたび現れた。このような天然のバクテリア群は、ミツバチの病原菌に対する防御最前線になるだろうか？

実はこれこそ、私たち人間の体で起きていることだ。ハロルド・マッギーは、『食べ物と料理について On Food and Cooking』の中で乳酸菌の効用についてこう説明している。「このようなバクテリアの特定の菌種は、腸の壁にさまざまな形で貼りついて腸を覆い、抗菌化合物を分泌し、特定の病原体に対する体の免疫反応を高め、コレステロールとそれから生成される二次胆汁酸を分解して、潜在的な発癌物質の生成を抑えている」。つまり乳酸菌は、フリーランスの免疫システムとして働くのだ。

私たちが抗生剤を飲むと、病原体といっしょに乳酸菌も殺してしまう。だから、ヨーグルトを食べて乳酸菌群を補充するように言われるのだ。ナチュラルヨーグルトのラベルには、乳酸菌の宣伝が記載されている。蜂にとってのヨーグルトは、第二章で説明した「蜂パン」だ。こ

＊4．おまけ的な存在の盲腸は、善玉バクテリアが足りなくなったときにそれを補うためのバックアップを蓄えているバクテリアの園であることがわかっている。

れは単に花粉を消化しやすい形に変えたものというだけでなく、ミツバチの未発達な免疫システムを高める役割をしていることがわかった。とはいえ、ミツバチの体内にいるにしろ、蜂パンの中にいるにしろ、タイロシンなどの抗生物質を常時与えられて、どれだけの乳酸菌が生き残れるのかは誰にもわからない。

面白いことに、タイロシンは家畜にも投与されている。私はつねづね、いわば巨大なたんぱく質の塊である牛が、たんぱく質含有量の低い草を食べるだけでどうやってあれだけの体を築くことができるのかと不思議に思っていた。だが今では「第一胃」、つまり牛の胃の最初の小部屋がその鍵を握っていることがわかる。第一胃は、基本的にはバクテリアの詰まった発酵タンクだ。[*5]バクテリアは消化しにくい草のセルロースを特殊な酵素で分解し、それを食べてウサギのように急速に繁殖する。バクテリアの一部は第二胃に運ばれて、今度は牛が消化することになる。六〇パーセントがたんぱく質のバクテリアは、ミクロサイズのステーキのようなものだ。ある意味では、私たちが牛を飼うように、牛もバクテリアを飼っていると言えるかもしれない。

けれども、肥育場の家畜が草の代わりにトウモロコシを食べさせられると、第一胃の環境はバクテリア群を死滅させる形に変わってしまう。その結果、さまざまな病原菌がはびこって、タイロシンが必要になるのだ。『雑食動物のジレンマ　The Omnivore's Dilemma』で、マイケル・ポーランは肥育場の獣医に、抗生剤の投与を止めたら牛がどうなるかと尋ねている。獣医の答えはこうだった。「死亡率が上がり、うまく育たない牛が増えるだろう。今みたいに餌を与え続けて太らせることができなくなる。もし、牛に大量の草とスペースを与えたら、私は商売上がったりになってしまうさ」。牛を放牧して草を食べさせるより、病気の牛をひとところに集めてトウモロコシとタイロシンを与え、獣医を待機せておいたほうが費用効率がいいのだ。だから、ほとんどのビーフはこのように生産されている。

これはミツバチについても同じだ。放牧は高くつくが、コーンシロップは安い。肥育型の養蜂につきまとう病気と闘うために必要となる抗生物質も安い。けれども、薬がかえって蜂を病気にしているとしたら、このような飼い方は結局安いとは言えないだろう。

どんな見方をしようとも、とどのつまりは、病気持ちの蜂が問題なのだ。蜂は病におかされている。数十年にわたって、病は重くなる一方だ。病気と過度の労働という、エネルギーを奪うストレスがあるところまでくると、「先細り病」が現れる。

人間には、原因を知りたいという強い欲求がある。私たちは単刀直入な答えが好きだ。けれども、こと健康に関しては、筋の通った答えというものは、ほとんどの場合、心身一体的（ホリスティック）なアプローチしかないことに気づきはじめている。もしＣＣＤが、癌や糖尿病といった産業の発達した文明ならではの病気だとしたら、最良のアプローチはハイテクに頼る治療法ではなく、予防医学だろう。ＣＣＤの犯人を探し出すことに失敗した養蜂界は、どうしたらミツバチを強くできるかということに重点を置いた現実的な手段をとろうとしはじめている。ある意味では、これこそ当初からＣＣＤの研究者たちが提供していたアドバイスだった。「健康なコロニーを維持すること。ミツバチへギイタダニのレベルを低く抑えること。ノゼマ病微胞子虫のレベルを低く抑えること。必要であれば、補足的な栄養を与えること」

＊5．一頭の牛の第一胃に存在するバクテリアの数は、地球上に存在する人間の数より多い。

ちょうど厳格な菜食主義者（ヴィーガン）がトウモロコシと豆類の双方を食べることによって補体たんぱく質を作り出すように、ミツバチにとっても、生殖機能、脳、免疫系といった複雑な人生のプロセスを築くために必要な完全たんぱく質を作り出すには、さまざまな種類の花粉が必要だ。ふつうなら、多種多様な花を折々咲かせることによって、自然がこの状況をお膳立てしてくれる。バラエティーを好むのは、コロニーに本来備わった性質だ。ミツバチは多種類の花粉を得るための努力を惜しまない。

栄養失調のハチ

けれども、今でも自然の野原で花蜜や花粉を集められるのは、めったにないほど運のよいコロニーだけだ。ほとんどのミツバチは、トラックに載せられて花粉交配の仕事に駆り出される。そこでは、一度に何週間にもわたって一種類の花だけを訪れることを余儀なくされる。その花は高品質のたんぱく質を提供してくれるかもしれないし、そうではないかもしれない。

他の食物と同じように、花粉の品質は生育条件に依存している。花粉銀行のトーマス・フェラーリが二〇〇七年に行った研究では、アーモンド、プラム、キーウィー、チェリーのほとんどの花粉が、土壌中の栄養素の欠乏により死んでいたことが判明した。天候も花粉の状態を大きく左右する。カリフォルニア大学デービス校のミツバチ専門家、エリック・マッセンは『サロン Salon』のインタビューで、こう説明している。

ふつうの気候の年にふつうに雨が降れば、アメリカ合衆国のほとんどの場所では、ミツバチの餌の要件を満たし正常なライフサイクルを送るための複数の花粉が手に入る。問題は、そうならなかったときに何が起きるかだ。そう、ちょうど花のつぼみが姿を現して花粉粒が形成されだすときに、この熱波のように高い気温が襲ったとしよう。そうしたらどうなる？　花粉は生殖能力を失ってしまうんだ。養蜂家は巣箱の中を見て「ここにはあらゆる種類の花粉が入っているのに、蜂が消えている」と言う。そう、花粉粒はそこにあるかもしれない。でも、それには栄養素が詰まっているのだろうか？……（二〇〇六年の終わりに、アメリカだけではなくて、世界中で気候に何らかの変化が起きて、ミツバチの食糧供給を攪乱してしまったんだ。

たとえ、どのようにコロニーにおけるたんぱく質の欠乏が引き起こされようが、結果は同じことだ。育児蜂は、限られた花粉の蓄えを食べて、ローヤルゼリーの形でコロニーのメンバーに分配する。たんぱく質源が枯渇すると、育児蜂の体内に蓄えられたビテロジェニンの量が低下する。ビテロジェニンは単なるたんぱく質の貯蔵庫であるだけでなく、免疫防御、ストレス緩和、抗酸化の鍵を握る物質だから、この栄養素が欠乏した育児蜂は、ストレスのたまった、弱くて寿命の短い採餌蜂になる。ビテロジェニンのレベルが低下すると、本来ならばすべきでないときに、冬蜂が餌の収集に駆りだされる事態まで引き起こされるかもしれない。こうしてコロニーは先細りしはじめる。若い蜂が生まれるより先に採餌蜂が死んでしまうからだ。

生まれてきた若い蜂もいい状態にあるとはいえない。蜂が卵から孵ってからの四日間に与えられる餌の品質は、その後の蜂の行動に大きな影響を与える。正常な量のビテロジェニンが得られないと、採餌蜂になる時期が早まり、花粉よりも花蜜を好み、短い一生を送るようになりがちだ。ちょうど、「ポップターツ」（ペストリーの間に甘い詰め物が入ったトースターで焼いて食べるスナック）を食べて育った子供が、難しい少年時代を過ごして早熟に育ち、一六歳で家を出て、ついに甘いものを食べる習慣がやめられず、糖尿病になって五〇歳で死んでしまうようなものだ。

このたんぱく質不足は事態を雪だるま式に悪化させてしまう可能性がある。まず、採餌蜂が早死にするので、育児蜂が仕事を放棄して早めに採餌蜂になり、同じく早死にしてしまう。すぐに巣の中には幼虫の面倒を見る蜂がいなくなる。たとえ、このように顧みられず、栄養失調に陥った蜂児が羽化できたとしても、未発達で病気持ちの成虫に育つ。

これは、蜂群崩壊症候群の様子とかなりぴったり一致する。

個体群動態学の数理モデルを専門に構築しているグローリア・デグランディ・ホフマンは、アリゾナ州ツーソンにある米国農務省のミツバチ研究センターで、コロニーのシミュレーションをいくつか行い、栄養失調がCCDを引き起こす可能性を検証した。彼女は、あるコロニーの年間サイクルを示す標準モデルを構築した。これは、塊になって越冬する冬蜂が安定して存在し、三月に冬蜂が死に始めるために蜂の数が減り、春と夏には新しい蜂児が育てられるために強力な盛り返しが生じるというものだ。ホフマンは、このモデルを使って、働き蜂の寿命をほんの四日間だけ縮めてみた。これは、花粉が不足している状況や、暖冬のために外に飛び出して、餌がないのにエネルギーの蓄えを無駄に使ってしまったときなどに生じる状況を反映する。この四日間が足りなくなっても、冬が来たときにはコロニーにはまだ三万匹も蜂がいて依然勢力が強いままだったが、蜂たちは晩冬の分蜂の時期にさしかかったときに、間に合うように飛び立つことができなかった。その結果、このコロニーは壊滅して、二月には死に絶えてしまった。

通常の場合なら、花粉が不足しても、このような劇的な壊滅が引き起こされるようなことはない。たんぱく質の備蓄レベルは低下するが、蜂はできる限りの方法で資源を節約する。そして新たな花粉源が得られるまで耐え忍び、ふたたび花粉を蓄えて、育児蜂を太らせる。ビル・ローズの弱った蜂が新たな花粉源を得て盛り返したのもこのためだ。

けれども、今ほとんどの蜂が置かれている状況は、とても通常の場合などとは言えない。少しでも蜂が弱ったら、異性化糖のコーンシロップを与えるというのは、今では標準的な手順になっている。確かに、コロニーの蜂が飢えているとき、コーンシロップはてこ入れの役目を果たす。お腹が減っているときは、ちょっとしたゼリービーンズだってないよりましだ、というわけだ。

実入りのよいアーモンド授粉契約をとりつけようとする商業養蜂家は、みな冬の間、蜂に大量のコーンシロップを与える。これで、卵が大量に産みつけられ、蜂児が育って、蜂の数は増す。ゴールは、二月の初旬までに、八枚の巣板に蜂がびっしりうごめく巣箱を作り上げることだ。けれども、蜂が数を増すのは、春が来たと勘違いするためだ。ミツバチの長い歴史では、ごく最近まで、巣箱の前に砂糖水のつぼが置かれるようなことはなかった。花蜜があるということは、花が咲いていて、花粉が手に入ることを意味していた。シロップを与えられたコロニーは蜂児を産み育てるが、花粉の供給がないとすれば、突然、今まで二万匹の蜂をまかなっていた分のたんぱく質を、四万匹の蜂に薄く広く分け与えなければならない。この結果、巣には、強い免疫系を持つ少数の元気な蜂の代わりに、砂糖でハイになり糖尿病にかかった膨大な数の蜂がうごめくことになる。

この次にやってくる運命は？　そう、蜂たちは彼らの生涯でもっとも過酷な仕事、すなわちアーモンドの授粉をしなければならない。たんぱく質をたくさん食べて育った蜂と栄養失調の蜂の区別がつけられる者など、専門家の中にも、ましてや一般の者にはほとんどいないから、蜂であふれている巣箱には、高い報酬が支払われる。養蜂家は、蜂をアーモンド畑に放ち、小切手を現金化してご馳走を食べ、蜂にコーンシロップを与えておいた先見の明を自画自賛する。だが一週間後、一本の電話がかかってくる。巣箱がすべて壊滅してしまったというのだ。アーモンド生産者は激怒し、養蜂家はわけがわからず呆然とする。いったいどうしたというんだ？　蜂はあれだけいたのに。

何が起こったのかというと、大量の蜂はいたものの、その蜂の体の中は空っぽだったのだ。大陸横断の長旅で連れてこられて、ほかの一〇〇万個の巣箱といっしょに同じ谷に放り込まれ、限られた資源の奪い合いを強要されて、ミツバチはそうでなくても短くなっている寿命をすぐに迎えてしまう。さらにビテロジェニンのゲージがゼロを指している状況では、ほかの巣箱から移される数多くの病原菌と闘うべき免疫システムが稼動しない。

ミツバチ用タンパク質サプリメント

ＣＣＤの勃発を受けて蜂の栄養摂取に注意が向けられるようになったおかげで、養蜂家はミツバチに栄養を与えて体力をつけることの重要さを認識するようになった。コーンシロップでは役に立たない。今や、ミツバチ用プロテインジュースの時代なのである。卵、ビール酵母、花粉、砂糖、それ以外の謎の材料などを混ぜた秘伝のレシピを使って養蜂家が手作りする場合もあるし、市販されているものもある。今市場でもっとも売れているミツバチ用たんぱく質サプリメントは、「メガビー」と呼ばれる、たんぱく質、脂質、糖分、ミネラル、ビタミンのブイヤベースだ。これがコーンミールのパンケーキのようなパテ、もしくはコーンミールのスムージー（フルーツをヨーグルトやアイスクリームや氷といっしょにミキサーにかけた飲み物）のような液体の形で販売されている。メガビーは、「ツーソン・ミツバチ食餌法」として知られるミツバチ養生法の基幹商品で、ツーソンのミツバチ研究センターにおいて、グローリア・デグランディ・ホフマンと同僚研究者らによって開発されたものだ。

二〇〇六年一一月一五日から二〇〇七年二月七日にかけて、このミツバチ研究センターは、カリフォルニア州ベイカーズフィールド近郊の人里離れた用地で二六〇群のミツバチのコロニーにおける実験を行った。そこは天然のミツバチの餌がまったくない場所だったが、これが肝心な点で、ミツバチは与えられる餌に頼るしかなかった。コロニーには、グループごとにさまざまなたんぱく質のサプリメントが与えられ、対照グループのひとつには異性化糖のコーンシロップが与えられた。グループの中には、二日以内に死滅してしまったものもあった。与えられた餌の形態ではたんぱく質を利用することができなかったためだ。コーンシロップを与えられたコロニーは冬を越すことはできたが、蜂児はまったく作らなかった。新たなたんぱく質が得られなかった育児蜂が、たんぱく質のレベルを維持しようとして、女王蜂が産んだ卵をほとんど食べてしまったにちがいない。もし女王蜂が卵を産んでいたらの話だが。このような蜂たちがアーモンド畑に行ったら、必ず壊滅していただろう。一方、メガビーを与えられたコロニーは、一一月にいた数の三倍もの蜂児を育てていた。健康的な子供たちは、仕事のできる大人に育ちつつあり、アーモンド畑で大活躍する準備は万端整っていた。

化学薬品ではなく栄養素によってミツバチに力をつけるという試みは、正しい方向への第一歩ではある。ミツバチは生き物なのだから、養蜂家が蜂への取り組みをホリスティックな形で考えれば、いいことが起こるのは目に見えている。とはいえ、蜂に餌を与えなければならないなどという事態に立ち至った私たちは、いったいどんな世界に住んでいるというのだろう。ミツバチは、私たちがパンケーキや清涼飲料水を与え出すまでの数百万年もの間、自分たちだけでじゅうぶんにやってこられたのに。バランスのとれた天然の食物に勝る餌などどこにもない。どんな家畜でもそうだが、ミツバチが健康的に暮らすには、広い野原が必要だ。けれどもこれこそ、今、ミツバチにとって、手が届かないものになりつつある。彼らは「郊外病」にさらされていると言ってもいいかもしれない。より多くの道路が敷かれ、巨大な箱のような店舗が出現し、宅地開発が進み、野の花が減っていく病気だ。大草原地帯（グレートプレーンズ）のクローバー畑にせよ、ジョージア州のオクノフウリンウメモドキにせよ、消滅しかかっていることは同じで、養蜂家の旅路は長くなるばかりだ。あのヴァン・モリソン（ミュージシャン。一九七一年に「テュペロ・ハニー」という題名の曲がヒットした）が好む蜂蜜が採れるフロリダのアパラチコラ川沿いの名高いテュペロの森でさえ、土地開発、浚渫工事、上流における分流などのプレッシャーに押されて、いまや風前のともしびだ。慢性的な日照りに悩まされるアトランタが思うままにアパラチコラ川から水を得ようとしたら、テュペロ・ハニーには別れを告げるしかない。

犯人が郊外病だろうが、単一栽培だろうが、結果は同じだ。ミツバチが（そして私たちが）元気に暮らすことができる田園的な風景はどんどん失われている。養蜂家が、自ら望んで授粉作業をしているわけでも、ミツバチに今のような生活をさせているわけでもないことは、何度繰り返しても言い足りることはない。養蜂家が小規模経営の農家を見放したわけではなく、農家が彼らを見放したのだ。破産と移動養蜂の狭間に立たされた養蜂家は、仕事を続けることを選択しただけだ。そして、生き延びるために、その都度、何かを足してきた。フォークリフト、より大きなトラック、抗生剤、ダニ駆除剤、殺菌剤、オーストラリアのミツバチ、メガビーのパテ……。養蜂家は驚くほど臨機応変だ。世の中が足元を崩そうとする中で、二〇〇万箱の巣箱をジャグリングしてきたのだから。それでも、彼らにだって限界はある。ＣＣＤは、こんなふうに不安定な状況にある巣箱が地面に落ちた結果なのかもしれない。

カーク・ウエブスターという養蜂家がいる。詳しくは次章でお付き合いいただくことになるが、彼は二〇〇六年九月号の『アメリカンビージャーナル American Bee Journal』に載せたエッセイで、このような懸念について語った。これは今思うと、ＣＣＤの到来を予測した予言だったように思える。

アメリカで行われているすべての農業は、自然の営みに根ざしたプロセスを工業的なビジネスモデルに無理やり当てはめようとしてもがいている……まだ生き残っている私たち養蜂家は、人間抜きで食物を生産したがる農業のシステムを支えるための厳しい最前線に立たされている……商業養蜂家は、暮らしをやりくりするために、毎年毎年遠いところにコロニーを移動させることを余儀なくされているのだ。それも、今しも燃料費が高騰して、あらゆる移動養蜂を採算の合わないものにさせようとしているときに。最後の一撃がダニから来るのか、ダニを抑えるためにかつて使っていた化学薬品から来るのか、あるいは国内で農産物を育てるよりも国外から輸入することを優先する愚かな政府から来るのかは知る由もない。私たちの産業をどの角度から見ようとも、健康的という言葉からはほど遠い状況だ。

今まで頼っていたものが壊れそうになると、私たちは本能的にそれを直し、てこ入れをして、存続させようとする。これは農業と花粉交配についても同じだ。もっと肥料を撒こう。もっと化学薬品を与えて寄生虫や病気と闘おう。もっと集中的に餌を与えて、一月に蜂が飛び回って蜂児を作れるようにしようと。朝食の献立が危機に瀕しているときには、それ以外のことを考えるのは難しい。だが、もうこれ以上何かを足すのはやめる時期にきているのかもしれない。善意ある頭脳優秀な科学者たちがミツバチを生かし続けるパンケーキを作り出したのは、とてもすばらしいことだが、どこかが狂っているように思える。これは解決策なのだろうか？　それとも、破裂しかかっているシステムをバンドエイドで補修するようなものなのだろうか？おそらく私たちは重大な問題を問う時期にきているのだろう。もしかしたら、システム自体をあきらめるべきではないのかと。

第九章

ロシアのミツバチは「復元力」をもつ

ロシアのミツバチは、ダニに対する耐性があった。なぜ？　そのミツバチが身をもって示した「自然の調整能力」は、問題を解く鍵になるのか。

バーモント州、グリーンマウンテン山岳地帯。青々と茂る森の上空三〇メートルのところで、黒ずんだ蜂の塊が大気をかすめて音を立てている。大きな目とがっしりした体をもつこの雄蜂たちは、山の澄み切った大気の中を、ゆるやかな円を描いて飛ぶ。専門家は、このような空中の集会場を「雄蜂集合場所」と呼ぶが、ふつうの人なら「パブ（酒場）」とでも呼びたくなるところだろう。雄蜂はここに集まり、たむろして、情報交換を行う。雄蜂がどうやってその場所を選ぶのかは誰にもわからない。何か目印になるものがあって、気流が関係しているのかもしれない。ともかく雄蜂はそこへ行く方法を知っている。

突然、腹部の長いほっそりした蜂がさっと横をかすめる。未交尾の女王蜂だ。彼女は「私を捕まえてごらんなさい！」という匂いのメッセージをたなびかせて飛び過ぎる。雄蜂たちはすぐさま反応してビールを置く。さあ、追いかけっこの始まりだ。山の上高く飛び交う雄蜂たちの群れは、「雄蜂彗星」を描いて、ライバルを引き離し、素早い女王蜂を捕らえようと競う。

ついに一匹が女王蜂に追いつく。一目ぼれだ。彼は飛びながら女王蜂の腹部を前脚で捕らえ、下腹部をすりよせて、男性器を彼女の中に差し込む。つかの間のあいだ、ふたりは愛に包まれて山の上を流れるように飛ぶ。だが、この関係はあっという間に冷めてしまう。

文字通り人生のクライマックスを迎えた瞬間に、雄蜂の下腹部に途方もない空圧が高まって爆発が起きるのだ。そして数百万の精子と切り取られた男性器を女王蜂の体に竜巻のような勢いで押し込んだあと、雄蜂は地面に落下して命を終える。宇宙からやってきて人間の肉体をハイジャックするボディースナッチャーのように、彼の遺伝子も新たな宿主に移り、不要になった無価値の抜け殻を置き去りにするというわけだ。[*1]

けれども女王蜂は、まだ肩慣らしをしただけだ。他の雄蜂が追いかけてくると、もっとも早い数匹を選び、一度に一匹ずつ交尾して、体を離すたびに、雄蜂をデススパイラル飛行に追いやる。女王蜂がようやく交尾をやめるのは、数回の飛行で一〇匹から三六匹におよぶ求婚者の貢物を手に入れたあとだ。

浮気者だと責めないでほしい。この飛行は、彼女が巣の外に出られる唯一のチャンスなのだから。大学教育とボーイフレンドと一年分の留学がすべて凝縮されているようなものだ。この数日間の朝の飛行が終われば、また巣に戻って、一生涯子供を産み続けなければならない。

もちろん働き蜂たちも、彼女を罰するようなことはしない。彼らにとって、女王の浮気性はプラス材料だから。女王蜂のフェロモンは、交尾する相手の数によって配合が変わる。変わるのは、その匂いをかぎわけることのできる随行員の数もそうだ。働き蜂たちは、女王が交尾した回数に比例して、彼女への尊敬を高め（女王蜂の体を「なめたり、こすったりする行動」で表す）、君主としての治世期間を延長する。コロニーの遺伝子が多岐に富めば富むほど、世間の荒波を乗り越えるための力強い遺伝的手段を手にすることができるからだ。

女王蜂は、あわれに死んでいった男たちの精子を卵管近くの特殊な袋にしまう。卵が生産ラインを転がってくるときに、精子がかかる仕組みだ。そして、お付きのものに食事を与えられながら卵を産み続け、二、三年後についに卵巣が枯れると、無慈悲な娘たちに命を奪われる。

ミツバチの交尾飛行は、毎年、春と夏が巡ってくると、世界中の空で演じられる光景だ。けれども、ここグリーンマウンテンの鋸（のこぎり）の歯のようなトウヒの森の上で繰り広げられる光景は、少しばかり様子が変わっている。なぜなら、ここに飛んでいる黒ずんだ蜂は世界のほかのミツバチたちとは大きく異なっているから。

ロシアの蜂はダニに耐性があった

一九九四年、ミツバチへギイタダニによる北米大空爆が繰り広げられ、ダニ駆除剤による「マジノ線」（第二次大戦前にフランスがドイツとの国境に築いた最終防衛線）が方々で破られるなか、トム・リンデラーという男が、隔絶された荒々しいロシア太平洋沿岸のプリモルスキー地方（州都ウラジオストク）を訪れた。リンデラーは、バトンルージュにある米国農務省の「ミツバチ育種・遺伝・生理学研究所」の首席研究員で、ミツバチへギイタダニを自ら撃退する手段を備えたミツバチを探していた。彼には、このプリモルスキー地方にそんな蜂がいると考え

＊1．こう説明した人がいる。「交尾の終わりは聞いてわかる。雄蜂の生殖器内で高まった圧縮空気が破裂する〝ポン〟という音がするから」

る理由があった。ここのミツバチたちは、少なくとも四〇年間、あるいはそれ以上の長い間、このダニと共存してきたことがわかっていたから。このアジアの辺鄙な地でこそ、ミツバチへギイタダニがアピスセラナ（トウヨウミツバチ）からアピスメリフェラ（セイヨウミツバチ）に最初に乗り移り、そのあとセイヨウミツバチの移送に伴って世界に広まったものと一般に信じられていたのだ。この事実と、他の場所から隔絶されているという地形が、この地を特別なものにしていた。

彼はプリモルスキー地方の奥地に足を運び、その地方の養蜂家と知り合って、巣箱を観察した。そこで目にしたものは、希望を抱かせるものだった。ロシアのミツバチはミツバチへギイタダニに対するいくらかの抵抗力を身に付けていた。このダニはその地方の風土病だったが、コロニーを急激に死に追いやるようなことはなかったのだ。翌年ふたたびこの地を訪れたリンデラーは、車で走り回って五〇匹のプリモルスキー産女王蜂を集め、ミツバチへギイタダニに対する抵抗力を五年間にわたって調査する実験を開始した。これと並行して、バトンルージュでもアメリカのミツバチにおいて同じ実験を行った。その結果、思ったとおり、ロシア蜂におけるミツバチへギイタダニの繁殖率は、アメリカ蜂にくらべてずっと低かった。なぜだろう？その答えの一つは、「自律的な身繕い」にあるようだった。ロシアのミツバチは、この忌々しいやつらを体から引き剥がして、巣の外に放り出していた。どういうわけか、イタリアのミツバチは、一度もこのことに思い至らなかったらしい。ロシア蜂は、蜂ろうで蓋をされた育房のさなぎを襲っているダニでさえ発見するすべを持っていた。これがわかると、育房の蓋を開けて、赤ん坊とお風呂の水を、両方とも捨てていたのである。

ちなみにロシア蜂におけるダニの発見捕殺行為は、ダニのもともとの宿主であるトウヨウミツバチにみられる行為である。かといってこのロシア蜂がトウヨウミツバチ（アピスセレナ）に属するというわけではなく、イタリア蜂と同じ種、セイヨウミツバチ（アピスメリフェラ）に属する。リンデラーによれば、ロシア蜂はこの特質を、自然淘汰によって身につけた。

一九九七年にリンデラーは、一〇〇匹の多産なロシア女王蜂を一六人のプリモルスキー養蜂家から譲り受け、ルイジアナに持ち帰る許可をとりつけた。彼はこの蜂たちを、湿気で湯気の立つようなルイジアナ州のグランテーレ島に隔離した。そこでなら、好色なアメリカの雄蜂がやってくることもない。そうして、近年もっとも重要なミツバチの繁殖プログラムに着手した。ロシアの女王蜂の娘たちや雄蜂の育種を始めたのである。毎年彼は、最高の中でも最高の蜂だけを選んで交配を重ね、ミツバチヘギイタダニに抵抗力のある系統を複数作り出し、ロシアから新鮮な蜂を輸入して、さらに遺伝的多様性を豊かにした。このような蜂はみな特徴的に色が黒ずんでいて、黄色と黒の縞模様というより、黄褐色と黒の縞模様をもっている。

二〇〇〇年に、リンデラーは、ミツバチヘギイタダニに対する抵抗力を持つ最初のロシア蜂を養蜂家に提供した。このようなロシア蜂のたくましさを示す逸話がある。このプロジェクトに協力していたある養蜂家はミシシッピ州に住んでいた。この州が記録的に寒い冬に襲われたとき、一五〇〇箱あったイタリア蜂は一三〇〇箱が壊滅してしまったが、二〇〇〇箱のロシア蜂のうち、壊滅したのはたった二箱だけだったという。リンデラーは新しい系統のロシア蜂を毎年提供しつづけたが、二〇〇八年に最後の系統を提供したあと、それ以降の開発を商業養蜂界に申し送った。今では、ロシア蜂を専門に飼う養蜂家もいくらか現れている。けれども、ロシア蜂を使ってダーウィン路線を突っ走ったのは、カーク・ウエブスターただひとりだ。

ロシア蜂は、ほとんどの養蜂家にとってさんざんな結果に終わってしまった。たしかに、ミツバチヘギイタダニに対する抵抗力はありがたかったが、ロシア蜂のいいところは、ほとんどそれしかなかったと言ってもよかった。ロシア蜂がイタリア蜂と交配すると、両方の悪いところだけをもった子供が生まれる傾向がある。イタリア蜂のように山のような蜂蜜をつくることもなく、ロシア蜂のように強健に生き延びることもない。おまけに、純血種のロシア蜂は、養蜂家がなじんできたイタリア蜂とまったく違う行動をとる。まず、初春に大急ぎで仲間を増やすことをしない。ロシア蜂は、花粉が潤沢に得られるようになるまで、蜂児を産まないのだ。そして、花粉が少なくなったとたん、いつでも蜂児の生産をストップしてしまう。これはイタリア蜂と大きく異なる点だ。イタリア蜂なら、春の訪れとともに、まず蜂児を育てて仲間の数を増やし、その後も環境条件がどう変化しようが、冬の声を聞くまで蜂を産み出し続ける。この性質は、大急ぎでコロニーを分けて「種蜂（ニューク）」を販売することで生計を立てている多くの商業養蜂家にとって、とても都合がいい。[*2] だが、これをロシア蜂でやろうとした養蜂家は、春になって、顧客の注文に応えることができなかった。アメリカ南部の養蜂はイタリアミツバチがあっという間に数を増すことに基づいて行われている。そのため、とりわけアーモンド授粉のために二月初旬までに充実した空軍を備えておかなければならない養蜂家は、ロシア蜂の保守的な習慣が気に入らなかった。

これよりもっと悪かったのが、春に分蜂するというロシア蜂の癖だった。一回分蜂が起きるたびに、コロニーの半分がどこかわけのわからないところに飛び去ってしまうので、養蜂家は半分の蜂を失うことになる。だから、養蜂家はあらゆる手を尽くして分蜂を避けようとする。そうしないと、残った蜂の群れのほうも、新しい女王がじゅうぶんな数の子供を産むまで、数週間は蜂蜜製造をストップしてしまうからだ。分蜂を行うコロニーは健康であるとはいえ、経済的には悪夢である。

イタリア蜂なら、たいてい分蜂の兆候を見つけることができる。巣箱が蜂ではちきれそうになる。蜂蜜もあふれんばかりになる。そして「王台」と呼ばれる新しい女王蜂の卵が入った巣房が突然いくつか現れる。このような兆候を見つけた養蜂家は、すぐさま王台を取り去り、コロニーを二つの巣箱に分けて、じゅうぶんなスペースを与えられた蜂が分蜂をあきらめてくれることを期待する。

けれどもロシア蜂は、思い立ったときに、いつでも分蜂してしまう。たとえ数もじゅうぶんでなく、イタリア蜂だったら考えもしないようなときでさえ、思い立ったが吉日だ。常に王台を用意するロシア蜂の習性は、当初、養蜂家たちを震え上がらせた。王台が現れるのを見た養蜂家は、それが分蜂の兆候、あるいは少なくとも、年老いた女王蜂を殺して多産な若い女王蜂にすげかえる「女王蜂の更新」の兆候だと思ったからだ。女王蜂の更新は、分蜂よりまだましだとしても、やはり数週間のあいだ新しい蜂が育ってこないことを意味する。ロシア蜂に慣れる努力を払った養蜂家は、王台の存在が女王蜂の更新も迫り来る分蜂も意味しないことを学ぶことになった。ロシア蜂は、ただバックアップを用意しておきたいだけなのだ。

それでも、処女女王蜂が常に棚に置かれているということは、ロシア蜂はその気になれば、

＊2．〝種蜂〟【英語ではnuc（ニュークと発音する）】とは、コロニーの核（nucleus）を意味し、女王蜂一匹、いくらかの働き蜂と蜂児、巣板数枚をひとまとめにしたもの。趣味の養蜂家はこのような種蜂を春に購入し、継箱を一つか二つ載せて、コロニーの蜂が数を増すのを待ち、秋に蜂蜜を収穫する。名目上、コロニーは越冬して自分たちだけで永遠に巣を営み続けることになっている。そうでなければ、春にまた種蜂を買うまでだ。

予告なく、いつでも分蜂できることを意味する。事実、これはよく起きる。とりわけ春先、あらゆることがこれから始まろうというときに。このロシア蜂の習性に、養蜂家たちは気がおかしくなりそうになった。

この癖は、カーク・ウエブスターの頭も狂わせかけた。ただし、最初だけだ。バーモント州シャンプレインヴァレーに住むこの養蜂家、カーク・ウエブスターは、二〇〇〇年にバトンルージュの研究所から、最初に入手可能になったロシア蜂のいくつかを購入した。そして、他の養蜂家と同じように、突然の分蜂に戸惑い、王台が用意されている姿を見てパニックに陥り、春先に蜂の数が増えないことを心配した。けれども、ウエブスターはふつうの人とは違う。ごま塩のあごひげをたくわえ、分厚い眼鏡をかけた五〇代のウエブスターは、仏教の教えを実践して達観し、周囲から「ミツバチ仙人」と呼ばれている。質素な木の家に修行僧のように暮らす彼は、ロシア蜂がやってくる何年も前から、ミツバチに復元力を与えようと努めていた。そしてロシア蜂が登場すると、喜んで自分の養蜂場に持ち込んだのだった。

数年前、ウエブスターは、粗悪な歯の詰め物による水銀中毒で死にかけた。そのとき出会ったのが瞑想だった。それよりもっと彼にとって大きな意味があったのは、無常観を身に付けたことだった。ウエブスターは何ものにも拘泥しない。金銭も、身の回りのものも、激烈な感情も、古い考えにも。これこそロシア蜂を手がける鍵だった。

「ロシア蜂と付き合うには、完全に考え方を変えなければならないんだ」。彼は私にこう言った。「けれど私は心からロシア蜂が好きだ。とりこにされてしまった。彼らのおかげでミツバチヘギイタダニの問題を克服することができたのだから、ものすごく感謝している。こっちの考え方を変えて、彼らにやり方を教わればいいんだ。私たちがなじんできたほかのミツバチのやり方に無理やり合わせようとするんじゃなくてね。ロシア蜂は、すばらしい特質をたくさん持っているとてもいいミツバチだ。冬にも強いし、餌も自分たちで上手に探してくる」

ウエブスターは、養蜂家を悩ませたロシア蜂のあらゆる特質が、実際には彼らの生存に貢献していることに気がついた。春先に分蜂することは、ミツバチヘギイタダニのレベルを抑えることになる。というのは、このダニは蜂児が入っている育房の中だけで繁殖活動を行うからだ。分蜂する蜂は蜂児を連れて行かないし、ダニがついて行ったとしてもごく少数だ。分蜂はまた、古巣においても蜂児の生産サイクルを中断させ、新しい女王蜂が卵を産み始めるまでに、かなり間が空く。女王蜂の更新が好きなロシア蜂の性癖は、蜂児のサイクルを分蜂よりもっと簡単な方法で中断することになり、ミツバチヘギイタダニの繁殖をかすかな轟音のレベルにとどめる。

冬に小さな塊になって越冬するという癖も、花粉がじゅうぶんに得られなければ仲間の数を増やさないという癖も、ロシア蜂が生き延びるための優れた戦略だ。イタリア蜂は、たとえどんな季節であろうとも、より多く仲間を増やすために食物の備蓄を使ってしまう傾向がある。なんといっても、彼らは花が咲き乱れる麗しのイタリアで進化したミツバチで、そのあとずっと子沢山の蜂になるように交配させられてきたのだ。この特質は、可能な限り蜂を増やしたい養蜂家にとってはまさに好都合だが、北国の養蜂場にいるイタリア蜂は、蜂蜜を蓄えるより仲間の数を増やすことによって、自分たちをしょっちゅう餓死寸前の状況にさらしてしまうことになる。生き延びるには、養蜂家から餌をもらわなければならない。一方、より厳しい気候とローテク養蜂文化のもとで育ったロシア蜂は、その土地がまかなえる程度に応じて仲間の数を制限するすべを身に付け、巣内に熱が維持できる最低数で冬を越せるように進化してきた。

黒いロシア蜂は、ロシア人と同じくらい運命論者だとつい言いたくなってしまう。過酷な環境と物騒な歴史のもとに育ったロシア蜂は、人生には悪いことが起こる可能性があるから備えをしておいたほうがいいと思っているかのようだ。冬は厳しく、女王蜂は死に、病気や侵入者に襲われ、食べ物も手に入らなくなるかもしれない。だから、卵をすべて一つの籠に入れるのはやめ、自分たちでまかなえる以上の暮らしは望まないで、何人か王女を抱えておこう。万一に備えて……。

一方、金色のイタリア蜂は、世の中が永遠に地中海の気楽さに満ちていると信じているようだ。自宅がこんなに心地よいのに、なぜ分蜂などしなければならないの？　なぜ子供を産んじゃいけないの？　外で花を探すチャンスがあるときに、どうして身繕いなどに時間を使うの？　イタリア蜂にとって、人生は、愛に満ちた永遠に続く夏の日だ。[*3]

しかし、事態はそううまくは運ばない。何かがうまくいかなくなったとき、タフなロシア蜂は生き延びるが、イタリア蜂は死んでしまう。

ある長い八月の一日を、レーシングカーのような轟音をあげている継箱から二二キロの蜂蜜を取り出すウエブスターを助けて過ごすうちに、私もロシア蜂のとりこになってしまった。この蜂は勤勉そうだ。私は数千匹の蜂が巣箱から繰り出して、方向を確かめたあと、おそらく数キロも先にある花を目指して一目散に飛んでいく姿を見ていた。そのとき、アディロンダック山脈から黒い雲がむくむくと湧き起こり、稲妻が西の空を切り裂いた。私は、避難したほうがいいのではないかとウエブスターに言ったが、彼は急がなかった。「蜂を見てごらん」と彼は言った。「まだ巣箱から飛び出しているだろう？　雨が降るときにはわかるんだ」。黒ずんだ蜂が集まってじょうご型の塊になり、野原を横切って巣箱に戻ろうとしていたら、そのときこそ、暴風雨に備えて船のハッチを閉めるときだと言う。

自然に逆らうのではなく、自然に従って物事を行うということは、常にウエブスターの人生哲学となってきた。一九七二年に高校を卒業したあと、彼はバーモント州最大のシャンプレインヴァレー養蜂場に仕事を得て、蜂毒を関節炎の治療に使う道を切り拓いた伝説的なチャールズ・ムラーズのもとで働いた。その時点ですでに、人に対しても生態系に対しても、ミツバチが治癒力を持っていることを学んでいたわけだ。大学を出てからは、マサチューセッツ州コンコードに住み、自分の蜂を飼うようになった。蜂はうまくやっていた。おりしも時はあの黄金時代。蜂蜜は高く売れ、寄生虫や病気も少なかった。ウエブスターがとりわけ興味を抱いたのは女王蜂の育種だった。これを通じて彼は、蜂それぞれの性格や系統だけでなく、それらが後の世代に受け継がれていく手段についても敏感になった。そして、ミツバチの管理者というよりも、若い女王たちの執事のような立場をとるようになっていった。このことが後々、ミツバチへギイタダニが襲ってきたときに役立つことになる。

一九八〇年代に入り、コンコードは地価が上昇しただけでなく、ウエブスターが望む簡素なライフスタイルを送るには混みすぎた場所へと変わってしまった。そこで彼は、養蜂場をシャンプレインヴァレーに移した。ここは、観光用のパンフレットに載っているようなバーモント州よりも、むしろウィスコンシン州に似ている。酪農牧場、トウモロコシ畑、傾きかけた納屋

＊3．この愛は、巣を侵略するハチノスムクゲケシキスイにまで与えられる。イタリアミツバチの育児蜂がこの虫に餌を与えるという事実が判明しているのだ。一方、ロシア蜂は、ハチノスムクゲケシキスイを見つけたら、迷わず巣から放り出してしまう。

が点在する平らでのどかな土地だ。ウエブスターは、春と夏は蜂の世話に費やし、冬は生活費をまかなうために大工仕事をした。けれども、一九九一年にバーモントを襲った不景気が大工仕事を一掃するにつれて、養蜂に専念するようになった。

彼の養蜂所は女王蜂の繁殖に的を絞っているため、ウエブスターは以前から、何か問題が起きたときは、その場しのぎの対策ではなく、ホリスティックな解決策が必要であると強く信じていた。彼には、自分の蜂を健康に保つ必要があった。『アメリカンビージャーナル』に掲載されたミツバチヘギイタダニの経験に関する記事の中で、彼はこう書いている。

私は、健康的な養蜂の将来を自ら模索する中で、自然そのものや、ずっと以前に書かれた養蜂に関する本や雑誌や、現代のオーガニック農業を切り拓いた先駆者たちの書いたもののほうが、過去八年から十年の間に養蜂業界で刊行され、語られ、行われたことよりも、はるかに役に立ち、示唆に富んでいることを見出した。かつて人々は、ほとんど資源がない状況でも、創造力を働かせることによって自らの問題と真剣に取り組んでいたのだ。彼らは、バランスと安定がとれた世界の例を自然の中に求め、作物と家畜を常に最優先する手段をとっていた。

ウエブスターの世界観の中心にあるのは、有機農業運動の父、サー・アルバート・ハワードの著作だ。大英帝国の経済植物学者として一九〇〇年代初頭のインドに駐在していたハワードは、インドの農夫の耕作法を研究し、観察に基づいて二冊の本を書き残した。『農業聖典 An Agricultural Testament』(一九五九年、農林水産業生産性向上会議刊。改訳新装版は一九八五年、日本経済評論社刊）と『土壌と健康 The Soil and Health』（本邦未訳）である。ハワードは一九三五年に、その業績によりナイトに叙せられた。

ハワードは、農法と食物生産を成功させること、すなわち作物、家畜、人々がみな健康でいられるようにするには、バランスをとることが欠かせないと考えた。どのような農業的な企てであっても、それを持続して繁栄させるには、自然を模した均衡状態を作り上げることが必要だと。あらゆるものは、健康な土壌の上に存在する。健康な土壌には、腐植土を分解するのに必要な微生物、健康な植物を育てるのに必要な微量栄養素、水分を保つのに必要な仕組みをはじめ、そのほか多くのものが含まれている。成長と腐朽はバランスがとれた関係にあるべきで、作物と家畜の組み合わせは、土壌から肥沃さが奪われたときに、それを戻すような関係になければならない。健康的な農場は、農家の手をほとんどわずらわせずに自ら健康が保てる作物と家畜を作り出すことになり、ひいては、自ら健康が維持できる人々を作り出す。

「不均衡」が生じたとき、自然はそれを通告するとハワードは信じていた。この不均衡の伝令官は、システムで何かがうまくいっていないときにのみ足がかりを得る寄生虫だったり病気だったりすることがよくある。そのため、寄生虫や病気は農民の敵ではなく、むしろ味方なのだ。疲弊した土壌、遺伝的に脆弱な作物や家畜などといった修復しようのない大損害に見舞われる前に、システムの脆弱な点を明らかにしてくれるのだから。

ダニと共存する

このような観点に立ったカーク・ウエブスターは、ミツバチへギイタダニや養蜂のあるべき姿における従来の考えを一八〇度ひっくり返すことができた。ほとんどの養蜂家にとって、ミツバチヘギイタダニは、汚らわしい牙でミツバチのコロニーや養蜂家の生計手段を壊滅させる悪魔の手先そのものだ。それなのに、ウエブスターは突然『アメリカンビージャーナル』の誌面に登場して、ダニは友達だと言い出した。

ミツバチヘギイタダニが伝えようとしているシステムの不均衡を名指しするのは難しくない。度重なる長距離輸送。一〇〇万箱以上の巣箱が乱立する「都市」での仮住まい。ミツバチを弱らせ免疫系を抑制する過度の労働。ウエブスターは、このようなことをただ単にやらないというだけで「不均衡」に陥るのを避けることはできたが、最大の問題は簡単には解決できなかった。すなわち、二〇〇〇万年の歴史のなかで一度もミツバチヘギイタダニに接触したことのなかったヨーロッパミツバチには、このダニに対する生来の防御手段がないという問題である。

寄生虫とその宿主は、なんとか許容できる均衡状態を保って共進化する傾向がある。宿主を殺してしまうような寄生虫の攻撃的な系統は自らも滅ぼしてしまうことになるが、それほど攻撃的でない系統は宿主を存続させて自らも生き延びる。ミツバチヘギイタダニとトウヨウミツバチは、このような停戦協定を永遠とも思われる長い年月の間結んできた。トウヨウミツバチにおいて、ミツバチヘギイタダニが繁殖できるのは、雄蜂の育房の中だけだ。雄蜂の巣房は一年間のうち短い間しか作られないので、自然にミツバチヘギイタダニの繁殖も抑えられることになる。しかし、ミツバチヘギイタダニとヨーロッパミツバチの不自然な出会い、それも飛行機、列車、車によって弾みをつけられた出会いは、とてつもない不均衡を生み出すことになった。ヨーロッパミツバチでは、蜂児の育房サイズが大きく、さなぎの期間も長いので、ミツバチヘギイタダニは一年中繁殖が続けられることになった。ねずみ算式に繁殖するダニは、あっという間に巣箱に蔓延してしまう。今から数十年もたてば、この不均衡は必然的な結果に落ち着くだろうが、その間に商業養蜂家と工業的農法は壊滅的な打撃をこうむることになる。ダニ駆除剤はミツバチへギイタダニの蔓延を遅らせることはできるが、サー・アルバート・ハワードが生きていたらおそらく警告したように、ミツバチ自身を弱め、不均衡が悪化して、最終的な「調整」が生じることになるだろう。この「調整」が、現状よりずっと深刻な被害をもたらすことは必至だ。

カーク・ウエブスターは、そのような事態を引き起こさなくてもすむ道があると考えた。そして一九九八年に、ミツバチへギイタダニとの闘いをやめて、このダニから何か学べることはないか、様子を見ることにした。だが彼でさえ、もしほかにもっとたやすい解決法があったら、そんな手段には訴えなかっただろうと認めている。ほかの誰もと同じように、ウエブスターもアピスタンを効き目がなくなるまで使った。次に登場したのが、ホルモンを強力に攪乱するチェックマイトだった。「その時点で、時流に乗るのを止めようと決めたんだ。私の仕事の中心は女王蜂だったから、こんな薬は使いたくなかった。ミツバチへギイタダニの襲撃は、いずれにせよ破局をもたらす運命にあるだろうから、それなら早めに破局を迎えて、早めに立ち直ろうと考えたんだ」

結局彼は、運の悪い時期に時流から外れたことになった。二〇〇〇年の天候はさんざんだったのだ。ミツバチに一切手を出さないことを決めたウエブスターは、ただ手をこまねいて、おびただしいコロニーの蜂が死んでいくのを見ていなければならなかった。生き残ったコロニーは、ほんの数群しかなかった。これは経済的にも気持ちの上でも負担の大きな経験だったが、ウエブスターの決意はゆるがなかった。ミツバチへギイタダニは敵ではない。ダニは、問題解決のために自分を助けてくれているのだ。問題は、脆弱なミツバチにある、と信じていたから。

もしあなたの祖先が、私の祖先と同じようにヨーロッパからやってきたのなら、その人たちは、おそらく黒死病を生き残った人々だったろう。天然痘も生き残ったかもしれない。私たちが今ここに存在しているのだから、祖先は運がよいほうの人だったことは明らかだ。疫病が不幸な出来事以外の何ものでもないことに反論を唱える人はいないだろう。それと同時に、疫病が去ったあとには、復元力の強い遺伝子を持つ人たちがあとに残るという事実も否めない。かつて私たちの免疫系が守りについていた最前線を抗生剤と消毒薬が守るようになった今日、私たちはおそらく過去数百年でもっとも流行病に弱い立場にいるに違いない。

イタリアのミツバチは、何十年にもわたって、復元力とはほとんど関係のない特質を伸ばすように交配されてきた。伸ばしたい特質のトップを飾っていたのは蜂蜜生産力で、仲間を増やす力も同じぐらい乞われていた。性格の穏やかさも欠かせない要素だった。自立に資する特質、すなわち寄生虫や病気への抵抗力、越冬能力、餌が少なくても耐えられる力などは、あまり重視されなかった。というのは、このような問題は、石油化学に頼って解決したほうが効率がよかったからだ。冬の間フロリダにトラックで連れて行ったほうが安くあがるのに、誰がわざわざ越冬可能な蜂を欲しがる？　初春に米国南部やオーストラリアから女王蜂と種蜂を新たに買い入れたほうが安上がりなのに、なぜ蜂が自立できるかどうか心配する？[*4]　異性化糖のコーンシロップが安くじゅうぶんに手に入るのに、なぜ自分で餌をまかなえる蜂など交配する必要がある？　巨大な化学企業複合体が提供するダニ駆除剤、殺菌剤、抗生剤が簡単に手に入るのに、なぜわざわざダニと病気に抵抗力を持つ蜂の繁殖に何年も費やさなければならない？

いったんこのような安易な手段に手を染めるときりがない。ミツバチを大陸横断サバイバルレースに無理やり出場させたり、アーモンド授粉のために冬季に巣を冬蜂で溢れ返らせたりすることにより、養蜂家は蜂をどんどん不自然な暮らし方に追い込んでいった。その過程で、必要になったときに初めて気づくような目立たない特質が失われていったことは間違いないだろう。自然のシステムに、本来それが意図していないようなことをさせるのは可能かもしれない。けれどもそれにはいつでも壊滅のリスクがつきまとう。

例によってウエブスター[*5]は、この点についても言葉を濁すことなく養蜂業界を喝破した。

今や養蜂業は、崩壊しかけている工業化された農業システムの最初のほころびになるという怪しげな名誉を与えられようとしている。そんなことは起こっていないというふりはやめよう。もはや作物をじゅうぶんに花粉交配できるだけのミツバチなどいないのだから。蜂が問題を抱えるたびに、私たちは彼らのストレスを軽減するどころか、より負担を強いるような方法で対処してきた。より頻繁に方々へ連れ回したり、より多くの有害な物質にさらしたりしたうえ、検査もされずじゅうぶんに適応してもいないミツバチを巣箱に補充しようとした。罪をなすりつける対象はひきもきらない。天候、ダニ、市場、新たな病気、消費者、中国人、ドイツ人、(ここに責任を転嫁したいものの名前を入れよう)、他の商業養蜂家、蜂蜜出荷包装業者、科学者、燃料の高騰、地球温暖化……。何でもいい。目の前で

＊4．アメリカ北部の養蜂家のなかには、ミツバチを一年生作物のように扱うものも出てきた。つまり、秋に蜂を殺してしまうのだ。こうすれば、蜂蜜も収穫できるし、それ以上餌を与える必要もない。そして、春になったらまた蜂を買って同じことを繰り返す。

＊5．デイブ・ハッケンバーグはよくこう言う。「私たちは車で移動する蜂を繁殖してしまったんだ」と。

起きている事態に直面することを避けて、他人に罪をなすりつけることができれば。私たちは生き物の世話をする能力を失いかけている。なぜだろう？

こんな痛烈な批判をしたウエブスターが他の養蜂家から歓迎されたとはとても思えない。とはいえ、彼はそんなことは気にもしなかっただろう。カーク・ウエブスターはどうやってか、心の中で、完璧なパラダイムの逆転をやってのけていた。ミツバチに猛毒の有機リン系殺虫剤を使うように勧められたとき、彼にはわかったのだ。ミツバチを（そしてあらゆる農作物を）家畜化し、産業の道具にし、化学薬品漬けにすることこそが問題であると。そして、ミツバチへギイタダニはその解決策の一環であると考えるに至った。

これはかなりすごい意識改革だと言えるだろう。ちょうど、牧場主が、オオカミやコヨーテを牧場経営のパートナーとみなすようなものだから。こんな見方ができるのは、経営システムよりも、自然のシステムを尊重するような者だけだ。

それに、清貧に甘んじる覚悟のある者でなければできない。これこそウエブスターが長年実践してきた生き方だった。彼は、ミツバチへギイタダニのわずかな生き残りを集めて育種にのりだした。すべての蜂がこのダニに対する抵抗力を宿していたわけではなかった。ただ運がいいだけで生き残った蜂もいたから。けれども、交配を重ねるにつれ、新しい世代の生き残りは、前の世代よりも少しずつ抵抗力を強めていった。各世代とも、生きるための遺伝的な手立てを収めた袋の中に隠れていた復元力を、少しずつ再発見していった。ウエブスターのもくろみは着実に進展していた。だが問題もあった。ミツバチへギイタダニの威力があまりにも強かったので、生き延びられた蜂の数がとても少なく、彼の養蜂場には近親交配のリスクが高まっていたのだ。

そんなとき、二〇〇〇年に救世主として現れたのがロシア蜂だった。ウエブスターは自分のコロニーにロシア蜂を導入し、最終的に三つの異なる系統を購入することになった。数世代のうちに、彼のかつての蜂の遺伝子は消えてしまった。ロシア蜂のほうが、生き残りに長けていたから。

自然のままにさせることで、ウエブスターはよりたくましい蜂を交配したが、その一方で、繁殖力の弱いミツバチへギイタダニも交配することになった。アピスタンやチェックマイトなどの化学薬品は、弱いダニを殺して遺伝子プールから除くことにより、より強力な「スーパーダニ」を育てる。ウエブスターはスーパーダニなど欲しくなかったが、彼の蜂がたくましくなるにつれ、まったくダニのいない状態も好ましくないと思うようになっていった。「七〇パーセントの蜂が冬を越せるようになった今、ダニは死んでいるより生きていたほうが役に立つようになったんだ。ダニは常にこの弱い三〇パーセントの蜂を間引きしてくれるし、一番優秀なコロニーもはっきり教えてくれる。これは、板の上にダニを貼り付けて、何時間もかけてその数を数えるという科学者たちがやっている方法より、よほど簡単で金もかからない。だから、みんなに言いたいね。ダニにやらせよう、と」

自然の調整

ハイテク装置を使って遺伝子の塩基配列を解析したり、顕微鏡でダニを調べたり、新たな薬品を開発したりしようとする代わりに、ウエブスターは、生命が誕生して以来、自然が解決してきた方法で自分自身の問題を解くことを選択したのだ。このアプローチをとるには、ものすごい忍耐が必要だ。

私たちは生物の集団的消滅を災厄とみなしがちだが、これは問題を修正する自然の方法であることがある。私が住んでいる地域では、過去一〇年間にとても強力な狂犬病の菌種が蔓延して、八〇パーセントのキツネを殺してしまった。この集団消滅は、病にかかっていたり弱っていたりしたものをすべて取り除くことになり、今ではより抵抗力のあるキツネが増えて、もとの数に回復した。このような「好況と不況」のサイクルは、短期間で繁殖を繰り返す昆虫や動物ではよくみられることだ。

あたかも蜂たちは、ミツバチヘギイタダニを利用して消滅したがっていたかのように思える。これは、病気を一掃するための彼らの方法なのだから。ちょうど私たちの体が、病気を一掃するために胃腸管の中身を体の外に排出したあと、再び立ち直るのと同じだ。実際、野生の蜂も壊滅した。ミツバチヘギイタダニは、実質的に野生の蜂を全滅させてしまった。けれども今、このダニに抵抗力を持つコロニーがアメリカの森に再び姿を現している。飼われているミツバチも壊滅したかったに違いない。惨事を早く経験してやり過ごしてしまいたいと。けれども、人間がそれを許さなかった。薬品とサプリメントをつっかい棒として与えて、私たちは彼らが壊滅していく過程を拷問のようなスローモーションにしてしまったのだ。

とはいえ私たち人間は、そうせざるをえなかった。ミツバチは、大きな変動を起こす自然の生態系の一部であると同時に、「好況と不況」のサイクルとはなじまない経済システムの一部に組み込まれているのだから。木の実やフルーツを食べないで何年も我慢するような消費者がどれだけいる？　ミツバチが遺伝子のシャッフルをする間、まったく収入なしに耐えられる養蜂家がどれだけいる？

　そんな消費者も養蜂家もほとんどいないだろう。けれども、カーク・ウエブスターはそんな少数派の一人だった。ロシア蜂を導入してから七年後、他の養蜂家がミツバチへギイタダニとの死闘をいまだに繰り広げている中、ウエブスターはついに自立した養蜂場を確立することに成功した。[*6] 私がウエブスターの仕事を手伝ったとき、日照り続きにもかかわらず、黒ずんだミツバチは元気いっぱいの姿で私の体の上を這い回った。その蜂蜜もすばらしかった。蜂蜜と花粉だらけの姿で家に向かう途中、ウエブスターは淡々と言った。「君が今日にしたことは、ありえないことになっているんだ。みんな、私が何かごまかしているんだと思っている。何も治療法を施さないでミツバチが五年以上生き残れることなど不可能だと言うんだ」

　ウエブスターの成功の鍵となったのは、自分の養蜂場に適した形を見つけ出したことだった。これもまた、ミツバチに自ら選択を任せた例だ。彼のミツバチは、早い時期に頻繁に分蜂してミツバチへギイタダニの寄生率を下げることを好んでいたので、彼はそれに従って巣分けを早い時期に行った。そして最終的に落ち着いたのは、巣箱を三つのグループに分けることだった。最初のグループ（約二二五箱）は、従来型の蜂蜜生産養蜂場だ。巣箱は、クローバーやアルファアルファなどの重要な花蜜が得られるシャンプレインヴァレーの農地に置かれた。蜂蜜を大量に生産するには、春から夏の終わりまで、ミツバチの数を増やし続けなければならない。分蜂

＊6．よりよいミツバチの育種を目指している養蜂家はウエブスターだけではない。純血種のロシアミツバチの系統を増やしている養蜂家はほかにもいる。ミネソタ大学のマーラ・スピヴェクは、ミツバチへギイタダニへの耐性を持つすばらしいイタリアミツバチの系統を作り出すことに成功した。とはいえ、このような系統の抵抗性は、耐性を持たない蜂のいる養蜂場では、薄められてしまう可能性がある。

させることもできず、蜂児もたくさんいるので、このグループの蜂たちはもっともミツバチへギイタダニに弱い立場にいる。秋にはすばらしい蜂蜜を作り出すが、冬を越して生き残るものは少ない。

ウエブスターの残りの七〇〇〇箱の巣箱は「種蜂（ニューク）」と女王蜂の繁殖用に当てられている。ミツバチの販売を行う養蜂家のほとんどは、春にコロニーのミツバチの数を急いで増やし、増えた蜂を種蜂に分けて、すぐに売ろうとする。だが、たくましい蜂を育てることを目指しているウエブスターは、このシステムを手直しした。夏に種蜂を作ったあとは、手を加えず蜂たちにまかせる。女王蜂に、バーモントの冬を越せるかどうかという厳しいテストを課すのだ。母の日にウエブスターからミツバチを買う人は、この試練に生き残った蜂を手にすることになる。

そんな女王蜂は、まさに掌中の珠だ。

ほとんどの商業養蜂家は、巣箱を分けるとき、産卵がすぐに始まるようにするために、アメリカ南部の育種業者から多産な女王蜂を買って、女王蜂のいないほうの巣箱にこの女王蜂を入れる。巣箱の蜂が自ら女王蜂を生み出すには時間がかかりすぎるから、そうさせないのだ。同じように、老齢の女王蜂が弱まって死んだあと、新たな女王蜂が孵化して、ライバルを殺し、交尾してから産卵を始めるのを待つこともしない。こうすると、蜂児を育てるのに最適な数週間を失い、花粉交配と蜂蜜生産をする蜂の数が減り、それにともなって収入も減るからだ。だから商業養蜂家は、年とった女王蜂を殺して、新しい女王蜂を入れる。

養蜂業界に最近浮上している新たな問題に、女王蜂が生き残れなくなっていることがある。以前に比べて、寿命も産卵能力も低下しているのだ。女王蜂の更新頻度も増えている。働き蜂は弱まった女王を王座から引きずりおろして多産な女王蜂に替えようとするが、そんな女王蜂は探すのがいよいよ難しくなっている。

いったい女王蜂に何が起きているのだろう？　私には心当たりがいくつかある。クーマホス（チェックマイト）で処理された巣箱で育った女王蜂は、まずほとんどうまくいかない。このような女王蜂は身体的な異常を示し、働き蜂に受け入れられる確率も五パーセントしかない。一方、クーマホスの洗礼を受けていない女王蜂が受け入れられる確率は九五パーセントだ。成虫になってからクーマホスを浴びた女王蜂も、体重が減り、寿命が短くなる。二〇〇七年に行われたある調査では、半年後にもまだ機能している女王蜂の数は、クーマホスで処理された巣箱では、処理されていない巣箱より、七五パーセントも少なかった。

さらに、生殖というコインの裏面の問題がある。クーマホスは雄蜂の精子生成能力を半減させるうえ、このような雄蜂の精子は六週間後に死んでしまうという厄介な癖があるのだ（ミツバチの精子は、女王蜂の体内で数年間にわたって生き続けることが必要なのに）。フルバリネート（アピスタン）でさえ、精子の生成と雄蜂の寿命を低減する。[*7]　女王蜂の体内に生きた精子がなくなり、働き蜂を作り出すことができなくなれば、女王蜂の更新が迫り来る。

フルバリネートとクーマホスの使用を止めた養蜂家でさえ、無罪放免とはいかない。蜂ろうは化学薬品を吸いとるスポンジだ。ダニ駆除剤は蜂ろうに蓄積される。二〇〇七年に行われた

＊7．ミツバチへギイタダニに対する新たな〝ソフト〟処理として、ヨーロッパで長年使用されてきた蟻酸（ぎさん）が浮上してきた。ミツバチは、ダニ（そして人間）より一〇倍の蟻酸に耐えられるので、かなり効果的だ。ただし、適切に使われた場合は。わかりやすい使用説明書になどお目にかかったことのない養蜂家たちは、蟻酸で指や肺に火傷を負うだけでなく、巣内の蜂も殺してしまっている。さらに、蟻酸でさえ雄蜂の精子生成能力と寿命を低減させるという証拠もいくつかあがっている。

研究によると、クーマホスに汚染された巣板に接触した働き蜂は、大幅に寿命が縮まるそうだ。フルバリネートとクーマホスの相乗効果がどのようなものであるかは誰にもわからないが、マリアン・フレイジャーが行った殺虫剤の研究データから考えると、楽観的な考えなどとても抱けない。私は、明らかに万策尽きたらしいアメリカ中西部の目をむいた養蜂家が、同業者に向かって叫ばんばかりにこう言っていた姿をよく思い出す。「とても口に出せないようなことさえやってるんだぜ！　違法かもしれないが、そのおかげで俺の蜂は生きている」

この言葉を聞いたら、誰だって地元のオーガニック養蜂家から蜂蜜を買おうという気持ちになるだろう。

私は、女王蜂に人工授精を行うことの影響も気がかりだ。人工授精は、有益な特質を持った雄蜂の精子を選ぶことができるので最近養蜂家の間ではやりだしているが、もし女王蜂が複数の雄蜂と交尾しなければ、長く生き残ることはできない。一五匹の雄蜂と交尾した女王蜂のコロニーと一匹だけの雄蜂と交尾した女王蜂のコロニーとを比較した研究では、遺伝的な多様性を持つコロニーはそうでないコロニーに比べて、巣板を三〇パーセント多く作り出し、食糧を三九パーセント多く蓄え、より多く尻振りダンスを行い、病気にもよりよく耐えたという結果が出ている。

ウエブスターをはじめとする自然養蜂を実践する養蜂家は、女王蜂をほかから購入するようなことはしない。もし地元の環境によりよく適合したミツバチを作り出すことを目指しているのなら、巣箱を常にテキサス女王の子供たちで満たしても意味がない。自分の住んでいる地球の一角の自然が提供する諸条件のもとに生き残った女王蜂や雄蜂を使うことが必要なのだ。これは面白いことでもある。というのは、どの世代の蜂も、その両親にはなかったスキルや特性を身に付けてゆくことになるから。世代を経るごとに、よりよい蜂が育つのだ。

ただし、それは、親がどこからきたのかわかっている場合に限る。「雄蜂集合場所」では、女王蜂とタンゴを踊る機会を求めて、何キロも離れたところから雄蜂が集まってくる。どこからやってきた雄蜂かを知るすべはないし、懐に何を隠しているかもわからない。

だからこそ、独自のミツバチの系統を育てるには、他のコロニーから何キロも離れたところで行うことが必要なのだ。そのためにトム・リンデラーはグランテーレ島を選び、カーク・ウエブスターはグリーンマウンテンを選んだ。シャンプレインヴァレーは、養蜂にはうってつけの場所だ。農場と環境保護活動家であふれ、寄生虫も少ない。だからミツバチはひしめきあっている。けれどもグリーンマウンテンは違う。標高九〇〇メートルのこの地では、針葉樹の森が広がり、五月まで雪が残る。ミツバチにとって餌になるものはほとんどないから、ウエブスターのほかには、ここにミツバチを連れてくる者はいない。万一、野生の蜂がこの森の中に生き残っていたとしたら、ウエブスターはかえってこのたくましい遺伝子を喜んで養蜂場に迎え入れることだろう。彼のすべての女王蜂は、この山の上で育てられたあと、シャンプレインヴァレーまで下って、ウエブスターの巣箱の蜂を増やす。アフリカ化した蜂（巻末・付録1参照）を除けば、彼のミツバチは、科学者や化学薬品や緊急介入手段に頼らずに自ら問題を解決するに至った北米のごく少数の蜂だ。つまり、自らの文化を自らの手で築いた蜂なのだ。

ウエブスターはテクノロジーそのものを毛嫌いしているわけではない。科学的な方法が多くの進歩をもたらしたことも理解している。けれども、それが常に最良のアプローチであるとは限らないことも知っている。比較試験では、一種類か二種類の要因を研究することしかできない。そのため、科学的な調査では問題を最小単位にまで分類してから、一度に一つずつとりあげて、その要因をどうしたら操作できるか探ろうとする。その成果は小さなブロックに分けられた細切れの知識だ。

けれども、無数の要因とフィードバックループを持つ複雑なシステムに関しては、科学的調査は白旗を掲げて降参するべきだ。人間の栄養についてあれだけの関心が寄せられているのに、今でも基礎的な進歩しか遂げられていないし、天気予報も、いつまでたっても不確実だ。科学の目標は、システムを操作したり制御したりするために、あることが機能する理由を解明することにある。私たち人間は、何かを知り、それを制御することにこだわり、世の中と直感的に結びつくことを軽んじる。けれども、システムと調和して生きるには、そのシステムを征服する必要などないこともあるのだ。

現代の経済システムを疑う

非西洋的な知恵の伝統にどっぷり漬かったウエブスターには、自分の目標がはっきりわかっていた。すなわち、人間の英雄的な介入やテクノロジーに頼らない養蜂場を築き上げること。彼は、自分や同僚の養蜂家が抱えている問題が人間のテクノロジーに端を発しているなら、喜んで自分の支配権を放棄し、蜂たちに自らの養蜂場の発展を導かせたいと思った。蜂の付き人となって、蜂から指示を受けようと。

ウエブスターはエッセイの中で、こう説明している。「私は、健康のあらゆる要素、すなわち持続性、復元力、多様性、生産性が、機能して発展できるようなシステムを設計しようとした。そのメカニズムが解明されているかいないかは問題ではなかった。自然は私たちを大きく超えた存在だ。自然のやりかたを妨げないことが、私たちとミツバチ双方にとって、将来の鍵を握っている」。後に彼は、次のように付け加えた。「私たちが自然のすべてを理解することは決してないだろう。けれども、自然の慈悲深い心配りと庇護のもとで暮らし働くすべを学ぶことはできる。かつては、多くの人々がこうしてきた。今も将来も、私たちに同じことができないという理由はない。このように暮らすことは、私たちが今暮らしている略奪的で破壊的な経済社会システムから離れられるだけでなく、真の代替手段をも創造することになる。このような暮らし方をすれば、私たちはひきもきらずに自然を劣化させることをやめ、かえって自然の回復に貢献できるようになるのだ」

もちろん、こうするには長年にわたる貧困が伴う。だが、貧困とはいったいなんだろう？メリアム-ウエブスター辞典はこう定義している。「通常、あるいは社会的に容認されうるべき財産や所有物を欠いている状態」。つまりこれは、経済システムという文脈の中だけに存在する概念だ。もし、周りの人が持っているのと同じスニーカーやミニバンやステーキが買えなかったために、恥ずかしい思いをしたり、劣等感を感じたり、ただ単に悲しい思いをしたりするとすれば、貧困はほんとうに精神的・物理的な苦痛になるかもしれない。けれども、もし人生の目標が「田舎にいて、農作、庭いじり、そしてとりわけミツバチを飼うことを中心にした快適な人生を送ること」（こちらはカーク・ウエブスターの弁）にあるとしたら、貧困は、従来の健康的な暮らし方にものすごく近いものに見えてくる。

問題は、農場が現代的な経済システムに吸収されてしまったことにある。ウエブスターもおそらく同意見だろう。その結果、農業経営者は今、会社経営者のように物事を考え行動するように迫られている。農業経営者がビジネスに聡くなるのは何も悪いことではないが、農場（少なくとも環境に気遣う農場）は、ほかの事業のように運営することはできない。事業は、無限に成長を続けることを前提としている。事業を興すときは、五年間の事業計画を立て、巨額の資金を借り受けて、利子の支払いより事業の成長が上回ることを望む。これは、ニューウェーブの消費者たちが事業に資金を一局集中することを前提としたねずみ講の一種だ。そして、常により多くの製品が生み出されることが当然のこととして期待されている。どれほど会社が成熟しようとも、今以上の製品を作り出すのが当然だと思われているのだ。もしコカ・コーラ社やエクソン社の売り上げが横ばいだったら、株主たちは会社を猛烈に批判することだろう。

けれども、生物システムの世界では、癌を除けば、無限の成長を続けるものなど存在しない。健康的な農場は自然のサイクルの中にある。つまり、順調な成長と順調な腐朽という、うまく維持されたバランスがとれているのだ。経済的な成長を遂げるには、より多くの土地を農地に変えるか、同じ土地からより多くの収益を上げるようにするかのどちらかを行わなければならない。この二つは、過去半世紀以上にわたって、農業の基本的な潮流になってきた。だが、そのどちらも無限に続けられるわけではない。土地は有限だし、農業経営者がより多くの収穫を土地から搾り取ることを可能にしてきた技術革新のほとんどは、土壌の長期的な健康を犠牲にすることで成し遂げられたものだ。言い換えれば、技術革新には、代償がつきまとう。化石燃料の場合と同じように、一〇〇〇年以上にもわたって築かれてきた資源（肥沃さ）が吸い取られ、たった一年間のどんちゃん騒ぎに使われてしまっている。

農場を測るのに、他の事業に使う物差しを使うべきでないということにはもっともな理由があるとはいえ、経済性が価値基準となってしまった私たちの文化では、いったいどうやって測ればいいのだろう？　新聞では、映画評よりも、その映画の一週あたりの収益情報のほうが多く掲載されている。同時多発テロにしろハリケーン・カトリーナにしろ、何か大問題が国内で勃発したときは、みなダウ平均株価を見て被害の大きさを測ろうとする。

何年もの間、商業養蜂家は、成長に基づく経済システムの枠内で働きながら、そのようなプレッシャーのもとでは繁栄しない蜂の世話をすることに軋轢を感じてきた。なぜこれほどまでに若い世代の養蜂家がいないのだろう？　そのわけは、インフレの進む世界でなんとか生計を立てようとして苦労する親を見て育った子供たちが、自分たちはそんな暮らしをしたくないと思ったからだ。それでも養蜂業を続けようとした商業養蜂家は、「規模の経済」理論に従い、巨額の借金をして他の養蜂場を買収し、規模を拡大し続けるとともに、花粉交配ビジネスの比重を高めて、何とかやりくりしようとしてきた。

だがウエブスターには他の考えがあった。業界、いやアメリカ全体に蔓延している傾向は自分にもミツバチにもより多くの悲惨を招くだけだと理解した彼は、時流に乗るのをやめて、他の道を歩むことにしたのだ。彼は産業モデルに従うのをやめたいと思っている同僚たちに、自給自足の力を養うように助言している。

養蜂家は、蜂蜜、花粉、女王蜂などのミツバチが作るものを生産するエキスパートにならなければならない。そして、のどかな田舎でおくる素朴で低コストのライフスタイルを楽しむべきだ。自ら女王蜂を育てたり、装置を手作りしたり、大工仕事や、溶接作業や、庭の手入れをするといった自給自足の局面にいくらか時間と金を費やせば、全般的な経済システムの不安定さを一部排除できるようになる。このような仕事をすべてうまくやり遂げるには優れた管理能力が必要だし、景気がいいときに収益のいくらかを犠牲にすることも必要になるが、長い目で見れば、より安定し、復元力があり、働くのが楽しくなるような養蜂場が持てることになるのだ。

生き延びるために必要なこと

ウエブスターが彼の養蜂場について話すとき、「復元力」という言葉がよくでてくる。この言葉は、最近あらゆるところでよく耳にするようになった。復元力とは、システムに何か問題が生じたときにそれから立ち直る能力に重点を置く生態学の新たな分野だ。ウエブスターは、この復元力という学術分野のことを一度も聞いたことがないと私に言ったが、彼の書いたものは、まさに復元力のマニュアルそのものである。復元力のある養蜂場は、問題がウイルスだろうが寄生虫だろうが干ばつであろうが、それから立ち直って、正常な暮らしを営み続けることができる。一方、復元力に欠ける養蜂場は、同じ問題に直面したときに壊滅してしまう。

私は、復元力をヨットになぞらえて考えるのが好きだ。風が強く吹き付けると、ヨットはどんどん傾いていく。けれども、船体の下には、横流れを防止しヨットの重心を下げる竜骨(キール)が突き出している。船体が傾けば傾くほど、キールの角度が上がり、それを引き下げようと重力が働く。どれほど船体が振れようと、キールは常に安定した垂直の位置に戻ろうとする。

いや、ほとんどの場合は、というべきだろう。ものすごい強風に襲われると、突然デッキの手すりが水中に没して水が船体内に侵入し、ヨットのシステムはまったく新しい状態に変化してしまう。つまり、転覆するのだ。たとえ強風が収まっても、ヨットが元の状態に戻ることはない。

復元力の研究とは、システムが望ましくない状態に変化しないように管理する科学だ。その第一歩は、望ましくない状態というものは実際に起こるもので、私たちが思っているよりずっと間近に迫っているということを認める謙虚さを持つことである。このような状態は、実は私たちの周囲で頻発している。鱈の漁場が壊滅したのは、その典型的な例だ。人々は、ちょうどヨットが傾いたときのように、鱈の数が減れば、それだけ元に戻ろうとする力は大きくなるだろうと思った。けれども、魚の数があまりにも激減したため、復元するどころか、壊滅してしまった。転覆だ。たとえどれだけ鱈漁を一時中断しても、もはやもとの状態に戻すことはできない。

二〇〇八年三月に、アントニー・アイブスは科学誌『ネイチャー』に論文を発表し、一見無秩序に思える個体群の変動の復元力（とその崩壊）をたった一つの簡素な方程式によって説明した。アイスランドのミーヴァトン湖はかつてユスリカの集団に満ちていた。ユスリカは幼虫時代を湖の堆積物の中で珪藻類を食べて過ごす。通常、ユスリカの集団は珪藻がなくなるまで増え続け、食べ物がなくなった時点で、餓死して壊滅する。すると、ユスリカの幼虫が生活できなかった岩礁部で生き残った珪藻が、再び湖に繁茂する。これでまた生き残ったユスリカが珪藻をむさぼり食って、再び爆発的に増殖する。湖の魚はユスリカの幼虫をおもな食糧源としている。このようにして、湖に存在する珪藻、ユスリカ、魚の集団数は、ヨットのように揺り戻しを繰り返すわけだ。数千年間にわたって、このような揺れは一定の枠内で繰り返され、魚は現地の人々の生活を支えてきた。それが、一九六七年に採掘作業が始まって、湖の底が浚渫されだした。この結果、人々の記憶に残っている限り初めて、魚がいなくなってしまった。アイブスは、浚渫された区域に珪藻が繁茂しだしたあと、それがいかに湖の堆積物にまでは広がらなかったかを説明している。このためユスリカは飢え死にし、魚も同じ運命をたどった。採掘作業は二〇〇四年に終わったが、魚の集団は復元しなかった。新たな定常状態が確立されてしまったのだ。魚がいない湖という状態が。

復元力にいったん目が向くと、望ましくない状態に変化してしまったシステムが世の中に満ちていることがわかる。森林破壊や土壌浸食。北極圏もしかり。海氷はほとんどすべての太陽の光（と熱）を反射して地球から遠ざけるが、海水は逆にそのほとんどすべてを吸収してしまう。いったん氷が溶け出すと、このことがシステムを反対の方向に傾かせてしまいがちだ。民主主義でさえ、自らを補強しうるシステムに見えるが、いったん転覆させられてしまうと、復活させるのは非常に難しい。

ほとんどのシステムには、複雑な関係とフィードバックループが関わっているため、突然の転換が生じるまで、どの程度の圧力がかけられるかを予測するのは困難だ。にもかかわらず、私たちはあらゆるシステムをあまりにも単純に考えすぎる傾向がある。たとえば、洪水で川が氾濫しても、雨がやめば、元の流れに戻ると思い込んでいる。ふだんならそうなるだろう。けれども、洪水が深刻なものになると、川は元の流れを無視して、新しい流れを作り、二度と元には戻らない。私たちは、ヨットや振り子を思い描いて、ある一定の方向に大きく揺れれば、同じだけ大きく反対側の方向に揺り戻す力が働くと思い込む。けれどもシステムとは、これよりジェットコースターに似ている。押しあげるときには抵抗があるが、いったん頂点に達すれば、あっという間に急降下し、二度と止めることはできない。

システムを効率性ではなく復元力の観点から運営するということは、予期せぬ転換点にめったなことでは到達しないですむように、底を重くすることだ。これには、バックアップシステムやファイヤウォールを維持して、「不測の事態を予測する」ことが欠かせない。短期間の収益を犠牲にしなければならなくなることも多いだろう。さきのヨットの例をひけば、帆を小さくしてキールを重くすることで、より復元力に富む船にすることができる。両方とも船を垂直に保つことに資するからだ。けれども、スピードは犠牲になる。このヨットは、前より風を効率的に利用できなくなり、レースでは、もっと大きな帆を張った軽いヨットに負けてしまうだろう。ただし、嵐に巻き込まれた日、このヨットのクルーは、転覆した軽いヨットのクルーの命を救うことになる。

ほとんどのビジネスは、このような復元力のための手段をとることを忌み嫌っている。ビジネスでは「景気がいいときに収益を犠牲にすること」など決してしないから。やりたくても株主がそうさせないのだ。私たちの文化を支配しているのは能率主義だ。企業は、あらゆる無駄を省くために、合併を繰り返して、人員削減を行う。そして効率という名のもとに、できるかぎり外注を使う。けれども自社部門を廃止して仕事を外注に出す過程で、そこにあることも知らなかった見えないサポートシステムまで切り捨ててしまうことがある。

過去数十年間にわたり、私たちは農業システムにおいて効率化を極限まで推し進めてきた。そのために復元力を犠牲にしていることなど一切無頓着だった。家畜（ミツバチも含めて）は、厳格に管理された肥育場に入れられ、一度に数千匹もが機械で餌を与えられる。これは見事に効率的でコスト効果の高い方法かもしれないが、それも抗生剤のきかない新たな感染症が頭をもたげ、家畜を殺し始めるまでのことだ。このとき突然、人里離れた有機牧場の牛がもっとずっと価値あるものに見えてくる。

私たちは、相互関連性が勢いを失った時代に入ろうとしているのかもしれない。インターネットが最初に脚光を浴びて以来、私たちは、世界中と結びついていることこそが成功の鍵だと信じてきた。けれども、システムの複雑さと連結度が高ければ高いほど、ほんのささいな問題がシステム全体を崩壊させる可能性は高くなる。二〇〇三年に北アメリカに大停電を引き起こした電力網も、病原体が地球全体に広がる傾向も、金融システムの停止もこの一例にすぎない。経済コラムニストのジェームズ・スロウィッキーは次のように書いた。「システム内部に稼動している部分がたくさんあるとき……そのいくつかは必ず故障する運命にある。現在の金融システムのように、個々の部分が互いに密接に結び付けられていたら、ほんの二、三カ所の故障が、システム全体に波及してしまう。つまり、システムが複雑になり、その構成要素が密接に関連し合えばし合うほど、安全域は小さくなるわけだ」

三〇〇〇平方キロにわたって整然と立ち並ぶカリフォルニアのアーモンドの木々が生産高を四倍にまで増やしたことは、まさに効率性が生み出した奇跡だ。けれども、この奇跡を起こすために、私たちは現地のあらゆる授粉昆虫をすべて解雇してしまった。貴重なスペースにとって邪魔だからと。今この効率性は、一五〇万箱の臨時雇いというぐらつく柱の上に築かれている。バックアップの昆虫もなく、他の選択肢も、ほかの供給者もいない。病気や干ばつや一ガロンあたり一〇ドルのディーゼル燃料など、何か一つでも問題が起きれば、アーモンド事業全体が崩壊してしまう。

そしてこれは、アーモンドに限ったことではないのだ。あらゆる単一栽培作物、すなわち実質的に私たちが口にするすべての食物は、工業化された農業システムの一部である。その驚異的な生産高は、多くの資源がひきもきらずに供給されるという前提に立脚している。地下水、ミツバチ、効果のある殺虫剤、出稼ぎ労働者、安い石油などはほんの一例だ。カーク・ウエブスターが『アメリカンビージャーナル』に書いたように、今や養蜂業は、崩壊するシステムの最初の部分になるという不名誉を与えられようとしている。けれども、それ以外のどの部分も、現在うまくいっているとはとても言えない。

この事実こそ、私にとって、たった一つのCCDの原因を突き止めようと必死になるのは的外れだと思える理由なのだ。ミツバチへギイタダニ禍と同じように、CCDはより大きな疾病、すなわち化石燃料と化学薬品による安直な手段という病気、そして好ましくないライフスタイルと現代の世の中が進む早すぎるスピードという大きな病気がもたらしている症状なのだから。システムに不均衡が生じている。イスラエル急性麻痺病ウイルスやイミダクロプリドやフルバリネートはこの疾病の最新の兆候かもしれない。けれども、地元に立脚した農業が世界規模の農業に取って代わらない限り、常に新たな寄生虫、新たなウイルス、新たな謎の壊滅が襲ってくることだろう。「底に達するまで掘りつくせば」とウエブスターは言う。「いつもそういった事態が待っている。これは、ミツバチの問題じゃない。環境全体が劣化しているんだ」

ほかの選択肢はあるのだろうか？　私たちの農業に復元力を取り戻させ、私たちの子供たちの代になっても朝食にクランベリーやアーモンドやチェリーを食べ続けられるようにするには、いったいどうしたらよいのだろう？　私たちは、復元力のある共同体について考えるべき時に来ているのかもしれない。ミツバチのコロニーであるか、町の共同体であるか、あるいは田園地帯の共同体であるかにかかわらず。今、求められているのは多様性だ。多様な生息地。多様な生計手段。多様な動植物。そして多様な遺伝子。

カーク・ウエブスターは幸運なことに、今でも復元力と多様性がさまざまな規模で存在している地域に暮らしている。復元力のあるミツバチを繁殖させることもできるし、復元力のある養蜂場を設計することもできる。それでも、このミツバチたちを飼うための多様性のある土地が必要だ。彼はそれを、ここバーモントの、パッチワークのように点在する農場や休閑地で手に入れている。

バーモントには今、驚くほどの数の有機農場が集まっている。このような農場は、地域のミツバチに復元力をもたらす役に立っている一方で、飼育、野生を問わず多種多様の授粉昆虫から支援を得ている。プリンストン大学のクレア・クレメンが行った最近の調査では、耕作されていない自然環境の近くにあるスイカの有機農場は、必要な花粉交配をすべて自生する種類のミツバチでまかなうことができたが、他の農場はこれができなかったことが判明した。スイカの花一輪が実になってじゅうぶんな大きさのスイカに育つためには、一日に約一〇〇〇個の花粉粒を必要とする。自然環境に近い有機農場のスイカの花一輪が一日に得た花粉粒の平均数は一八〇〇個だった。自然環境から離れた有機農場では、一日平均六〇〇個。自然環境に近い従来のスイカ農場の平均は三〇〇個だけだった。これは農薬が使われていたためだろう。そして、自然環境から離れたところにある従来の農場のスイカが自生の蜂から花粉を交配されることはまったくなかった。

明らかに、人が住む場所、有機農場、そして自然環境がパッチワークのように点在する形は望ましい姿だ（実際、この形態は過去一万年のほとんどを通して人々が送ってきた暮らしの姿に酷似している）。ミツバチの壊滅は、実は、このようなシステムに戻るための第一歩だと唱える者もいる。他ならぬバリー・ロペス（一九四五年生まれのアメリカの作家。フィクションや自然ノンフィクションで数々の賞を受賞している）も、ミツバチの失踪についてこう語っている。「たいしたことじゃないだろう。生態学の見地から見れば、マメコバチのような地元の授粉昆虫が戻ってくる可能性を切り拓いてくれる現象にすぎない」

　これは魅力的な考えだ。そもそも外来種であるミツバチはもう排除して、自生種のマメコバチやマルハナバチにあらゆる授粉をさせたらいいというのだから。事実、いくつかの州政府は緊急プログラムを発動して、マルハナバチやツツハナバチなどの野生の蜂を授粉用に育てようとしはじめている。システムに代理機能と復元性を導入しようとする土壇場の措置ではあるが。

　それにしても、じゅうぶんな数の野生の授粉昆虫など今でも残っているのだろうか？　驚くことに、この状況を把握している者は誰もいない。ようやく科学者たちが望遠鏡をリンゴの果樹園から森に向けて、自生の授粉昆虫が今どうしているか調べる気になったのは、ほんのここ数年のことなのだから。そして、あまりにも少ない数しか発見できないことがほとんどだ。

　賢明な読者の方はもう気づいていることと思うが、これこそ黙って忍び寄る破局の最初の兆候なのかもしれない。あまりにも進行してしまっていて、あなたの朝食のシリアルなどどうでもよくなるような恐ろしい破局の……。

第十章 もし世界に花がなかったら?

一億四千万年前、恐竜、哺乳類、鳥類そして昆虫がいるその世界に、花は一つも咲いていなかった。花の誕生で動物と植物の真の共生が始まった。

エデンの園を見つけたかったら、蜂と花に育まれた一億年前の園を超えて時を遡(さかのぼ)ろうとはしないほうがいい。私たちは今まで、目を見張るような多様性に満ち、すばらしい芳香を放つ虹色の花々や果汁に満ちた果物に囲まれて暮らしてきたから、こんな光景がいつも存在していたものと思い込みがちだが、実はそうではないのだ。地質学的見地から言えば、私たちが親しんでいる光景はまだまだ目新しい状況だ。陸生植物は、最初の花が開く三億年前に、すでに存在していた。このようなシダ類、針葉樹類、ソテツ類といった植物は、風に頼る受粉、すなわち風媒によって繁殖し、風に触れるために、驚くような高さにまで成長するものもあった。当時の植物は一種類だけの純群落を作る傾向にあったが、これは風媒の特徴だ。ある松の木の花粉が、友人の松ぼっくりにたまたま出会う確率は一〇〇万に一つしかない。その公算も距離が長くなるにつれて急降下する。けれども、もしこの松の木が群集に向けて散弾銃を浴びせかければ、ヒットするチャンスがぐっと高まるからだ。

石炭紀には競争相手がほとんどいなかったため、森林は風媒により地球上を広く覆うことになった。[*1] 現状を革新する必要などなかったので、植物は物事をわざわざ複雑にするようなことはしなかった。そのため、三億年前の地球には、たった五〇〇〇種類ほどの陸生植物しか存在していなかった。

植物と同時に現れたのは動物だ。昆虫と両生類は、当初から陸生植物と行動をともにし、それを餌にしていた。爬虫類は、三億二〇〇〇万年ほど前に仲間に加わった。恐竜と哺乳類は、二億四八〇〇万年前、三畳紀に現れ、[*2] 鳥類は二億八〇〇〇万年前のジュラ紀に登場した。それでも、まだ花は登場しない。恐竜と哺乳類は、最初の果実を目にする前に、一億年間も地球上をさまよわなければならなかったし、空を飛ぶ昆虫は、花と出くわすまえに、二億年も空中を飛び回らなければならなかった。そこにあったのは緑一色の森だけだった。

恐竜が生息した第三番目かつ最後の時代、一億四四〇〇万年前の白亜紀の最初にも、地球上にはまだ三〇〇〇種類ほどの植物しか存在していなかった。針葉樹が幅をきかせてほかの植物を締め出しているときに、どうやったら新しい種が足がかりを得られる？

そこで登場したのが、「次世代的な新発想」だった。被子植物、つまり花をつける植物は、色、形、匂い、知恵、擬態を駆使して革命的なことをやり始めた。後にチャールズ・ダーウィンが、この進化を「忌まわしき謎」と呼んだほど、彼らの目論見はそれ以前に起こっていたこ

＊1．そして、あなたの車のガソリンタンクに化石燃料として入ることになった。「石炭紀」とは伊達に付けられた名前ではないのだ。
＊2．哺乳類も恐竜と同じぐらいむかしからいたのだ。小学校五年生を担当する先生に教えてあげよう。

とはあまりにも異なっていた。甲虫やハエなどの昆虫は、すでにたんぱく質豊かな花粉や、もっとも栄養豊かな植物の部位である「胚珠（はいしゅ）」の味をしめていた。これは針葉樹にとっては迷惑以外の何ものでもなかったが、なぜか、どこかで[*3]、このマイナス面をプラス面に変えようと決意した植物が現れた。どうせ虫に花粉をとられるなら、彼らに次の駅まで運ばせたらどうだろう？　そうすれば、資源をより少ない数の、より複雑化した花粉粒につぎ込むことができる。甲虫が花粉粒を同じ種類の他の木に直接運ぶ可能性は、風にやらせるより指数関数的に高いのだから、これはまるで、誘導可能な「スマート爆弾」を使うようなものだ。

スマート爆弾甲虫をターゲットに向けて真っ直ぐ飛ばす必要はない。餌を食べているときに体に花粉をまぶすだけで、あとは丘や谷を越えて、同じ種のもっとおいしい花粉を探すにまかせればいいのだ。個々の木が遠く離れていても、間に針葉樹の深い森があっても、この翅の生えた小さなスマート爆弾は、その間をすり抜けて目的地に到達するだろう。

ただし、何らかの修正は必要だった。数億年もの間、植物は、食べられないように昆虫を遠ざけてきたのだから。今や、新しく現れた植物は、注目されることに将来の運命を賭すことになった。そこで採用したのが「シナボン作戦」だった。シナモンの甘い香りがするあの菓子パンのように、世界を引き寄せる独特のアロマを送り出そう。効果的な看板も必要だ。混沌とした緑のカーテンの中で目を惹くような何か。緑以外の色でもいいかもしれないし、対称な形でもいいかもしれない……。

こうして花が生まれることになった。そして虫たちは夢中になった。

おそらく、最初に花粉輸送の担い手として選ばれた虫は、悪臭を放つ恐竜の死肉を餌にしていた屍食昆虫だったろう。動物の糞や腐肉を模倣すれば、ハエや昆虫をすぐさま魅了することができる。腐った肉の外見もまねれば、もっと簡単に信じ込ませることができるだろう。甲虫が花をかぎ回って、やっとだまされたことに気づいたときは、時すでに遅し。すでに花粉まみれになっているというわけだ。エンレイソウやザゼンソウは、今でもこの悪臭テクニックを駆使している。

いうまでもなく、腐肉を模倣した花が昆虫に提供するものはほとんどない。花蜜もないし、そもそも無意識の花粉運搬者たちがみな花粉を食べる昆虫であるとも限らない。これは虫たちにとっては損な取引だ。無駄な骨折りに貴重な時間とエネルギーを使ってしまうのだから。

新しい手段を真に成功させたのは、虫たちに望みどおりの報酬を与えた植物だった。虫たちは、ちょっと花粉を食べ、ちょっと花粉を持ち去り、何度でも戻ってきた。熱心な売り手と買い手が大勢現れ、今まで見たこともなかったような市場が出現した。被子植物が登場する前、鳥やトカゲなどの動物たちは、自分の力強さや性的な熱心さや怒りを、羽や喉袋や求愛行動などによって、同じ種の相手に示威してきたに違いない。けれども、種間のコミュニケーションはほとんど行われていなかっただろう。動物の気を惹こうとした植物などほとんどなかったに違いない。

この新しい作戦はうまくいった。そして、一番魅力的な植物になろうとするレースが幕を開けた。植物学者が「被子植物の爆発的な分化」と呼ぶ現象により、白亜紀の初期には三〇〇〇種だった植物の数は、白亜紀の末期には二万二〇〇〇種にまで増えていた。今日、地球上には二五万種から四〇万種の植物が存在するが、そのほとんどが被子植物だ。[*4] 創造性が百花繚乱

＊3．おそらく、ある島でのことだったろう。島の中でなら、植物と昆虫は〝実世界〟での競争に直面する前に数百万年をかけて進化し、システムの問題点を解決することができただろうから。

り広げられた。植物が何をしようとも、風の行動は変えられないが、被子植物がとった起業家的なリスクは報われる。花たちは相手にとってたまらなく魅力的になるよう努力し、そのリスクは実を結んだ。植物たちは試行錯誤を繰り返し、ついに昆虫を、そして私たちをも夢中にさせるパターンや色や香りの最適のコンビネーションを見つけ出した。

最初の花たちは、かなり素朴な姿だった。昆虫が柱頭と雄しべの両方に触れざるをえないようにこの二つを一カ所にまとめ、それに、白亜紀の高速道路を突っ走る食客を誘いこむための看板として、派手な色の花弁をいくつか添えたものだった。食客のいくらかには、花粉食の専門家になりはじめるものもいた。カリバチは肉食とはいえ、スズメバチをはじめとする多くのものは、機会さえあれば、植物性たんぱくも少し口にする。今から約一億年前から八〇〇〇万年前、白亜紀の中期に、菜食主義に転向したカリバチがいた。最初のミツバチだ。体は空飛ぶモップのように、体中に花粉を吸い付けられるようになった。後ろ脚には、花粉を入れるための籠さえ毛で作った。さらには、花を見つけるための優れた複眼と触角も進化させた。一番重要な進化は、花の忠実な顧客になったことだった。あらゆる企業が夢見るような贔屓客に。ミツバチは毎日やってきて必ずいくつもの商品を買って行った。

けれども、状況はすぐに複雑化の様相を呈しだした。花をつける植物が世界を征服して針葉樹が後退する中、市場は成熟期を迎え、競争が激化した。ミツバチやほかの昆虫は、途方にくれるほど多くの良質のたんぱく質を提供してくれるさまざまな花に直面することになった。

放送電波が魅力的な広告であふれているときに顧客の目を惹くには、何か景品を付けなければならない。フロリダのレストランが同じアイデアをひねり出すより数百万年も前に、花たちは、早朝に来る客に無料のデザートを提供することにした。花蜜を、花の根元の、雄しべと柱頭の裏側のところに置いたのだ。ちょうど、スーパーマーケットが、客が目指しているものを奥に置き、そこに行き着くまでに他の商品をカートに入れさせようと目論むのと同じだ。実のところ、花蜜はデザート以上のもの。多くのビタミンとアミノ酸を含む花蜜は、言ってみれば、元祖スポーツドリンクである。

一度景品を配り始めると、それを止めるのは難しい。今日では、ほとんどの花が花蜜を提供し、ほとんどの授粉昆虫は、主にこの花蜜を求めて花にやってくる。花にとっては手軽な手段だ。糖質は製造コストが安くて済むが、たんぱく質は高くつくから。レストランに来る客の腹をおかわり自由のパンで膨らませて、ステーキの量をケチるようなものである。けれども、あまりにも多くの授粉昆虫が同じ物を求め、あまりにも多くの花がそれを提供しているという状況で問題が生じてきた。そもそもの目論見は、荷物をある植物から同じ種の他の植物に直接届けることにあったはずだ。もしみんなが同じ郵便サービスを使い、荷物が中継地ごとにランダムに荷降ろしされてしまったとしたら、正しい住所に届く荷物はほとんどなくなってしまう。

こんなときは、どうすればいい？　そう、民間の宅配便を使えばいいのだ。この宅配便のおかげで、今日私たちが森や草原で目にする驚くほど多岐にわたる花々が咲き乱れることとなった。キーワードは専門化だ。より少ない宅配便を使い、同じ宅配便を使う競合相手が少ないほど、荷物が間違った住所に届く可能性は減る。[*5]ときおりまったく縁のなさそうな者たちの間で

＊4．カバノキ、アスペン、イネ科の植物などのように、風媒植物に戻ったものもある。

＊5．もちろん、一社だけの宅配便を使い、この宅配便業者が倒産したときは、大損害を蒙ってしまうことになるが、これについては、またあとで。

驚くほど意表をつくような方法で行われるこの植物と動物の提携関係は、もっとも美しい自然の創造物のひとつである。

花の「読み方」

いったん花の言語がわかるようになると、目の前に詩のような世界が開けてくる。庭や草原を歩いているとき、今までただのカラフルなちんぷんかんぷんの言葉に思えていたことが、突然意味を持ち出すのだ。これは、イタリア語でアリアを聞くのに似ている。イタリア語を知らなくても歌が訴える感情やメロディーを楽しむことはできる。けれども、なぜ歌い手があれほど興奮しているのかがわかれば、味わいはもっと深まるだろう。

その緊張感、テクニカラーの広告、ビジネスのにぎわい、目を見張るほど多岐の種類におよぶ品物とサービスの交換などをほこるニューヨークのタイムズスクエアでさえ、平均的な庭の多様さにはかなわない。タイムズスクエアで、ある客がピザを探し、ほかの客が寿司を食べたいと思い、またほかの客が一時間いっしょに過ごす友達とホテルの部屋を探すように、庭もまたさまざまなものを顧客に提供している。

とはいえ、あらゆる花が専門化したがっているわけではない。ときにはマクドナルドになったほうが得なこともある。あてにできる営業時間、誰でも入れる店舗、手軽な料金、待ち時間ゼロ。もっともそそられる食事ではないかもしれないが、それでも店には、誰にも好まれるメニューが用意されている。どこにでも咲いているタンポポがこの例だ。タンポポの開店時間は午前九時。ちょうどほとんどの授粉昆虫が仕事を始める時間だ。そして夕方には閉店する。雨の日は、客も少ないし売り上げも期待できないから、ほかの多くの花と同じように休業する。どこでも目に付く黄色い円盤型の花は、タンポポバージョンのマクドナルドのM看板だ。タンポポの黄色い色は万人好みだし、丈の短い花は、小さなハエからマルハナバチまで、あらゆる顧客が簡単に手に入れられる花蜜を提供する。その反面、タンポポにはそれほど花蜜は詰まっていないから、もっといい花蜜を得る手段を持っている客は他へ行ってしまうだろう。

容易に想像できるように、タンポポには何百種類もの授粉昆虫が訪れる。さまざまな種類のミツバチやハエや蝶、そして甲虫もたんぽぽの常連客だ。けれども、どの授粉昆虫もタンポポに忠実な顧客とはいえないので、花粉の多くは、数多くの誤った花にこすりつけられてしまう。もしタンポポが珍しい花だったり、かたまって一斉に咲く傾向がなかったりしたら、これは問題になるだろう。けれども芝生を一目見れば、タンポポの飽和戦略は明らかだ。タンポポが咲いている芝生で仕事をしている昆虫なら、遅かれ早かれ、他のタンポポを訪れることになる。この戦略が見事に成功していることは、受粉が無事完了したタンポポの綿毛が風にそよぐ姿を見ればわかるだろう。

さて、もう少し高級な固定客を集めたい植物がいたとしよう。どうやったらいい？　もっとも簡単な方法は、特定のタイプの顧客に訴える匂いや外見や味を提供することだ。例として……私の場合を考えてみよう。私は、ユリ科のデイリリーの匂いを嗅がずにはいられない。私の鼻が入るほど大きなラッパ型の花弁を持っていることはさておき、あの橙色と、高山植物のような、とらえどころのない香りの何かが私を惹きつけ、よさそうなデイリリーの花を見るたびに、体をかがめて匂いを嗅いでしまう。そうしていることさえあまり意識していないのだが、後で私を見た妻にこう言われる。「あなた、またユリを嗅いでいたのね？」と。そしてちょっと考えたあと、鼻先についた黄色っぽい橙色の粉が私の行動を露呈してしまったことに思い至るわけだ。

その一方で、私はオイランソウの甘ったるい匂いが嫌いだ。だから受粉についていえば、私はかなり忠実なデイリリーの顧客といえるだろう。もし私が庭の唯一の花粉媒介者だったら、何年かするうちに、オイランソウは姿を消し、デイリリーが増えていくことになる。それだけでなく、各世代のデイリリーは、私の好みを反映するものに変わっていく。というのは、私は自分でも知らないうちに、惹きつけられた花だけを他家授粉しているからだ。デイリリーは花粉媒介者を喜ばせるような形で進化していく。これはまさに、常に自らを洗練させていく、この上なくエレガントなシステムだ。

アクセス制限

もうひとつの花のトリックは、アクセス制限を課すことだ。花蜜を細い筒の奥に溜めることで、口器の短いハエや甲虫を締め出すことができる。これはミツバチにターゲットを定める賢い方法だ。ミツバチが花にとって上顧客である理由は、次のような点にある。(1)ミツバチは働き者で、ほとんどすべての花粉媒介者より一日に授粉する花の数が多い。(2)ミツバチの体は毛で覆われていて、花粉を集めるのに完璧に適している。(3)ミツバチは一回の採餌飛行ごとに同じ種類の花を訪れる。つまり、荷物を間違った住所に届けることがない。

ミツバチの視覚は、私たちのものより一目盛り右側に波長域がずれている。つまり、紫外線は見えるが、赤は見えないのだ。蜂は青と紫の色合いを好む。[*6] 一般的に言ってミツバチは、色が認識できないために明るい白や黄色の花に行きがちなハエや甲虫より優れた花粉媒介者だ。このため、青や紫の花はミツバチという高級な顧客層を狙い、当然要求される高品質の花蜜を提供する。

シソ科ハッカ属にはさまざまな種類があり（ミント、セージ、ヤグルマハッカ、セイヨウウツボグサ、セイヨウヤマハッカなど）、それぞれあらゆる色や香りや形を駆使してミツバチの気を惹こうとする。筒状の花弁がミツバチの長い舌に適しているだけではない。花弁の先（唇弁（しんべん））を見てほしい。ハッカ属の唇弁の下側は長く突き出していて、ミツバチの理想的な離着陸台となっている。花粉や花蜜を集めるとき、ミツバチも小型ヘリコプターのように空中静止することができるが、そのためには燃料を燃やし続けなければならないから、ヘリパッド（離着陸台）はありがたい。

ところで、英語で「ビーバーム」と呼ばれるセイヨウヤマハッカには、ミツバチが認識できない赤色のものもあるじゃないか、と思われるかもしれない。実際、この花の筒状の花弁はハッカ属の中でももっとも長く、ミツバチには長すぎる。実は、この長さはハチドリにぴったりなのだ。ハチドリはセイヨウヤマハッカを何よりも好む（投薬のためのハチドリ給餌器を除いて）。鳥は赤い色が大好きだ。だから、ハチドリ給餌器も赤い色をしている。[*7] ハチドリが好む典型的な花は、非常に長い筒状の花弁を持ち、香りがなく（鳥の嗅覚は弱い）、多量の花蜜を産

＊6．とはいえ、何かもっといいものが提供されたときは、すぐにお気に入りの色を放棄するすべを身に付ける。だからこそ、お気に入りの色のトップではなくても、花蜜が詰まった白とピンクの果物の花にミツバチが群がるのだ。
＊7．ベリー類（漿果）の多くが赤い色をしているのもそのためだ。

出し、どぎつい赤色をしているというものだ。まさしくそのものずばりの花がある。ベニバナサワギキョウだ。この植物はアメリカ北東部にある湿地帯の住人で、ほとんどすべての受粉をノドアカハチドリに頼っている。ハチドリ給餌器を探しているなら、デパートは無視して、ベニバナサワギキョウを買おう。

花粉媒介者は、この花弁の筒がどんどん長くなるように花の進化を駆り立てた。長い舌を持っているということは、花蜜タンクが浅いところにあろうが深いところにあろうが、どんなものにでも届くことを意味する。化石の記録をたどると、花粉媒介者の舌が長く進化した後には、必ず花が花弁の筒を長く変化させて、その進化に見合うようにしてきたことがわかる。北米でごく最近進化したオダマキは、この例を示してくれる理想的な植物だ。すでに長い舌を持つマルハナバチやハチドリで満ちている世界に、短い筒状の花弁を持つ花としてやってきたオダマキは、時間を無駄にすることなく、すぐさま自らを現在私たちが知っているような非常に長い筒状の姿に変化させた。その筒はあまりにも長く、しかも下を向いた形状なので、筒の先にある明らかな花蜜のこぶに楽に到達できるのはハチドリしかいない。[*8]

けれども、比較的平らな表面を持つ赤い花で、長い筒の小さな花弁がぎっしりつまり、花蜜も多くないような花はどうだろう? そう、こんな花はハチドリには向いていない。ハチドリは、覚醒剤で興奮したようなライフスタイルを続けるために、ものすごい量の食物を摂取しなければならない。その食物を消費する速さは驚異的だ。目が覚めている間ずっと食べ続けなければ餓死してしまう。一晩ぐっすり寝込んだりしたら致命的だ。ただし、ほとんどのハチドリは毎晩冬眠状態になり、代謝作用を半昏睡状態にまで下げる。目が覚めているときは、最高品質の植物以外に時間を割いているような余裕はない。一方、やはり赤い色を好む蝶のニーズはもっとずっと質素だ。飛行形態もヘリコプターというより、グライダーに似ている。長い距離を流れるように飛ぶことはできるが、狭い範囲での舵取りは苦手だ。蝶に適しているのは、かなり広い離着陸台を持つ花。蝶は、素早くもなく、花粉交配における生産性も高くはないが、グライダーのような飛行形態により特に長距離の他家授粉に優れ、植物の個体群が復元力を高めるのに貢献している。[*9]

さて、アリゾナ州ソノラ砂漠の伝説的なサボテン、夜咲きセレウスはどうやって受粉を行っているのだろう？　夜に花を咲かせることで、このサボテンは通常の宅配便を排除している。セレウスが咲く頃、ハエやミツバチや蝶や鳥たちは、みんなぐっすり夢の中だ。けれど、蛾たちは飛び回っている。伸ばしたままの水撒きホースのような口吻を持つスズメガは、この花の天然のパートナーだ。夜咲く花にとっては、カラフルな色をまとっても意味がない。ともかく注意が惹けるかどうかが鍵になる。だから、夜咲くほとんどの花の色は白だ。そして、香りがきわめて重要になる。暗闇の中で相手を呼び寄せるには、闇を貫く強く芳醇な香りが必要だ。

夜やってくる訪問者には、ほかの連中より多くの褒美を要求するものがいる。やはりソノラ砂漠の住人であるサワロサボテンも夜に花を咲かせるが、その花は巨大で、花瓶のような形をしており、花蜜はまさにこぼれんばかりに豊潤だ。サワロサボテンの花には、平均五ミリリットルの花蜜が蓄えられているが、これは実に、典型的な花の五万倍もの量に当たる。さらにこ

＊8．創意工夫に富むマルハナバチは、筒の根元のふくらみを噛み切って花蜜を吸う方法を見つけた。あなたもこうすれば、森のごちそうを味わうことができる。
＊9．蝶はまた、アミノ酸が豊富な〝スポーツドリンク〟型の花蜜を好む。実験では、アミノ酸が豊富な花蜜を与えられた蝶は、産卵数も多く、子孫も多く残すことが示されている。

れは、ミツバチ一匹が破裂せずに飲める量の一〇〇倍だ。ミツバチも、この花が開きかけたときに出くわすことがあるが、花粉媒介者としてはまったく役に立たない。というのは、限界まで花蜜を飲むと、腹を花蜜でバシャバシャさせながら巣に直行し、仲間に行ってみるように勧めるだけだから。他家授粉はまったく執り行われない。サワロサボテンが意図している相手、すなわち、これだけの量の花蜜が飲み干せて、しかもまだ欲しがるというこの地域唯一の花粉媒介者は、レッサーハナナガコウモリだ。

ミツバチはまた、アルファアルファ（ムラサキウマゴヤシ）のもくろみを混乱させることでも知られている。アルファアルファは他のマメ科植物と同様に、巧妙なメカニズムを花に忍ばせている。花を手にとって見たらわかるが、雄しべも雌しべも見えない。「竜骨弁（キール）」と呼ばれる斜めに突き出た離着陸台の下に隠されているのだ。蜂が竜骨弁の上にとまると、その重みでメカニズムが作動し、雄しべと雌しべがバネのように跳ね上がって、蜂の顎（あご）を直撃する。このシステムのすばらしいところは、次のアルファアルファに行く途中に蜂がいくらほかの花を訪れようとも、アルファアルファの花粉は、次にアルファアルファの雌しべがこの蜂の顎を直撃するまで、付着したままになることにある。

このメカニズムは、大きくてタフなマルハナバチやアルカリビー（ユタ州に自生して地面に巣を作るコハナバチの一種で、商業的にアルファアルファの授粉に利用されている）には抜群の効き目を発揮する。けれどもミツバチには、顎のパンチは禁止するという労働組合の規約がある。そうされるのが嫌いなのだ。だからミツバチは、アルファアルファの花の脇にとまると、そろそろと進み、メカニズムを作動させずに花蜜を盗む方法をすぐ身に付けてしまった。

マルハナバチの戦略

マルハナバチに受粉を任せる花の多くは、隠し扉を開けるマルハナバチの知性をあてにして、さまざまな方法で花蜜と花粉を隠している。たとえば、トマトには花蜜はないが、花粉は葯（やく）の小さな孔の中に隠している。新世界の種であるトマトと共に進化してこなかったミツバチは、完全にお手上げだ。ミツバチはトマトの花にとまると、あちこち眺め回したあと、飛び去ってしまう。けれども、マルハナバチを含む自生の蜂たちは、その秘密を知っている。花にとまると、雄しべの先端を支える花糸（かし）を脚と口でつかみ、翅の筋肉を震わせる。適切な振動数（一秒間に約三〇〇回）を与えると、花粉粒が孔から転がり出す。

トマトの温室栽培は、マルハナバチの通信販売という新たな業種を生み出した。蜂たちは、マクドナルドの「ハッピーミール」のように紙の箱に入れられて届き、温室の中で放されて、ブンブンと羽音をたてながらトマトの授粉を行う。次に水耕栽培のトマトを食べるときは、マルハナバチに感謝しよう。

この「振動受粉」は、花粉媒介者を選択する上で、意外にも植物がよくとる戦略だ。トマト、ピーマン、ジャガイモ、ナスなどのナス科の植物だけでなく、ブルーベリーやクランベリーもこの戦略を使っている。世界中の花をつける植物の約八パーセントにおよぶ植物が振動受粉を必要とし、そのほとんどの担い手がオーストラリアからやってくる。

こういった協力関係は、花たちとその花粉媒介者との共進化を推し進めてきた。これは受精だけに終わらない。受精が終わった花がもっとも避けたいことは、花粉媒介者たちにその後もかき回されることだ。大事なものを壊されてしまうかもしれないし、いずれにしろ、他の花に行ったほうが花粉媒介者にとっても得である。植物には、一人にしておいて欲しいことを示す方法がいくつもある。受粉が終わると色を変える花もいる。お馴染みアーモンドには、紫外線のもとで蛍光を発光させる花蜜があり、これがネオンサインの役割を果たして、どの花にまだ餌が残っているかをミツバチに知らせる。バニラオーキッドは、もっと率直だ。受粉後三〇分以内に花を閉じて、しおれてしまう。

博物学者のベルント・ハインリッチは、マルハナバチがクローバー（シロツメクサ）の花を訪れるとき、最終的な落ち着き先を選ぶ前に、いくつかの花を拒絶することがよくあるのに気づいた。匂いがヒントになっているのではないかと考えた彼は、実験を行ってみた。「私は、花の匂いを嗅ぐ箴言（しんげん）を大まじめに受け止めることにした。クローバーの上に目を閉じて横たわり、学生に花を私の鼻孔の前にかざさせた。すると、ほとんど何も練習しなかったのに、八八パーセントの確率で、マルハナバチがその花を訪れたかどうかを言い当てることができた。まだ蜂が訪れていない花は、甘いシロツメクサの香りが強くしたが、すでに蜂が訪れた花の香りは弱かった」

仕掛けのある花

小さな街や農村地帯にある店は、あまり専門性を高めるわけにはいかない。顧客層が限られているので、万人向けのする商品を売らなければならないからだ。一方、多文化のあらゆる階層の人であふれてかえっている都会では、凧（たこ）専門店、グルメチーズ店、カルトビデオ店など、ありとあらゆる風変わりな店もやっていくことができる。というより、都会で小売店を成功させるには、何らかの仕掛けをひねり出すことが必要になるほどだ。これは花の場合も同じである。本物の変人はふつう、もっとも規模が大きく、もっとも多岐にわたる商品をやりとりする市場、すなわち熱帯地方に現れる。地面に足を付けている私たちには、熱帯雨林は木の幹がただ立ち並んでいるだけにしか見えないが、本当のアクションは、地上三〇メートルのところで起こっている。そこでは、空中の野原で花の晩餐会が繰り広げられているのだ。

私にとって蘭は、どこか謎めいていて、不安な気持ちを抱かせる花だ。蘭には、あの危険なまでに魅力的な「魔性の女（ファム・ファタール）」のような雰囲気が漂っている。私の疑いは当たっていたことがわかった。昆虫と蘭の関係は、やや倒錯気味なのだ。

蘭は詐欺師だ。優れた美術品贋作者（がんさくしゃ）のような、やり手のペテン師の遺伝子が蘭の中で働いているに違いない。その手腕には称賛さえ覚えてしまう。蘭は生き残るために抜け目なさを発揮する。あらゆる約束をして虫をおびき寄せるけれども、めったに約束は守らない。花蜜や花粉以外の手段で虫を呼べるのだから、あげなくてもいいでしょう？

ある種の蘭は、花蜜や花粉を提供するほかの花の姿をまねる。だまされた昆虫が花の中を探し回り、戸棚が空であることに気づいた頃には、蘭は特別な花粉塊を、虫のどこか取り外しにくいところに貼り付け終えている。たとえば、両目の間のようなところに。虫は、そこに花粉が付いていることすら気づかないことが多い。次にこの虫が訪れた蘭が手を伸ばしてこの花粉をかすめ盗ればいいわけだ。

蘭のほんとうにすごいところは、虫をだます手管（てくだ）が豊富なことだ。食べ物以外で虫をおびきよせるとしたら、他にどんな方法があるだろう？　避難所の提供もそのひとつ。実際、蘭の中には、隠れ家を提供するものもある。香りもしかり。これは蘭にとっては得意中の得意だ。そして、もうひとつ、食べ物や飲み物にも勝る究極の誘引策がある。

セックスだ。オフリス属の多くの蘭は、発情した雌の蜂やカリバチの擬態を芸術の域にまで高めている。このような蘭の下部の唇弁は、見かけも匂いも、そして感触さえも、柔毛で覆われた雌が誘惑している姿にそっくりだ。雄は急降下すると「雌」の上にまたがって、ことにはげむ。昆虫学者はこの行為を「擬似交接」と呼ぶ。パートナーに脈がないことを発見した蜂は、憤懣やるかたない思いで次々と蘭の花を訪れる。そして無駄な努力に疲れ果てた頃には、かなり効果的に蘭の集団を他家授粉してしまっている。

中南米では、これよりもう少し誠実なセックスの取引が、「バケツ蘭」のあだ名のあるコリアンテスと、金と青と緑が玉虫色に交じり合った熱帯の小さな宝石、ゴールデンビーとの間で交わされている。雄のゴールデンビーは、この蘭が放つオーデコロンが大好きだ。というより、この香水がないと、交尾相手が得られない。この斑点のある黄色い蘭の形は、ほんとうにバケツのような形をしていて、変形した花弁は、目を惹く恐竜の翼となって広がっている。バケツの上には、匂いを出す腺が二つあって、油性の香水をしたたり落とす。明け方に花が開くと、数時間にわたって、このバケツに香水が溜まる。すぐに雄のゴールデンビーが興奮した集団となって飛び回り、匂いに行き着くために相手を蹴落とそうとする。バケツの細い縁にとまった蜂は、後ろ脚にある香りを溜める袋の中にこの香水をこすりつけ、熱いデートへと出発する。この蘭の香水を使って、自分の性フェロモンを合成するのだ。

けれども、香水に辿り着こうとする乱闘の際に、バケツに落ちてしまう蜂がいる。溺れることはない。水深はそれほど深くはないから。とはいえ、この油じみた液体にまみれては飛ぶこ

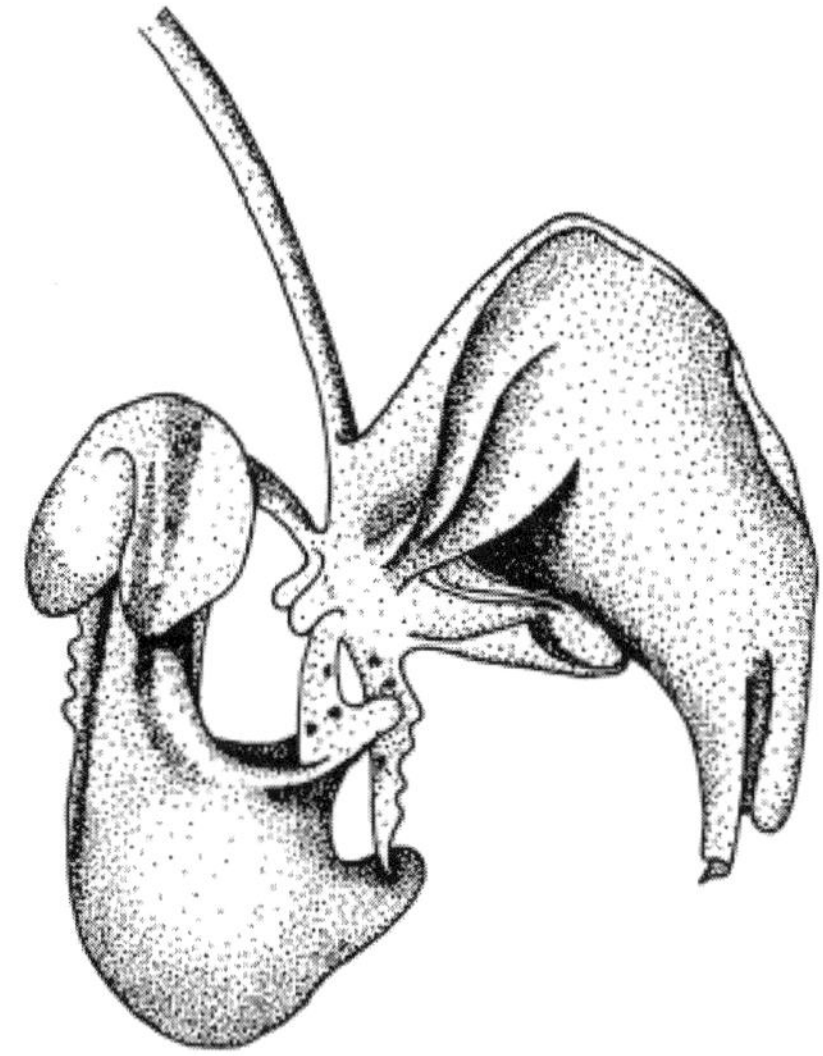

断面図

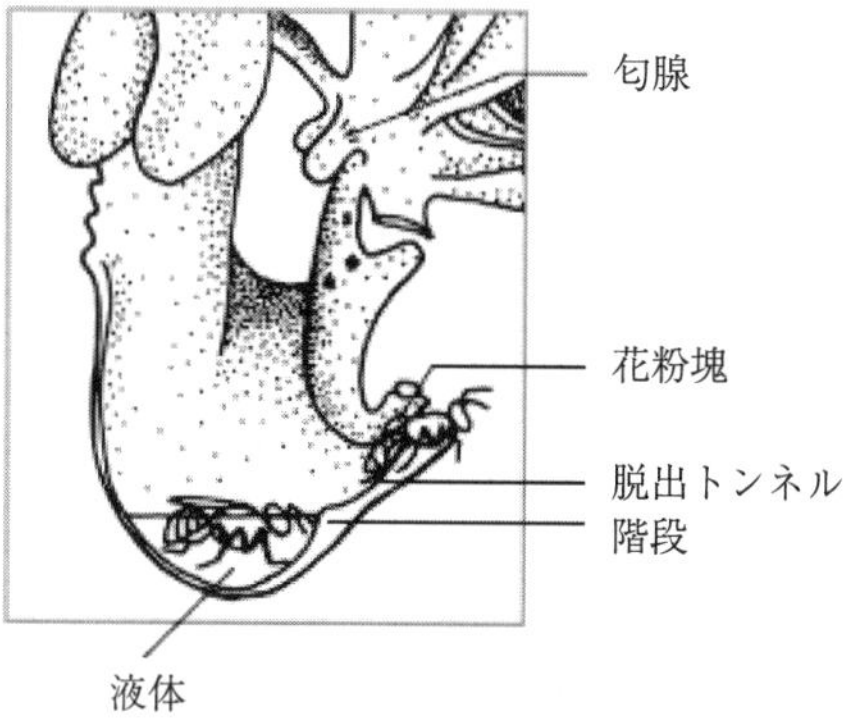

バケツ蘭

ともできない。しばらく中を動き回った蜂は、バケツの中に備えられている天然の階段を見つける。その先は、出口へ向かうトンネルに続いている。トンネルはやっと通れるくらいの広さしかないが、蜂は何とか中をくぐり抜け、その際、ある出っ張りに触れる。これこそ、蜂が気づかないうちに、背中に花粉塊を付着させる蘭の魂胆だ。そしてついにトンネルは、自由の世界へと出口を開く。この時点までに体からじゅうぶんな水分を絞り出した蜂は、翅を羽ばたかせることができるようになり、またデートに出かけることもできる。この蜂が数日後にまたほかのバケツ蘭を訪れ、再びバケツに落ちたとしたら、トンネルの中をくぐり抜けるときに、中に突き出している小さなフックに背中の花粉塊をひっかけて、蘭を受粉させることになる。この小さなフックは、まさにそのためだけに用意されているものだ。

このようなトリックはまだまだあるが、すでに様子はおわかりだろう。自然がその天賦の才を駆使して作り出した産物が存在するのは、植物と花粉媒介者との協力関係のおかげだ。だからそれを、当たり前のこととしてとらえるのはよそう。私たちが口にする食物の八〇パーセントは花粉媒介者のおかげをこうむっており、テーブルの材料はカエデが作り、マングローブの森はアメリカ南部の海岸線を守り、熱帯雨林は私たちのおいしい大気から二酸化炭素を取り除いてくれているのだから。私たちは、花と蜂が現れる前、三億年にわたって広がっていたあの殺風景な果実の存在しない風媒の世界に戻ることもできる。でも、私個人としては、そんなことはしたくない。

第十一章　実りなき秋

すでにそれは始まっている。中国の四川省で。ハワイの島で。ヒマラヤで。私たちは共に繁栄し、共に滅びるのだ。消えたハチはそのシグナルだ。

中国の四川省。数千人の労働者が満開の梨の木の枝にしがみつき、おそるおそる枝から枝へと体を引き上げている。枝に花粉が入ったペットボトルを吊り下げると、竹の枝に鶏の羽根たばこのフィルターを付けた「授粉棒」を入れ、ひとつひとつ花に付けていく。こうやって何億個という梨の花を人力で授粉するのだ。花粉は、開花直前の花からつまみとった葯から作る。ダンボール箱にこの葯を入れて裸電球か電気毛布の下で乾燥し、花粉粒を放出させるのだ。季節は春で、丘は白い花のレース模様に彩られているというのに、果樹園を飛び交う蜂の姿はない。農民たちは、梨の木があらゆる丘の斜面に植えられ、殺虫剤が大量に撒かれるようになってから、何年も昆虫の姿を見ていないという。移動養蜂業を行っている養蜂家は、この地域には近づかない。だから、「人間蜂」の出番となる。折れやすい先端の枝まで行けるのは、体重の軽い女性たちと、学校に行っていないときに駆りだされる子供たちだけだ。

ハワイのカウアイ島。海上四五〇メートルの断崖から一人の植物学者がぶらさがり、雄のブリグハミアの花から花粉を採取して、雌の花に移している。「先端にキャベツがついたボーリングのピン」のようなこの一・八メートルほどの多肉植物は、ハワイの絶壁にしか生えない。唯一の花粉媒介者だったスズメガが消えてしまったため、野生のブリグハミアはここ数十年間自力では繁殖が行えないままになっている。すでにラナイ島とマウイ島では絶滅し、カウアイ島に残る数も一〇〇本を切った。[*1]

ヒマラヤ山脈。破産した農夫たちが、リンゴの木を切り倒している。何年もかけて灌漑、施肥、農薬噴霧を集中的に行ったにもかかわらず、なぜかリンゴは実をつけなくなった。彼らには理由がわからず、リンゴの木に何か問題が起きたのだろうと信じている。地元の人の中には、森がリンゴ園に変わったとき、昆虫が消えたことに気づいた者がいる。

メキシコ。バニラ農園の農民が、淡い緑色をしたバニラ蘭の柔らかい花弁を引き裂き、花粉を爪楊枝でかき出して柱頭に移している。受精した花柱は、成長してバニラの莢になる。一年に一度しか開花しないバニラの花には花粉を保護している蓋があるが、その蓋の開け方を知っているハリナシミツバチの「メリポナビー」は森林伐採のために消滅してしまった。ほかにこのトリックをマスターした授粉昆虫はいない。今日、世界中のバニラ蘭は、人間の手で受粉されている。

ここに挙げた例は、近い将来の不吉な姿などではなく、現に起こっていることだ。というより、もうすでに何年にもわたって起こってきたことだ。繁殖の危機は、もう始まっている。地球温暖化と同じように、私たちの背後にしのびより、気づいたときには手遅れになっているかもしれない。

もしCCDに少しでも良い面があるとすれば、農業がミツバチに頼っている事実を人々に知らしめたことだろう。これは、数年前まで私たちがどれほど能天気だったかを考えれば、大きな前進だ。それでも、私たちが知ったこの事実は、食卓の皿の上で終わるわけではない。花粉媒介者を必要としているのは、農作物だけではないからだ。地球上には他にもおびただしい種類の果物や種がある。そのほとんどが食用にはならず、その存在すら知られていないものもある。それでも全体としてみると、このような植物は私たちの健康と繁栄の土台を築いてくれている。植物にはそれぞれの花粉媒介者が必要だし、花粉媒介者もそれと同じだけ植物を必要としている。両者は共に繁栄し、共に滅びるのだ。

根源種という要石

この共生の姿を典型的に示しているのが、「絞め殺しのイチジク」だ。このまがまがしい名前とは裏腹に、絞め殺しのイチジクは熱帯雨林の根源種のひとつである。生態学でいう根源種

＊1．この懸垂下降の植物学者、スティーブ・パールマンは、この三〇年間、ブリグハミアの花を手で授粉してきた。彼が集めた種は育苗所で繁殖されているので、この種は生き延びることができるとはいえ、野生の個体集団は絶滅しかけている。

とは、ちょうどアーチにおける要石のようなもの。根源種を取り除けば、全体の構造が崩壊してしまう。このイチジクとその奇抜な受粉システムにどれほど多くの生命が依存しているかを知ることは、もっと大きく、もっと複雑に絡み合った生命体も、非常に危うい状況にいることを私たちに教えてくれる。

イチジクはどの熱帯雨林にも存在し、全部で一〇〇〇種ほどの種類がある。イチジクの生態を考えると、この植物が森全体を支えているとは驚きだ。イチジクの種は地面から芽を生やすのではなく、木のこずえから芽を出す。鳥や猿などの動物の糞が落ちた枝の上が出発点だ。そこから、何本もの根を、自分を支えるために宿主の幹に巻きつけながら、髪の毛のように地面に向かって伸ばす。葉を宿主の枝の間に茂らせて、イチジクの根は枝のように太くなっていく。そしてついには、宿主の幹をぐるりと覆い、栄養素の補給路を断って、文字通り宿主を絞め殺す。宿主の幹が朽ち果てたあとも、イチジクの根は巨大な柱となって地面から水分を吸い上げ、一〇〇年以上生き続ける。

こう聞くと、いかにも陰惨な話のようだが、ときおり巨木を絞め殺すことで、イチジクは森の天蓋(てんがい)に風穴を空けて、さまざまな種の繁殖を助けている。それに、イチジクの幹にある多くのうろは小動物の格好の棲みかになる。なにより重要なのは、イチジクが森の生物にとって最上の果実源となっていることだ。イチジクは年に数回実をつける。そして、裏庭のイチジクから落ちた実の始末をさせられた人はよくご存知のことと思うが、生る実の数も半端ではない。種類の異なるイチジクの木は、それぞれ違う時期に実を付けるので、ほぼ年間を通して高エネルギーの食物が森の生物に提供される。このイチジクの豊かな生産性に依存している動物は少なくない。コウモリ、小型の猿、テナガザル、オウム、サイチョウ、オオハシなどはみな樹上でイチジクの実を食べ、小型哺乳類や無数の無脊椎動物は地面に落ちた実を食べる。このような動物のほとんどは、イチジクがなければ生きていけないし、そういった動物がいなくなれば、それを捕食する動物もまた生き残ることはできなくなる。つまり、イチジクを取り除いたら、熱帯雨林は崩壊してしまうのだ。

にもかかわらずイチジクが頼りにしているのは、たった一種類の花粉媒介者、ヌカカほどの大きさしかないイチジクコバチだ。イチジクコバチの人生のビッグイベントはすべてイチジクの中で生じる。イチジクの実は、実際には、びっしり並んだ花が内側に包み込まれてしまったものだ。花弁のないヒマワリの花がボール状に内側に丸まった姿を想像してみてほしい。無数の小さな花が、空洞になった内部に向かって咲いている。いったいイチジクはこの隠れた花にどうやって受粉させるというのだろう？

イチジクの面白い特徴のひとつは、そのヘソにある。例の、太いほうの端にある楊枝であけたような穴だ。このヘソのなかには、ちょうどウォーターベッドのバッフル板のような役目をしている入り組んだ一連の壁がある。この迷宮の中を進めるほど小さくて意思が強い昆虫は、このごく小さなイチジクコバチしかいない。それでも、狭く締まった壁を抜けるときに、翅がもげてしまうこともある。

雌のイチジクコバチが地球上で唯一産卵する場所は、イチジクの実の内部だ。雌蜂はヘソを通ってイチジクの内部に入る。あとで説明する理由から、彼女の体はすでにイチジクの花粉にまみれている。無事内部に到着すると、雌花に卵を産みつける。雌花は理想的なエッグカップの形をしているうえ、産みつけた卵の上に、保護膜まで作ってくれる。雌花には、花柱の短いものと長いものがある。長い花柱はイチジクコバチが産卵するには長すぎる。産卵管が花柱の根元まで届かないからだ。けれども、イチジク内部の暗闇の中では、長いか短いかは、腹部を花柱の間に何度も差し込んで触れてみるまではわからない。イチジクコバチが卵を産みつけるのは短い花柱だけだが、その過程で長い花柱を他家受粉させることになる。花柱の長い花には繁殖力があり、それぞれイチジクの種を作り出すことができるが、花柱の短い花は、イチジクコバチへの単なるごほうびだ。花粉を作り出す雄花は、ヘソの近くにまとめて置かれている。

産卵を終えると、イチジクコバチは死んでしまう。数週間後、イチジクの実が熟すにつれて、卵が羽化してくる。雄蜂が生まれるのは雌より一日早い。雄蜂はケラのように醜悪だ。雌より小さく、翅もなく、ほとんど目が見えず、体の半分近くにもおよぶ巨大なペニスと異常に大きくて頑丈な顎がある。この二つの体の特徴は、彼らが世に生を受けた目的をよく表している。羽化した瞬間から、雄蜂は交尾を始める。まだ羽化していない雌蜂を保護している殻に顎で穴をうがち、ペニスを差し込んで授精する。これが終わったら、最後の仕事が残っている。イチジクが熟すとヘソが閉じ、出入りは不可能になる。そこで、雄蜂は、雄花が集まっているイチジクのヘソの周囲に結集し、直径六ミリほどの脱出トンネルを切り拓く。雄蜂には、イチジクの外の世界で暮らすすべも、そうしたいという気持ちもない。雄蜂があごを使ってトンネルを切り拓くのは、純粋に雌蜂への奉仕だ。トンネルが完成すると、雄蜂はイチジクの内部に戻って命を終える。雌蜂はトンネルの中を腹ばいになって進み、その過程で腹部を雄花の上で引きずって、自分でも気づかないうちに花粉を体につけるわけだ。雌蜂は自由な外の世界に這い出し、今度は自分の卵を産むために、まだ受精されていないイチジクを求めて飛び去ってゆく。[*2]

この信じがたいほど入り組んだ受粉計画は、イチジクが結実時期をずらす理由を説明してくれる。雌のイチジクコバチが産卵し、羽化した新しい雌蜂が熟したイチジクから出現するまで

イチジク

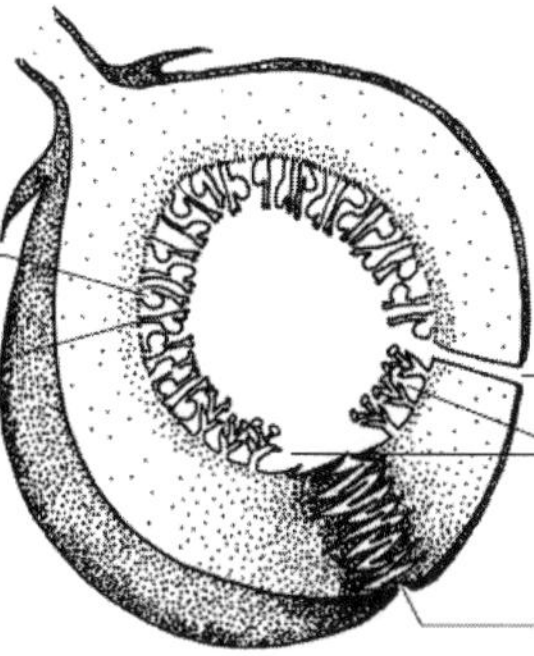

約一カ月かかるため、もしあらゆるイチジクがいっせいに熟したとしたら、次の世代のイチジクコバチを受け入れる未受精イチジクが存在しなくなってしまうのだ。イチジクの結実時期がずれるのは、イチジクコバチの生き方に適しているが、熱帯雨林の数多くの果食獣にとっても、一カ月だけの大豊作の代わりに、安定して常時食物が手に入ることになる。

一個の種複合体（メタスピーシーズ）の半分ずつを構成するイチジクとイチジクコバチは、ひとつの生態系の中で生じている共生の姿を見事に示しているとはいえ、実はこれは極端な例だ。植物と花粉媒介者がこれほど互いに依存していることも、このような関係がうまく続くことにこれほど多くの他の種が依存していることもめったにない。ふつうは、もっと結びつきが弱く、パートナーを失った場合の影響が目立つこともない。花粉を媒介してくれるあるひとつの種が消えたとしても、その植物が絶滅に追いやられるようなことは通常ない。それよりよく起こるのは、着実な崩壊、つまり復元力が着実に失われていくことだ。花粉媒介者の数が減るにつれ、受粉を頼っている植物の数も減っていく。もしかしたら穴埋めをしてくれるほかの花粉媒介者が出てくるかもしれないし、そうでないかもしれない。数を減らしつつある植物や花粉媒介者のほとんどは要石となる根源種ではないだろう。ほとんどはアーチを構成しているただのレンガだ。でもレンガだって、じゅうぶんな数を取り除けば、アーチは必ず崩壊する。

今、アーチはどれぐらい頑丈なのだろう？　原野の復元力はどれほど頑健なのだろう？　残念ながら、そのほとんどについては、だれにもわからない。科学的研究は資金のあとを追いかける。通称もないほど目立たない野生昆虫の研究などには、誰も金を出さない。全米研究会議の「北米における花粉媒介者の現状に関する委員会」の委員長であるメイ・ベレンバウムは、二〇〇七年、ＣＣＤに関するアメリカ連邦議会の諮問の場で、「信頼に足りるデータが全国的に欠落しており、このようなデータを収集しようという努力も実質的にまったく払われていません」と証言した。彼女はこう皮肉っている。「アメリカ合衆国において花を訪れる昆虫の個体群が減少していることを立証するデータは不十分ですが、このような昆虫が識別できる昆虫学者、ひいてはそれらを観察しようとする昆虫学者については確かに明らかな減少パターンが見出されます」と。たとえ授粉昆虫の現在の個体群数がわかったとしても、比較するための過去の基準値が存在しない。つまり、アーチにどれだけのレンガが使われているのかもわからないのだ。わかっているのは、毎日のようにレンガが崩壊しているということだけだ。

マルハナバチの絶滅

証拠物件A――マルハナバチ。最近まで、北米大陸の東北部でもっともよく見られたマルハナバチは、学名「ボンバス・アフィニス」、通称「ラスティー・パッチト・バンブルビー」だった。一九九〇年にケベック州かバージニア州の野原に座っていたときに、黒と黄色の縞のある大きな蜂がそばをかすめたとしたら、それはボンバス・アフィニスだった可能性が高い。でも、それももう過去の話だ。一九九〇年代に、なにかまずいことが起こったらしい。バーモント州を拠点とするマルハナバチ研究家で、野外で標本を集めることに多くの時間を割いているレイフ・リチャードソンは、一九九九年以来、この蜂をまったく見かけていないという。過去一〇年間のあいだに、少なくともあと四種類のマルハナバチの種がバーモント州から姿を消した。この状況は、東部沿岸全域に見られる。

「ウエスタン・バンブルビー」（学名「ボンバス・オキシデンタリス」）は、アラスカからカリフ

＊2．この部分を読みながら、あなたはこう思っているかもしれない。「私が食べているイチジクジャム入りクッキー〝フィグニュートン〟のカリカリしたものは、もしかしたらイチジクコバチのミイラなの？」と。安心したまえ。栽培されているイチジクのほとんどは自家受粉する種類で、イチジクコバチによる受粉は必要としていない。けれども、最も濃厚で風味豊かなカリミルナ種の結実には、この昆虫が必要だ。けれども、カリミルナ種に含まれている花は、長い花柱を持つものだけで、イチジクコバチの産卵管には長すぎる。雌蜂はカリミルナ種のイチジクに入ると、花から花へと動き回って無駄に短い花柱を探し、その過程でイチジクの花を他家授粉したあと、卵を産まずに死んでしまう。蜂の体はイチジク内部で酵素によってすぐに溶かされ、イチジクは、蜂抜きの、粒つぶの種に満ちた美味の果物へと育つ。カリミルナを授粉する〝雄〟の役目をするのは、カプリと呼ばれる種類のイチジクで、この実には雄花も短い花柱の花も含まれ、何世代にもわたるイチジクコバチの棲息所となっている。カリフォルニアのカリミルナイチジクの生産者は、受粉のためにカプリイチジクを口の開いた紙袋に入れて、カリミルナの木にステープルでとめる。このサンウォーキンヴァレーのカプリイチジクは、唯一の花粉昆虫に頼っているということにおいて、アーモンドよりさらに危うい状況にさらされている。

ォルニアに至る北米西海岸でもっともよく見られたマルハナバチだった。だがボンバス・アフィニスと同じころこの地域から姿を消しはじめ、今では多くの地域でまったく見られなくなってしまった。

カリフォルニア州北部とオレゴン州南部にだけ生息していた「フランクリンズ・バンブルビー」（学名「ボンバス・フランクリーニ」）も、同じころに絶滅したものとみられている。

野生の昆虫が減少した場合は、その直接原因が突きとめられることはめったにないのだが、マルハナバチのケースについては、かなりの精度で推測できる。トマトの温室栽培のために飼育されるマルハナバチのことを覚えているだろうか？　この花粉交配方法はヨーロッパで開発されたもので、一九九二年と一九九四年に、アメリカのトマト生産者はマルハナバチを増やすために、女王蜂をヨーロッパに送った。アメリカに送り戻されてきたマルハナバチのコロニーは、トマトの温室で働かされたが、当然のことに、そこから逃げ出したものがいた。どうやらその逃亡者の中に、ノゼマ病微胞子虫のある菌種をヨーロッパで拾ってきたものがいたらしい。野生の蜂が減少しはじめたのは、温室用マルハナバチの導入時期と時を同じくしている。おそらくマルハナバチも彼ら自身のＣＣＤにさらされているのだろう。だが私たちはそのことによ うやく気づきはじめたばかりだ。

ノゼマ病微胞子虫の被害は劇的なものだったとはいえ、マルハナバチをはじめとする野生の授粉昆虫が直面している脅威はこれだけではない。そのほとんどについては、もうおわかりだろう。生息地の喪失、殺虫剤、外来種……。そのほかにも、思いもよらない脅威がこれから判明してゆくに違いない。たとえば、バージニア大学の研究者たちは、大気汚染は花の匂い分子と結合して、匂いを破壊してしまうことを発見している。近代的な工業化が進む以前に一・六キロ先まで達していた花の香りは、今、都市部の風下にある地域では、その五分の一の距離しか届かない。だから餌の存在に気づく授粉昆虫の数もずっと少なくなっている。

一般に、環境の変化により野生昆虫がこうむる打撃は、ミツバチ以上だといってよいだろう。ミツバチは餌を採取するときに農薬にさらされるだけだが、地中に巣を営むことの多い野生の昆虫は、それこそ農薬浸けになってしまうのだから。弱まったとしても、花粉パテをくれる者はいない。外来種が野生の個体群を壊滅させているとしても、だれがそれに気づくだろう？蛾が電灯の周りを飛び交うことに時間を使ってしまって、餌をとったり交尾したりしていないとしても、いったいだれが気づく？

復元力を削ぐ

何かがおかしいと私たちが感じるのは、その余波が人間の利益を直接侵害したときだけだ。たとえば、カナダ政府は一九七〇年に、有機リン系殺虫剤のフェニトロチオンを何万エーカーもの北方樹林に撒布して、トウヒノシントメハマキの大発生による壊滅的な被害を食い止めようとしたが、この殺虫剤は、ニューブランズウィック州のブルーベリー生産地域のマルハナバチもほとんど殺してしまうことになった。その結果、ブルーベリーの生産高は激減し、回復に多くの年月がかかった。殺虫剤が撒布されなかったノバスコシア州では、ブルーベリーの生産高が減ることはなかった。

皮肉なことに、このトウヒノシントメハマキの大発生は、それよりずっと以前に行われたDDTの撒布が引き起こしたものだった。トウヒの森は、四〇年から一二〇年の周期で起こるこの虫の大発生を組み込む形で進化してきた。大発生は多くの木々を枯らすことになるが、そのために森の天蓋に穴があき、幼虫を食べる鳥や昆虫にごちそうを提供することになる。その結果トウヒノシントメハマキは激減し、森の再生が始まるのだ。これはとても復元力のあるシステムだった。

けれども木材の原料を枯らしたくなかった人間は、トウヒノシントメハマキの発生を防ぐ殺虫剤を毎年撒布した。トウヒの森は不自然なほど密生した状態を長年保つことになり、枝が茂って、トウヒノシントメハマキの天敵は餌に到達できなくなってしまった。虫は自然の限度を超えて大増殖し、最終的にマルハナバチを殺すことになった集中的な農薬の撒布という事態を引き起こすことになった。だが、もしニューブランズウィックのブルーベリー農家が激怒することがなかったら、私たちはこの事態に気づかないままだっただろう。

授粉昆虫や動物が人目を惹くためには、美しいか、毛でフワフワしていなければならない。私たちがその現状について少しでも知っている生き物は、そういった種類のものだけだ。カリフォルニアでは、過去三〇年間に、蝶の種類が四〇パーセントも減ってしまった。アメリカに三種類いる授粉を行うコウモリのうち二種類は絶滅の危機に瀕している。それより地味な花粉媒介者たちは今どうしているのだろう？　その現状はまったくわからない。

米国研究会議が発表した二〇〇七年の報告書『北米における花粉媒介者（ポリネーター）の現状』を読むと、データの不在に四苦八苦している様子がよくわかる。「結論から言えば〝花粉媒介者の危機〟が存在するかどうかは、広く容認された〝危機〟の定義がないため、確認は困難である。とはいえ、〝減少〟の定義が、長年におよぶ個体数の体系的な減少を指すのであれば、北米に棲息する、いくつかの昆虫分類群に属す花粉媒介者が実際に減少している証拠は存在する」。アカデミーが挙げた危機に瀕している花粉媒介者のリストは、ミツバチやマルハナバチや花粉を媒介するカリバチの複数の種類から、ベイ・チェッカースポット・バタフライ、アカフトオハチドリ、そして多くの種類のコウモリにまでおよんでいる。

バニラ蘭の本来の授粉昆虫だったメキシコと中南米のハリナシミツバチは、ほぼ全滅してしまった。ユカタン半島で飼育されていた巣箱の数を調べたある調査によると、一九八一年以前に一〇〇〇箱以上あった巣箱は、一九九〇年には三八九箱、二〇〇三年には九六箱に減った。二〇〇八年にはゼロになると予想されている。野生のコロニーはほとんど発見されていない。この種類のハリナシミツバチはマヤ民族が数千年かけて交配してきた蜂だ。この蜂が絶滅するとき、数千年間続いてきた伝統も消える。

ブラジルでは、パッションフルーツ生産者は一〇〇パーセント日雇い労働者に頼って花粉交配を行っている。自生していたクマバチが絶滅してしまったからだ。

生態系の弱点は花粉媒介者にある

ヨーロッパでは、複数のボランティア組織が過去数十年間にわたって花粉媒介者を観察してきた。そのおかげで、少なくとも問題の範囲をある程度把握し、そのデータに基づいてヨーロッパ以外の先進国の状況を推測することができる。「英国チョウ類保全協会」では、過去四〇年間に、英国の蛾の数が三分の二に減ったことを観察している。三分の二の種が個体数を減らし、この機に乗じて個体数を増やしている種は一握りしかない。フランス国立農業研究所の花粉交配専門家、ベルナール・ヴェシエールは次のように言った。「確かに、フランスの多くの地域で、授粉用のミツバチの賃貸料が値上がりしている。昆虫による花粉交配を行う農作物の生産コストが、それ以外の農作物のものよりかなり高くなっているのは明らかだ」

「ベルギーとフランスにおける野生の蜂の調査」と欧州連合の「アラーム・プロジェクト」により刊行された報告書は、野生の花粉媒介者のほとんどが弱体化しかけているらしいとまとめている。二〇〇六年に英国とオランダの数百カ所において調査を行った英国リーズ大学のJ・C・ビースマイヤーは、その八〇パーセントの場所において、二五年間に蜂の多様性が減少していたことを発見した。それにともなって減少したのは昆虫に受粉を頼る「虫媒」の野の花で、このような種の七〇パーセントがその数を減らしていた。「蜂だけでなく植物も減少していたことはショックだった」とビースマイヤーは言う。「もしこのパターンが他の地域でも繰り返されているとしたら、私たちが当然のものとして受け取っている〝授粉サービス〟は危機に瀕している可能性がある。だとすれば、私たちを田園地域で楽しませてくれている植物の将来も危うい。原因が何であるにせよ、この調査結果は気になる事態を示唆している。つまり、何らかの種が減少すると、それに関連している種の地域的な絶滅を引き起こしかねないのだ」

あらゆる花粉媒介者が消えかけているわけではない。多くの種類のハエのような万能選手は問題なくやっている。お察しのとおり、消滅しかけているのは、専門家たちと、そのパートナーの花たちだ。このような独特の創造物が姿を消した隙間を埋めるのは雑草たち。タンポポは生き残るだろう。風媒植物や自家受粉植物も、同じ二五年のあいだ、たくましく生き抜いてきていた。このことが示唆しているのは、生態系の弱点は花粉媒介者にあるということだ。あの色鮮やかな被子植物の爆発的な分化はついに失速しかけているのかもしれない。

花粉媒介者がつねに生態系の弱点であったことを示す証拠はいくつかあがっている。調べた虫媒の野草二五八種のうち、六二パーセントが「不十分な結実」の状態を示していたという。つまり、必要としていた数の授粉昆虫が訪れなかったため、望ましい数の種が作り出せなかったわけだ。野生の世界では、いつもこのような状況だったのだろうか？　つまり、多くの植物が限られた数の花粉媒介者を手に入れようと競い、そのためにいよいよ創造的な技を駆使して、彼らを惹きつけようとしてきたのだろうか？　それとも、この状況は、私たちの生態系にすでに腰をすえようとしている全般的な沈滞を示唆するものなのだろうか？　いずれにせよ、私たちはこのような花粉媒介者を、本来そうして当然な、貴重な物資として扱いはじめたほうがいいだろう。

私は損得勘定の観点から花粉媒介者を弁護することもできる。たとえば、野生の花粉媒介者は、アメリカ合衆国の農業に対して、毎年三〇億ドル分の農産物をもたらす貢献をしていると。カリフォルニア大学デービス校の研究者で、ニュージャージー州の農場における花粉交配を調査しているレイチェル・ウィンフリーはこう語った。「私が数えたところ、ピーマンとトマトには、ミツバチより野生の蜂のほうがたくさんとまっていたし、マスクメロンにとまっていたミツバチと野生の蜂の数は同じだった。調べた農場の九一パーセントでは、スイカの受粉は完全に自生の蜂によって行われていたわ」。馬車馬のように懸命に働くミツバチにとって代わることができる授粉昆虫はいないとしても、自生の蜂も重要な担い手だ。トマト、スカッシュ、ブルーベリー、イチゴ、アルファルファ、スイカをはじめとする作物の授粉を行うだけでなく、彼らはミツバチをよりよい授粉昆虫にしてくれる。というのは、両者が出くわすと、自生の蜂はミツバチを追いかける。ミツバチはそそくさとライバルのいない畝（うね）のほうに逃げ込むので、異種交配の量が増す。これは、アーモンドやリンゴやヒマワリの花粉交配には欠かせない。このように、牧羊犬さながらの働きをする自生の蜂がいくらかいると、ミツバチの受粉効率を最大五倍にまで向上させられるのだ。だから、私にとっては損得勘定の議論もやぶさかではない。ブルーベリーに新たなトリュフになってほしくはないから。一年に一度大盤振る舞いしてブルーベリーにありつくような事態はなんとしてでも避けたい。

私は「生態系への貢献」という観点から弁護することもできる。これも本質的には損得勘定の議論で、そのいとこのようなものだ。虫はベリー類を作る。虫は河岸を補強する柳の木を作る。虫は鱒を養う。虫は澄んだ大気と澄んだ水を作る。南米とアフリカの熱帯雨林は蒸気を作り、この蒸気は雨となってアメリカ中西部やテキサスやメキシコの農作物の上に降り注ぐ。だから、アメリカのトウモロコシ生産者は風媒作物を栽培しているとしても、雨については、アマゾンのイチジクコバチに感謝すべきなのだ。

バードウォッチャーも虫が必要だ。蛾や蝶は、私たちの毎日の生活でふだん出くわす作物を受粉させるのに必要な昆虫ではないかもしれないが、芋虫を産み出す。これは自然のホットドッグだ。骨なしで、脂肪分たっぷりで、高たんぱくのスナック。完璧なファーストフードである。水鳥を除いても、北米の鳥の九六パーセントはひなに昆虫を与えている。カエルや他の生き物も芋虫が頼りだ。それなのに、蛾も蝶も明らかに数を減らしている。アメリカ東部沿岸の栗の木がクリ胴枯れ病にやられたとき、五種類の蝶が道連れになった。芋虫がいなくなれば、鳥もいなくなる。たとえばデラウエア州では、四〇パーセントの自生植物と四一パーセントの森に棲(す)む鳥が絶滅の危機に瀕している。人は芋虫なしに蝶だけをほしがるが、そういうわけにはいかないのだ。

私は復元力の面からも弁護することができる。万一ミツバチやほかの主な授粉の担い手がつまずいてしまったときに、その代わりを務めてくれるさまざまな生息地があったりほかの花粉媒介者がいたりすれば、旱魃（かんばつ）や伝染病や疫病が襲ってきたときに、よりよく立ち直ることができると。

とはいえ、私はこのような功利主義的な議論で本書を締めくくりたいとは思わない。そんな議論は読者にとって失礼でさえある。これではまるで子供たちに向かって、お母さんが必要なわけは、ジャムつきトーストを作ってくれる人がいなくなったら困るだろ、と言うようなものだ。それは本当かもしれないが、肝心な点を見過ごしている。子供たちに母親が必要なわけは、お母さんがいてくれるとうれしいからだ。

何を選ぶかはあなたの自由だ。私たちにはまだ、どんな世界で働き、暮らしたいかを選ぶ余地が残されている。もしかしたら、毒を盛り、すみかを破壊して花粉媒介者を排除しても、人間はなんとかやっていけるかもしれない。人間蜂として暮らすこともいとわないほど貧しく必死な人たちがじゅうぶんにいて、子供たちにタバコのフィルターを握らせて木のこずえ高く登らせ続けるかもしれない。そして、こんな方法で実をつけた果物が買えるほど豊かな人はいつだって存在するだろう。

あるいは、あらゆる主要作物を遺伝子組み換え技術によって無性生殖できるように作り変えればいいかもしれない。もはやセックスは子孫を残す行為としての意味を失ってしまったのかもしれないから。それに、野原や湿原や熱帯雨林を、厳密に管理されたクローンだらけの土地に変えることだってできるだろう。

でもどうしてそんなことをする必要がある？　まだもうひとつの、豊かな香りとさまざまな形で相手を魅了しようとするあでやかな世界を選ぶことができるのに、なぜわざわざ醜い世界が、希望と可能性と新たな生命を産み出す情熱的な羽音に満ちた世界のほうが、ずっとうれしいだろうに。

エピローグ　初霜

ふたたび秋がめぐってきた。大気に切迫感が漂っている。多くの蜂にとって晩夏の救世主だったアキノキリンソウも去り、まだ残っている授粉昆虫は、探せる限りの食糧を求めてアオイとアスターの最後の花を訪れる。ここ数日の澄み切ってひんやりした夜が、今年ももう終わりだと彼らに教えたのだ。ここに棲むミツバチのどれだけが大雪と零下二〇度の冬を越せるだろう。どれだけのマルハナバチの女王蜂が、体が凍って干からびる前に、居心地のよい隠れ家を見つけられるだろう。

きょうは晴れた一日で、夕方の今もまだ寒くはない。一〇月の太陽はトリッキーだ。直射日光がほぼに当たると暖かく感じるが、この暖かさは長続きしない。今夜は霜が降りるだろう。弱々しい陽の光とアイスブルーに澄み渡った空がそう明かしている。

この本を書くあいだ、長いこと蜂の目線で世界を見つめてきた私には、二度と花たちが浮ついた存在には見えないと思う。以前から切り花はあまり好きではなかった。まるで、エロチシズムだけが文脈から切り取られたポルノのようだから。その反面、野の花には、その美しさと才能に息をのませられる。今、最後のカロライナローズがぽつんと咲いている姿を見ると、まるで真夜中に開いている食堂を見つけたときのように切ない思いが胸に迫る。暗闇の中で灯りをつけて、腹を空かせた者を手招きしている一輪の花だ。

太陽の円盤が西の丘にふれる。影が私の野原を長く横切り、永遠に向かって手を伸ばす。今年私は野原に手をつけなかった。今までは、毎年夏になると土を掘り起こしていたが、茂った草むらの中でどれだけ多くのマルハナバチが巣を営んでいるかを知った今では、掘り起こすようなことはとてもできなかった。しばらく蜂に注意を払ったおかげでわかったことがあるとすれば、それは、生産的な土地と非生産的な土地という白黒で物事を判断するような誤った考えは捨てるべきだということだ。非生産的な自然の土地などないのだから。あるのは、それが私たちに貢献してくれているさまに気づかない人間の洞察力の欠如だ。私たち自身が何を必要としているかに気づかない人間の想像力の不足だ。

私はカーク・ウエブスターにミツバチの種蜂をふたつ注文した。ロシア蜂だ。春には届いて、私の野原の北の端に置かれることになる。巣箱は南側を向き、その背後には北からの風を防ぐトウヒの木立がある。もしすべてがうまくいき、熊にやられず、ＣＣＤがこの地域を襲わなければ、ロシア蜂たちはいくらかの蜂蜜を作ってくれるだろう。もしかしたら、近所の有機農場のズッキーニとカボチャの収穫量も増やしてくれるかもしれない。最初の年には、何も目標は設けていない。生き延びてくれれば、それだけでじゅうぶんだ。

世界中のミツバチについても同じことを言いたい。生き延びてほしい。そうできるものと信じているが、それには多くの悲しみが伴うだろう。ＣＣＤは変化を続け、新たな装いのもとに何度でも姿を現すに違いない。ミツバチは死につづけ、私たちの朝食はもっとずっと高いものになるか、その材料となる単作農作物と同じように単調なものになるだろう。ミツバチの状況が、現在よりずっと深刻なものになることに疑いの余地はない。けれども、瓦礫の中から、より機知に富み、より復元力の高いミツバチが現れるはずだ。

けれども、同じことが商業養蜂家についても言えるだろうか？　彼らがどうやったら生き延びられるのかは見当もつかない。趣味の養蜂家は問題ない。だが、商業養蜂はもはや経済的に成り立たない職業になってしまった。今後一五年以内に、アメリカのほとんどの商業養蜂家は一線を退く年齢を迎えるが、後を継ぐものはいない。CCD禍がこれ以上深刻さの度合いを深めれば、その時期はもっと早まるだろう。「養蜂家は、もうこれ以上、害虫にもウイルスにも寄生虫にも耐えられない」。全米蜂蜜生産者協会の会長であるマーク・ブレイディが私にこう言った。「今の養蜂業はまるでガラス細工のようだ。それほどもろい。ちょっとでも手をゆるめたら、落ちて、こなごなに砕けてしまうだろう」

この状況を避けるには、チームとしての取り組みが必要だ。養蜂家だけでなく、昆虫学者も自然保護活動家も一緒になって奇跡を起こさなければならない。私たちがしなければならないのは、土地の酷使をやめること、私たちの文化に養蜂と農業の場所をふたたび組み入れること、そして昆虫を仲間として迎え入れることだ。もしそうしなければ、果樹園だけでなく、私たちのあらゆる努力も実を結ばなくなってしまう。

ようやく太陽が丘の背後に沈み、かすかな暖かさも空中に蒸発して消えた。寒気があっという間に襲ってくる。ほんの少し前まで羽音に満ちていた庭には沈黙が広がった。

謝辞

私はバーモントの古い農家に住んでいる。家の周囲には野の花と節くれだったりんごの木がある野原が広がり、南の池に向かってゆるやかにスロープを描いている。ある日、サンフランシスコでミツバチを飼っていた友人のカーター・ストーウェルが、私の家の周りを見まわして言った。「巣箱をいくつか置くべきだな」と。こうして私は、その秋、ニューハンプシャーの養蜂家に二箱分の内金を支払い、春に巣箱を取りにいく手配をした。けれども翌年の早春、この養蜂家から短いEメールが届いた。「今年は送れるミツバチがない。みな死んでしまった」。彼は顧客全員に内金を返金することになった。私は巣箱を手にすることはできなかったが、ミツバチと養蜂家が置かれている状況の厳しさがわかり、以来、そのことが頭から離れなくなった。だから、カーターには、私の興味を惹いてくれたことと、この新しく、願わくば今度は成功してほしい蜂への取り組みのよき助言者になってくれたことに感謝したい。

アニック・ラファージュは、このプロジェクトを早くから温め、本書が世に出るきっかけを作ってくれた。ありがとう、アニック。キャシー・ベルデンはプレッシャーのもとで超自然的な気品を発揮してくれ、ステファニー・エヴァンスは最初からずっと熱意を抱いてくれた。テキサスからわざわざ、キャットクロウの蜂蜜を送ってくれるようなエージェントはめったにいないだろう。メアリー・エルダー・ジェイコブセンには、その繊細な描画力と注意深い視線に、そしてエリック・ジェイコブセンには、オクノフウリンウメモドキの蜂蜜とテュペロ蜂蜜の違いがわかることに感謝したい。

幾多の養蜂家と研究者たちが、多くの時間と情報を快く与えてくれ、私は厳しい労働を要求される養蜂業に、とてつもない敬意を抱くようになった。中でも、デイブ・ハッケンバーグ、ビル・ローズ、カーク・ウエブスターには、何時間にもわたって初心者の質問に丁寧に答えてくれたことに、そしてジェリー・ヘイズには、彼の奥深い洞察と将来の展望を分け与えてくれたことに感謝したい。もしこのミツバチの問題が改善できる者がいるとしたら、それは彼らのような人たちを置いてほかにはいないだろう。

実は、ミツバチヘギイタダニを増やさず、ハチノスムクゲケシキスイを排除し、餌を自給し、山のように蜂蜜を作り、おびただしく繁殖し、手当ても介入もしなくても元気に育つようなミツバチは存在する。その形質は、ほかの種類の蜂と交配しても薄まることはない。というのは、その蜂の女王蜂はイタリアミツバチの女王蜂より早く羽化して、ライバルをすべて刺し殺してしまうから、その遺伝子がすぐに巣箱を支配してしまうのだ。このタフな小さい蜂は養蜂場の姿をあっという間に変えてしまう。

ひとつだけ問題がある。この蜂は出会ったものを徹底的に刺しまくるのだ。そう、これはいわゆる「殺人蜂（キラービー）」、つまりアフリカ化したミツバチだからだ。

アフリカ化したミツバチは気のふれた科学者が研究所で創り出したものではないとはいえ、一九五〇年代にブラジルのある科学者のもとから逃げ出したのが始まりだった。この科学者、ウォリック・カーは、南アフリカからミツバチを輸入した。この蜂はアピス・メリフェラの一種で、おそらく私たちのセイヨウミツバチも、ヨーロッパに移って穏やかな気性になる前は、これによく似た蜂だったに違いない。

セイヨウミツバチは穏やかなライフスタイルに順応した。その生存戦略は、長い休眠状態の冬と、集中的に花の流蜜が生じる短い数カ月に沿って立てられているため、採餌蜂の数を春に一気に増やさなければならない。セイヨウミツバチはフロリダ州のような亜熱帯地方のライフスタイルにならない適応できるが、一年を通じて散発的に流蜜の起こる熱帯性気候のブラジルでは苦しい闘いを強いられる。ウォリック・カーは、すでに熱帯性気候に適応しているアフリカの形質を持つミツバチなら、ブラジルでもうまくやっていけるのではないかと考えた。陰険な性格については聞き及んでいたが、弱肉強食のふるさとを離れれば、その性格も穏やかになるに違いないと思った。[*1]

　カーの予測は半分正しかった。アフリカ蜂は実際、新大陸にうまく順応した。が、その性格がおだやかになる気配はまったくなかった。

　一九五七年に、二六匹のアフリカ蜂の女王蜂がブラジルの暖かな大気の中に逃げ出して、女王蜂の務めを果たした。そして、あっという間に「アフリカ化した」巣箱は田園地帯を埋め尽くしてしまった。アフリカ化したミツバチは野生のコロニーを確立しただけでなく、その雄蜂はセイヨウミツバチの女王蜂を交尾飛行で見つけ出し、小さな時限爆弾を埋め込んだ。アフリカ化したミツバチはセイヨウミツバチよりやや小柄だ。そのため、生育期間も羽化時期もセイヨウミツバチより少し早い。そして未交尾の女王蜂が羽化して最初にやることは、コロニーを巡回して、羽化しかけているほかの女王蜂を片端から刺し殺していくことだ。こうして、熱帯地方で商業的に利用されている巣箱は恐ろしいほどの速さでアフリカ化してしまった。

　アフリカ化したミツバチは、情け知らずの刺客マシンだ。危機にさらされたとき、セイヨウミツバチのコロニーが一度や二度相手を刺してもすぐまた元の仕事に戻るところ、アフリカ化したミツバチのコロニーは集団となって襲いかかる。いっ

*1. アフリカで進化したのだから、陰険になってもしかたない。なんと言ってもこの大陸では、鳥でさえハンターを巣に連れてくるのだから。

たん警戒フェロモンが空中に漂うと、彼らは数百匹の塊となって刺しまくるのだ。そのうえ簡単にはあきらめない。アフリカ化したミツバチはあきれるほど犠牲者を執念深く追いかける。プールに飛び込んでも無駄だ。水から顔を出すまで、待ち続けるから。室内に逃げ込んでも、様子を見ようと顔を出すまで露営して待ち続ける。ある養蜂家は、アフリカ化したミツバチのコロニーがそばを通ったコマドリを追いかけ、集団で襲って殺すところを目撃したと言っていた。

ブラジルでは、多くの家畜を殺しただけでなく、人も何人か殺している。この蜂のコロニーは一年に一六〇キロを超える速さで広がり、一九八〇年代には中央アメリカとメキシコ、一九九〇年にはテキサス、そして二〇〇〇年にはカリフォルニアに到達した。フロリダには二〇〇五年に現れた。おそらくタンパに停泊した船にまぎれてやってきたのだろう。平均すると、アフリカ化したミツバチは、アメリカ国内では一年に一人の割合で人を殺している。大局から見れば、この率はサーカス象のものと同じくらい低いが、彼らが引き起こす恐怖は、養蜂家の仕事を非常に困難なものにするにはじゅうぶんだ。

それでもアフリカ化した蜂には捨てがたい魅力がある。気難しい小さな厄介者だとはいえ、そのほかの面ではきわめて優秀なのだ。蜂蜜はたっぷり作るし、もとから病気に対する抵抗力を備えている。ミツバチヘギイタダニは積極的に殺すし、優秀な花粉媒介者でもある。コーヒーの木は自家受粉するので、授粉昆虫は不要だと思われていた。けれども、スミソニアン研究所の研究者デイヴィッド・ルービックは、集約的な単一栽培を採用したコーヒー農園は生産量が二〇パーセントから五〇パーセントも低下したのに、主に中南米と南米において森林環境で伝統的な日陰栽培を行っているコーヒー農園は生産量を上げていることを発見した。この差は授粉昆虫によるものだろうか？　これを確かめるために、ルービックは五〇本のコーヒーの木において、花が咲いている枝に細かい網目の袋をかけ、受粉ができないようにした。その結果、網袋がかけられていなかった木は、かかっていた木よりも四九パーセントも多くコーヒーの実をつけ、その実の重さもずっしりしていることが多かった。ルービックは、この収穫高の三六パーセントはアフリカ化したミツバチの貢献によるものと概算している。彼はこう言った。「亜熱帯で起きていることを考えると、君が飲むコーヒー一杯ごとに、二、三ダースのアフリカ化したミツバチがかかわっているだろう」と。

アフリカ化したミツバチは、ちょうどミツバチへギイタダニがセイヨウミツバチを壊滅させはじめた頃にアメリカ国境に達した。そこで、その頑健さに目をつけた悪徳養蜂家は、アフリカ化したミツバチが最悪の悪夢から救ってくれる救世主になるものともくろんだ。結局、この蜂を使おうとした者は、蜂が人間針差しになるやいなや活用を断念したのだが、ミツバチへギイタダニを抑えるアフリカ化したミツバチの能力について考えをめぐらせつづけた者がいた。

アリゾナに住む養蜂家、エドとディーのラスビー夫婦は、その秘密が巣房のサイズにあるのではないかと考えた。アフリカ化したミツバチはセイヨウミツバチより小さく、作る巣房の大きさもいくらか小さい。ミツバチへギイタダニの元々の宿主であるトウヨウミツバチもセイヨウミツバチより小さく、ミツバチへギイタダニの繁殖を抑制している。ラスビー夫婦は、近代的な可動巣枠を備えた大量生産巣箱の生みの親であるラングストロスやデイダントのものを含め、一九世紀養蜂家の記録を読みあさった。そして、より大きな巣房はより大きな蜂を育て、それがより多くの蜂蜜生産につながるという説を唱えたヨーロッパの昆虫学者たちの記述を発見した。

この説が唱えられた当時こそ、ラングストロスの巣箱内の巣枠で使われた巣礎（すそ）が標準化されたときである。巣礎とは、ちょうど窓枠にガラス板をはめこむように巣枠にはめこまれる、蠟でできた薄い板だ。何もなぞるものがないとミツバチは不規則な形の巣板を作るが、この巣礎があると、巣枠の長方形を埋め尽くすように巣板を作る。巣礎に六角形のパターンを刻みつけておけば、ミツバチはこの上に忠実に巣房を築くので、養蜂家は巣板の正確なサイズと形をコントロールすることができる。

同一規格の箱の中で、まったく同じサイズと形の巣房がならぶ長方形の巣板を作らせることにより、忙しい養蜂家も一日に何百個もの巣箱を管理することができるようになった。その後、巣礎には補強用のワイヤが埋め込まれ、機械化された蜂蜜分離機で何回も蜂蜜をしぼりとれるようになった。何種類もの巣房サイズの実験を繰り返したあと、養蜂業界は、巣礎に刻む六角形のパターンの直径を五・四ミリと決めた。それ以来、飼われているミツバチたちはこの大きさの巣房を作り続けてきたのだ。

もしこのサイズが問題だとしたら？　ラスビー夫婦はこう疑問を抱いた。もしかしたら私たちのミツバチは、体格が急激に大きくなったことで薬物使用の疑いが持たれている野球選手バリー・ボンズのように、体がゆがめられてきてしまったのだとしたら……。これを確かめるため、ラスビー夫婦は、標準より小さなキラービーサイズの巣礎を入れた巣枠を特注した。

思ったとおり、ラスビー夫婦のミツバチたちのいくらかは、この新しい巣箱にコロニーを作ったあと、キラービーと同じようにミツバチヘギイタダニを見つけて排除するようになった。これは朗報だった。が、問題は、九〇パーセントもの蜂が死んでしまったことだった。直径四・九ミリの巣房を巣礎の上に築くことがうまくできずにコロニーが壊滅してしまったこともあったし、女王蜂もじゅうぶんに機能しなかった。少なくとも最初の何世代かは。ラスビー夫婦は、これはミツバチをもとの小さなサイズに「退化」させるために避けては通れない代償だと信じた。小型サイズの遺伝子を持つ蜂の選別には数世代かかり、この過程で、小さな巣房の巣板に適合できない大型の蜂は死んでいくだろう。けれども、いったん本来の「正常な」サイズに戻れば、病気や寄生虫に対する自然の防御力が手にできるはずだと。

こうしてラスビー夫婦は小型巣房を採用する運動を始め、この動きは今でも支持されている。養蜂器具の大手販売業者であるデイダント社は、二〇〇〇年に、直径四・九ミリの巣房パターンを刻んだ巣礎の販売を始めた。九〇パーセントもの蜂を失う余裕も、器具を大量に買いなおす余裕もない商業養蜂家は、ほとんどこのサイズに変えることはなかったが、小型巣房サイズに変えた趣味の養蜂家たちは、生き残った蜂がミツバチヘギイタダニの問題から解放されたことを知った。小型巣房の巣箱に存在するこのダニの割合は、従来型の一〇分の一以下であることを示す調査結果も続々と報告されている。

小型巣房がなぜミツバチヘギイタダニの問題を解決するのかは、いまだに判明していない。もっとも説得力のある仮説は、巣房が小型になると、育児蜂がダニの動きを聞き取れるようになるというものだ。不自然に大きな育房では、ダニは音を立てずにさなぎの周りを自由に動き回ることができる。けれども、狭い巣房では、壁とこすれる音がするだけでなく、邪魔なさなぎの足を押しのける音さえ響いてしまう。おそらく育児蜂はこのような摩擦音を聞きつけ、すぐに侵入者を立ち退かせるのだろう。

もうひとつの鍵は、成長期間にあるかもしれない。小型巣房の支持者であるマイケル・ブッシュは、直径四・九ミリの巣房では、卵が産みつけられた日からさなぎになって蓋がされるまでの期間が通常より一日短くなり、さなぎが羽化する日までの日数がさらに一日短縮されることを発見した。このため、蜂の卵が産みつけられたあと、その育房にダニの成虫が入り込む余裕期間が短縮され、蓋が閉じられたあとに繁殖する期間も短くなる。卵から成蜂になるまで通常かかる二一日間からこの二日間が減っただけで、ダニの総数は七五パーセント以上も激減するのだ。

ワイオミングの養蜂家、デニス・マレルは、いくつか小型巣房の巣箱を試して、ミツバチへギイタダニに効果があることを観察したあと、小型巣房の支持者になった。彼は、この現象はすべて環境に依存するもので、遺伝子はまったく関係ないと考えている。「小型巣房の巣箱に入れた異なる種類のミツバチは、みな（ミツバチへギイタダニを見つける能力を）示した。私は、アメリカの主な女王蜂育種家の蜂をすべて試してみた。同じ種類の蜂を従来の巣箱に入れたときは、この行動は観察されなかった。小型巣房の巣箱では、蜂たちはただダニを取り除いただけじゃない。殺したんだ。九〇パーセント以上のダニの死骸に、傷つけられた跡があった」。ミツバチがダニの足を噛み切ることもよくあったという。

とはいえ、小型巣房には、あまりにも多くの問題がつきまとっていて、デニス・マレルには、それが不思議に思えた。もし小型巣房が蜂を飼う自然な方法なら、なぜこんなに問題が多いのかと。

ある日、友人が、彼に野生のミツバチの巣の詳細な写真を見せた。巣礎のような手がかりがなく、一から巣板を作らなければならない野生の蜂は、さまざまな大きさの巣房を作っていた。巣の上部には、直径六ミリに近いとても大きな巣房が数列作られていた。その下には、現代の巣箱のような、五・四ミリほどの大きな巣房があった。そして下部には、直径が約四・六ミリから四・九ミリまでの小さな巣房が作られていた。

巣作りを自由に任せれば、ミツバチはさまざまなサイズの巣房を混在させる。この事実は、マレルにとってまさに目からうろこだった。近代的な巣箱の開発者たちが巣礎の巣房サイズを決めたときは、当然自然の巣を調べて、この事実を知っていたに違いない。けれどもそれは一九世紀のこと。

産業革命の真っただ中、人間が改善できない自然はないと信じられていたときのことだ。おそらく巣箱の先駆者たちは、ミツバチは不器用だから、同じサイズの巣房が作れないものと考えたのだろう。

だがマレルはそうは思わなかった。蜂がさまざまなサイズの巣房を作るのは、理由があってのことに違いない。これを確かめるため、彼はトップバー巣箱を自作した。トップバー巣箱には、巣枠も巣礎もない。空の箱の上部に細長い木片が渡されているだけで、蜂はここを起点として自分たちで巣板を作る。巣板の形は、体にぴったり沿うシャツのように、下に向かって先細りになる。これこそ自然な巣板の姿だ。

次の一〇年間、マレルは、トップバー巣箱と標準的なラングストロス巣箱を使って、小型巣房と大型巣房に関する一連の実験を行った。彼は膨大な記録をつけた。そしてわかったのだ。「私がそれまでやってきた養蜂はすべて間違いだった。最先端の飼育法だと思っていたことを数十年間も続け、常に最新の開発や技術を追ってきたのに。自分の蜂が健康なのは、私の知識と集中した管理のおかげだと思いこんでいたんだ。だから、私がいなかったほうが、蜂たちはもっとうまくやってこれただろうと気づいたときには、すごいショックだったよ」

五・四ミリの巣房を持つ巣箱からの蜂か、四・九ミリの巣箱からの蜂かにかかわらず、マレルがトップバーに入れた蜂はみな、すぐに先細りの巣板の形を持つ自然巣房の巣板を作り出した。それも、完成までにかけた時間は、巣礎から作るときよりも短かった。トップバー巣箱には、ミツバチヘギイタダニがいなくなった。五・四ミリの巣房の巣箱では一週間に一〇〇匹以上見つかったのに、トップバー巣箱では一匹見つかるか見つからないかだった。どのようにしてかわからないが、コロニーの集団知能が、巣の構造によって揺り起こされたのだ。彼らはミツバチヘギイタダニの掃討作戦を開始しただけでなく、世代を経るごとに、その技術を向上させていった。まるで一世紀にわたる休眠状態のあと、眠っていた遺伝子にスイッチが入ったかのように。

ほかの病気、とりわけチョーク病も姿を消した。自然巣房の巣箱の活動はきわめて活発になった。春の分蜂はもはや問題ではなくなり、従来の巣箱が三二キロほどの蜂蜜を作ったのに比べ、トップバーの巣箱は一一〇キロ近くも蜂蜜を作った。女王蜂も大量の卵を産んだ。ほとんどの商業養蜂家は、女王蜂を毎年新しいものに換えなければならない。女王蜂が疲弊してしまうからだ。フロリダでは、半年ごとに換えている。けれどもマレルの自然巣房の巣箱の女王蜂は、すべて三年以上生き残り、それ以上働き続けるものもあった。標準的な巣箱から衰えた女王蜂を取り出してトップバー巣箱に入れたところ、「奇跡的に」回復することさえあった。

もし自然巣房の巣がミツバチへギイタダニやチョーク病などの問題を解決できるなら、CCDも解決できるだろうか？　これは興味をかきたてる考えだ。CCDの原因はストレス要因が絡み合ったものだという説が正しいとすれば、自然な形の巣はひとつの答えになるだろう。ミツバチへギイタダニがいなければ、ダニ駆除剤がいらなくなり、病気も減る。こうなれば、ミツバチは、刺激と支援に満ちた環境で、ストレスの低い生活を送ることができる。

マレルは自分の考案したトップバー巣箱のいくつかの側面をガラス張りにして観察できるようにした。そして観察すればするほど、その構造の巧みさに対する理解が深まった。巣板下部、つまり巣箱の入り口近くにある小さな巣房群は、蜂児圏の中心部をなしている。ミツバチたちはこの中心部の周りにかたまって冬を越す。この狭い場所ではより密にかたまることができるので暖がとりやすい。それに、最小のエネルギーで、蜂児の世話をし、寄生虫を発見し、餌をとることができる。

春が訪れると、女王蜂はこのような小さな巣房に卵を産み始める。生まれてくる蜂は比較的小さい。一方、蜂たちは貯蔵された蜂蜜を食べて冬をしのいできたので、中心部の上にある巣房は空になっている。女王蜂は、今度はここに卵を産み始める。

春が進むにつれ、コロニーの蜂は上方部の、より大きな巣房群に貯蔵されている蜂蜜を消費していく。女王蜂はそのあとに続き、巣房が空になるたびに卵を産みつける。蜂の数が増えるにともない、採餌蜂の数も増える。餌が巣に大量に入ってくるようになると、それは巣板周囲の巣房に蓄えられる。晩春の分蜂に備えて、自然巣房の巣箱のコロニーは、空になった中心部にまた餌を詰めはじめ、分蜂する蜂たちの旅路の食糧を準備する。これで、女王蜂は小さな巣房に卵を産むことができなくなるため、分蜂後に残った育児蜂が、多すぎる蜂児の世話をしなければならなくなる事態が避けられる。実際、この時期には、女王蜂は本能的に中心部の小さな巣房に産卵するのを避けようとする。だから、小型巣房の巣箱ではシーズン半ばに女王蜂の産卵能力が落ちるのだ。

夏の間、女王蜂は空になった五・四ミリの巣房に産卵することを好み、最後に最上部の六ミリの雄蜂の育房に産卵する。大型の夏蜂は五・四ミリの巣房から羽化する。このような蜂はコロニーの馬車馬で、晩夏と早秋の餌集めを精力的に行う。コロニーは越冬のための資源を育房に貯蔵する。ただし、中心部は空のままにしておく。ここには、その年最後の蜂児になる卵が産みつけられるからだ。ここに産みつけられた秋蜂も、春蜂と同じように小柄になる。高品質の食糧が供給され、食物を分かち合わなければならない仲間が少ないため、秋蜂は寿命の長い冬蜂に育つ。

コロニーの季節的なサイクルが理解できると、大型巣房と小型巣房の巣双方の問題点が鮮明になってくる。大型巣房の巣には、真の形の蜂児圏がない。子供たちは工場のようなだだっ広いスペースの中で育てられる（だから害虫がいても当たり前だ!)。一方、小型巣房の巣には、蜂児圏しかない。このことはダニの問題を解決してはくれるものの、女王蜂を混乱させ、夏にコロニーが拡大するペースを落としてしまう。

もしマレルが正しいとすれば、近代養蜂の支柱である巣礎が、根本的な問題を抱えていることになる。最新の傾向は、自然の蜂ろうよりずっと廉価なプラスチック製の巣礎を使用するというものだ。蜂がこんなものを好まないことにはだれもが同意しているが、とても頑丈にできていて、蜂もよくだまされて受け入れてしまう。けれど、もしコロニーを超個体としてとらえるとすれば、プラスチック製の巣礎を使うことには不吉な予感がする。蜂ろうはミツバチの体から作られている。私たちの髪の毛や爪が私たちの体の一部であるように、蜂ろうも生きているコロニーの一部分だ。巣板はコロニーの骨にあたる。私たちがこの骨を四角に区切り、こちらの都合に合わせて切り取って、プラスチックの土台をはめ込んだりしたら、ミツバチには壊滅する以外の将来など期待できないのではないだろうか?

ここで、代替巣房の巣板については、まだ意見が分かれているということをお断りしておきたい。そのため、この情報は本文に入れず、付録に収めた。現実には、大型巣房の巣板が不自然なものである、あるいは自然な巣房の巣板が何らかの問題を解決すると考えている養蜂家はごく少数だ。自然巣房の巣板はデリケートすぎて、フォークリフトや大型の蜂蜜分離機の使用には耐えられない。だからもちろん、従来の養蜂器具に何十万ドルも投資してきた大規模商業養蜂家を救う手立てにはならない。自然巣房革命も農業を救うことにはならないのだ。

とはいえ、趣味の養蜂に新しい命を吹き込むことはできるかもしれない。デニス・マレルのもとには、大勢の若い養蜂家たちが相談に訪れている。新しい世代の有機栽培農家のように、彼らもまた新しい考えや創造的な解決策にオープンで、自然からヒントを導き出すことも多い。マレルは若者たちにこう助言する。「蜂に教えてもらいなさい」と。そうすることができれば、人間が他の生き物と結んできた最古の協力関係のひとつは、結局救われることになるかもしれない。

付録2　ミツバチを飼う

本書を読み終わって、読者のみなさんがたまらなくミツバチが飼いたくなったとしたら、これ以上うれしいことはない。実は私もそんなふうにして蜂を飼うことになったので、あなたと同じ初心者だ。養蜂は命の尊さが学べる理想的な趣味だと思う。もし地方や郊外のあらゆる家庭（そして都市に住んでいる家庭のいくらかも）が、かつてそうしていたように、それぞれミツバチを飼ったとしたら、受粉の危機を大きく押し戻すことができるだろう。庭の菜園の収穫量も上がるだろうし、人々の考え方も変えることができる。もはや蜂を怖がらず、私たちの暮らしに果たしている昆虫の役割に気づいた市民は、よりよい判断を下すようになるだろう。

ミツバチと養蜂器具に数百ドルを投資しなければならないことは覚悟したほうがいい。アメリカ有数の養蜂器具販売会社「ベター・ビー Better-bee」（www.betterbee.com）は、二三〇ドルほどで初心者向けのキットを販売している。これには、ミツバチ以外の必要な器具（巣箱、覆面布、手袋、燻煙器など）がおおかたそろっている。ミツバチの値段は、種蜂ひとつあたり八〇ドルから一五〇ドルで、含まれている巣板の枚数とミツバチの品質によって差がある。かなり高くつく趣味に思えるかもしれないが、趣味の牧場を営むことを考えれば、うそのように安い。生き物と共に働く楽しさが得られ、大地がまったく違う姿に見えてくるところまでは同じだが、ほんの少しの土地があればじゅうぶんなのだから。

とはいえ、気楽な気持ちで蜂を飼いはじめるわけにはいかない。養蜂は時間と精神的なエネルギーを要求する。ミツバチはよく死ぬ。その原因は、本書で見てきたように不可解なものである場合もあるし、もっとずっと単刀直入な原因のこともある。知り合いの養蜂家のどれだけ多くがクマに巣箱を破壊されたかを考えると驚くばかりだ。養蜂家の会合に参加すると、解決策をひねり出そうと涙ぐましい努力をするメンバーの姿が見られる。「鉄条網のフェンスはどうだい？」「弱すぎる」「電流が通ったフェンスは？」「クマたちは水の中を進むようにすいすい通り抜けるさ」「じゃあ、上向きに釘のささったベニヤ板は？」「どうかな、たぶんね」

とりわけ、初心者に飼われたミツバチはよく死ぬ。私も、最初のうちは、あまり高望みしないつもりだ。ミツバチヘギイタダニへの耐性を持つように交配された蜂で、すでに私の住む地域の気候に順応したミツバチを飼うことによって、勝ち目を少しでも高くしようと思う。あなたにも同じことを勧めたい。地元の蜂を手に入れよう。

そうやったとしても、うまくいかないことは山のように出てくるだろう。問題に直面したら、専門家のアドバイスが必要だ。これは本から入手することもできる。養蜂家のバイブルは、一八七七年に初版が発行され、今では第四一版を数えるまでになった九三〇ページにおよぶ本、『養蜂のすべて ABC & XYZ of Bee Culture』だ。この本はwww.beeculture.com から購入することができる。このサイトでは、養蜂器具の総合カタログを見ることもできるし、『ビーカルチャー Bee Culture』誌を定期購読することもできる。この雑誌は、由緒ある二冊の養蜂誌のひとつだ（以前は『養蜂文化拾遺集 Gleenings in Bee Culture』という古風でチャーミングな雑誌名だった。今でもそのままならよかったのに！）。もっと薄くて機能的なガイドブックとしては、『ビーカルチャー』誌の編集長キム・フロッタムが書いた『裏庭の養蜂家 The Backyard Beekeeper』がいいだろう。もし有機的に蜂を飼ってみたいと思うなら（そう思わないとしたら、あなたは本書を半分以上読み飛ばしたに違いない）、二〇〇七年に刊行されたロス・コンラッドの包括的で示唆に富む本『自然養蜂――近代養蜂への有機的なアプローチ Natural Beekeeping: Organic Approaches to Modern Apiculture』を大いにお勧めしたい。私にとって、『アメリカンビージャーナル American Bee Journal』誌の記事は、ミツバチや養蜂の世界で起きていることを知るための宝庫だ。毎号ごとに、養蜂の基本原則に関して私が考えていることをくつがえしてくれる記事が必ず載っている。この雑誌の購読とミツバチのあらゆることに関する情報については、www.dadant.com にアクセスされたい。

　本や雑誌よりもっと役に立つのは、養蜂クラブだ。こういうところには年季の入ったベテラン養蜂家がたくさんいて、初心者の無邪気な質問に笑顔で答えてくれる。アメリカ各州ごとの養蜂協会については、www.beesource.com で調べることができる。

　カーク・ウエブスターのロシア蜂に興味を抱いた人は、すぐに予約したほうがいい。彼のミツバチは、一年近く前に売り切れてしまうから。受け取りは五月だ。無事に手に入れられたら、庭にロシア蜂が来ることになったと近所の人に断っておこう。連絡先は次のとおり。Champlain Valley Bees and Queens, Box 381, Middlebury, VT 05753, U.S.A. 電話は、+1-802-758-2501。

　自然巣房の巣箱づくりに挑戦してみたい方は、デニス・マレルのサイトから多くの有益なアドバイスを得ることができる。マレルのサイトは www.bwrangler.com。

　最後に、今すぐにミツバチを飼うことはできないけれども、ミツバチが立ち直ることを願っている方は、ミツバチの健康を向上させるための研究資金を集めている非営利団体「プロジェクト・アピスｍ Project Apis m」に献金することがで

きる。お志のある方は、次のサイトにアクセスしてほしい。www.projectapism.org

付録3　授粉昆虫にやさしい庭作り

　私たちは、人間のすみかと野生の動植物のすみかは、はっきり分けられているものと思いがちだ。人間は都市や街や郊外に住んでいて、野生動植物は国有林に棲んでいると。そして野生の動物に会いたければ、国定公園まで出かけなければならないと思い込む。けれども、現実は、こんなイメージとはかけ離れたものだ。鹿に庭を荒らされてしまった人に訊いてみたらいい。はっきりした境界線などは、地図の上にしか存在しないことがわかるだろう。現実の世界では、野生の生活圏と人間のそれとは握り合わされた両手のように絡み合い、自然にじかに接する機会は、そこかしこにあふれている。ライオンやトラやクマなど、自然保護論者が世間の関心を惹くために引き合いに出す「カリスマ性のある大型動物（カリスマティック・メガフォーナ）」たちのことばかり考えるのをやめて、視線を変えてみるだけでいい。スズメガだって、ハイイログマと同じくらい野生的だが、餌をやるのはずっと安全だ。

　花粉媒介者のことを念頭において庭を作れば、この二つの生活圏の交差点に身を置くことができる。野生を自宅の庭先まで招くことができるのだ。こうすれば、あなたや家族は、野生生物と交わることができるだけでなく（花の中にいるミツバチはめったに刺さない）、世の中を変えることができる。一軒の家の庭は、絶滅の危機に瀕した授粉昆虫を救えないとしても、餌が少ないときの緊急食糧源にはなれるかもしれない。そして、もし近所の庭もあなたの例にならうようになれば、その地域一帯は事実上の自然保護区になる。あなたがもし、ゴルフコースや会社の敷地や大学のキャンパス、あるいは道端の細長い空き地のような広い土地の手入れをしているとしたら、授粉昆虫の重要な棲息地を復元する大きなチャンスを手にしているということだ。

植物はどれも同じというわけではない。ほかより良質の花蜜や花粉を提供するものもあるし、特定の昆虫の気しか惹かないものもある。だから、庭に招きたい昆虫が好む種類の植物を植えるようにしよう。次に挙げるのは、そんな庭作りの十個のヒントだ。

「整形美人」の花は避ける。重弁のタチアオイやヒマワリのようなあでやかな新種の多くは、花蜜も花粉も作らない。派手な姿になるように品種改良された過程で花の基本的な機能を失ってしまったため、プラスチックで作られた食品のように栄養価はゼロだ。このような花があると、授粉昆虫をまどわせ、有益な花からかえって遠ざけてしまうことになる。チューリップ、サルビア、マリーゴールド、パンジー、ライラック、サルスベリなどは、昆虫にとっては、ほとんど役に立たないか、まったく価値のない花だ。

自生の花を植える。外来種の花には、すばらしい栄養を提供するものも数多くあるが、そうでないものもある。自生種の植物を使って庭を作れば、授粉昆虫にとって好ましい餌が確実に与えられる。もしそうでなければ、その植物はすでに地域から消えているはずだから！　平均すると、自生種の花は、外来種の花より四倍も多く授粉昆虫を集める。住んでいる地域の自生植物のリストは、自生植物協会や養苗会社から入手できる。

湿地帯のように考える。大昔から湿地帯の花たちは、授粉昆虫の健康を保つように花同士協力して進化してきた。湿地帯では、短い期間に一斉に花が咲くようなことはない。一種類か二種類の花が

一、二週間咲くと、バトンを次の種に渡すというように次々に花が開き、春から秋まで常に授粉昆虫に食糧を供給する。花が長く咲くように庭を設計すれば、あなたの目だけでなく、地元の虫の胃袋も喜ばせることができるだろう。

いろいろ混ぜる。ほとんどの授粉昆虫にとっては、総合的な栄養のニーズを満たすには、二種類以上の花からの花粉や花蜜が必要だ。さまざまな色、形、タイプの花をまぜて植えれば、授粉昆虫はビュッフェ形式の食事を楽しむことができる。

大きさも大事。授粉昆虫はほとんどの場合、遠くから花に目をとめる。そのため、同じ色の花をまとめて植える（一辺が一メートルぐらいの正方形）と、目につきやすくなる。さまざまな色が混じっていると、昆虫は気づきにくい。

毒は盛らないこと。庭には殺虫剤を使わないこと。どんな種類の殺虫剤、殺菌剤、除草剤であっても、一種類の昆虫を駆除するとラベルに書いてあれば、きっとほかの種類も殺してしまうだろう。芝生用の農薬も、あなたの花壇に浸み込んでしまう。実のところ、芝はできるだけ除いたほうがいい。生態学の見地からすると、刈り込まれた芝生は不毛の荒野だ。

マンションを建てる。授粉昆虫は、食糧さえあれば生きられるというわけではない。棲みかも必要だ。好ましい営巣地は、ほとんどの授粉昆虫にとって食糧よりも手に入れにくいものになっているが、ここでもあなたは支援の手を差し伸べることができる。庭を、単なる授粉昆虫のレストランではなく、よく整備された地域共同体にすればいいのだ。つまり、虫バージョンの「ヴィレッジ」を作ろう（ゴルフカートは除く）。野生の蜂の種の約三分の一は、木に巣を営む。だから、木の板にドリルで穴をあけ、雨よけの屋根をつけて、木か柱に取り付ければ、蜂用マンションができる。本章末尾の参考情報リストに、ミツバチ用の箱の作り方が記載されたサイトのアドレスを記載しておく(このような箱は、育苗場やガーデンセンターで買うこともできる)。もっといいのは、天然のマンション、つまり枯れ木を新しい目で見て、取り除かないようにすることだ。蜂、甲虫、幼虫、コウモリ、鳥など、あらゆる種類の動物や昆虫の棲みかになっている枯れ木は、生態系においてもっとも重要な意味を持つ要素のひとつだ。

何も植えない場所も作る。残りの三分の二の蜂の種は、地面の穴や割れ目に巣を作る。このような蜂のために、水はけがよく、何にも覆われていない場所を用意しよう。できれば暖がとれるように、南向きの場所であることが望ましい。

植えっぱなしの場所も作る。マルハナバチなどの昆虫は、背の高い草の茂みに巣を作る。また、さまざまな種類の蛾や蝶、蜂、昆虫は、植物の茎の中で越冬する。そのため、年に数回、庭や野原の草刈りをしてしまうと、このような昆虫の棲息地を破壊してしまうことになる。大部分の土地がいつでも自然の姿を保てるよう、草刈りをずらして行うことを考えてみよう。

子供たちのことを考える。蜂は子供たちの世話をするが、ほかのほとんどの授粉昆虫は育児をしない。蝶や蛾が群れとして存続できるように支援するには、芋虫たちのニーズも満たす必要がある。たとえば、トウワタの葉はオオカバマダラチョウの幼虫には欠かせない食糧だ。

参考情報

Xerces Society(クセルクセス協会)www.xerces.org　電話+1-503-232-6639

アメリカ合衆国で最初に絶滅した蝶「クセルクセス(ザーシーズ)・ブルー」にちなんで名づけ

られたこの協会は、無脊椎動物（昆虫も含む）の保全を目指している。この協会のすばらしいウエブサイトは、ｐｄｆファイルの形で無料ダウンロードできる有益な記事の宝庫だ。たとえば、次のような記事を読むことができる。“Farming for Bees: Guidelines for Providing Native Bee Habitat on Farms”　“Pollinator-Friendly Parks: How to Enhance Parks and Greenspaces for Native Pollinator Insects”　“Making Room for Native Pollinators: How to Create Habitat for Pollinator Insects on Golf Courses”　“Pollinators in Natural Areas: A Primer for Habitat Management” さらに、“Pollinator Conservation Handbook”（包括的な良書で一般読者や教育関係者に最適）や“Butterfly Gardening”などの美しい写真満載の書籍を注文することもできる。

Pollinator Partnership（花粉媒介者とのパートナーシップ）　www.pollinator.org

情報集散センターとして機能しているこのサイトには、“How to Build a Polloinator Garden”といった情報から、蜂を惹きつける自生植物のリストや蜂用の箱の作り方まで（このページへは、Useful Resources〉 Bee Keeping〉 Home Made Sweet Homes　とたどればアクセスできる）、あらゆる種類の花粉媒介者に関する参考情報へのリンクが貼られている。

Bringing Nature Home（自然を家に呼び込もう）

二〇〇八年に刊行されたダグ・タラミーの本“Bringing Nature Home: How Native Plants Sustain Wildlife in Our Gardens”には、植物、昆虫およびその他の野生動物の相互関連を示す「食物網」の詳しい説明があり、地域の野生動物の生存可能性を最大限に高めるヒントが満載されている。

BeeSpotter（蜂発見）

http://beespotter.mste.uiuc.edu

庭で野生の蜂に餌を与えると同時に、あなたの地域に生存している蜂について報告することで専門家を助けることができる。イリノイ大学では、全米研究会議の「北米における花粉媒介者の現状に関する委員会」の委員長、メイ・ベレンバウムが陣頭指揮を執って「ビースポッター」プロジェクトを立ち上げ、野生の蜂に関するデータ不足を一般市民とデジタルカメラの力を借りて補おうという活動を始めた。庭に出て、蜂の写真をとり、このウエブサイトに投稿すれば、イリノイ大学の専門家が種類を同定してくれる。

付録4　ハチミツの治癒力

私は一度、『自然養蜂 Natural Beekeeping』の著者ロス・コンラッドが、ミツバチがそなえる治癒力について熱弁をふるうのを聞いたことがある。「ミツバチは、私が知っている動物のうち、生き残るために誰も傷つけない数少ない生き物のひとつだ。ミツバチは、植物が受け取ってもらいたがっている花蜜と花粉を受け取って、あの治癒力を持つ驚異的な物質、すなわちハチミツ、プロポリス、蜂花粉、さらには蜂毒まで作り出す。ミツバチの巣はすばらしい薬局のようなものだ。それに、ミツバチはほんとうに協力的だ。このような治癒力をもつミツバチは、持続的な将来を築くのに欠かせない要素だと思う」

ハチミツを手に入れることができた文化は、そのいずれもがそれを医療用途に使ってきた。古代のヒンドゥー、シュメール、エジプト、中国、ギリシャ、ローマ人たちが書き残したものからは、みなハチミツを応急処置の基本的材料とみなしていたことがわかる。彼らはハチミツの効果を本能的に理解していたのだ。人間がずっと知っていたこの事実を科学者たちに教わらなければならなくなったのは、二一世紀の先進国に暮らす私たちだけである。

私は、ハチミツが医療を革命的に変える可能性についても、ミツバチを救うべき第一の目的が、ミツバチの生産物を利用する治療法「ミツバチ療法（アピセラピー）」にあることにも異論を唱えるつもりはない。けれども強調したいのは、農業の健康状態とミツバチ療法が並行して衰退の一途をたどっている事実がまったくの偶然とは思えないということだ。カーク・ウエブスターが言うように、「私たちは生き物の世話をする能力を失いかけている」のだと思う。そして、その「生き物」には私たち自身も含まれている。とはいえ、二〇〇八年に「ハチミツと人間の健康に関する第一回国際会議　The First International Symposium on Honey and Human Health」に出席したとき、私は人々の「ミツバチ療法健忘症」が治りかけている兆しを目にした。

古代文化では、ハチミツを傷を覆う薬として使っていた。実はこれは近代社会でも、一九四〇年代に抗生物質が台頭するまで、一般的な治療法として行われていたことだった。ハチミツの粘着力は、包帯を巻く前に、傷口ややけどを覆うのに最適だ。けれどもこれはハチミツの優れた特性のほんのひとつにすぎない。ハチミツは、地球上に存在するもっとも強力な抗菌物質のひとつで、細菌や真菌などの微生物を殺す力を持っているのだ。[*1] ハチミツが備えている武器はひとつではない。まず、ほかの糖類とおなじようにハチミツには吸湿性があるため、細菌群の上にハチミツを塗ると、ハチミツが細菌の水分を吸い取る。その結果、細菌は縮んで死んでしまう。ハチミツの脱水作用から逃れえた細菌も、ハチミツの酸にやられるか、あるいは水分を吸収するときに生成される過酸化水素にやられてしまう。さらに、ある種のハチミツには、このいずれでも説明のつかない不思議な抗菌作用を持つものがある。ニュージーランドのマヌカハチミツやオーストラリアのジェリーブッシュハチミツのように治療効果のあるハチミツ（メディハニー）として世界中に流通するようになった製品の抗菌力は、ほかのハチミツの一〇〇

*1．蜂蜜は優れた殺精子剤にさえなる。とはいえ、蜂蜜に乾燥したワニの糞を混ぜるという古代エジプトの避妊薬の処方は、すぐにカムバックを果たすことにはならないだろう。

倍にもおよぶ。

けれど、それがどうした？　ハチミツに強い抗菌性があることはわかったけれど、抗生剤を使えばいいじゃないか、と思われるかもしれない。それは確かにそうだ。けれども、傷の上に塗る一般的な抗生剤の軟膏は、健康な細胞も傷つけてしまう。一方、ハチミツは、治癒力を高めるのに完璧な湿り気のある環境を作って、新たな細胞を育てる。やけどを負った人について行った調査では、ハチミツ治療を受けた人の八七パーセントが一五日以内に完治したが、抗生剤治療を受けた人で同期間に完治したのはほんの一〇パーセントだったことが判明している。

そして、ここが肝心な点なのだが、ご存知のように、抗生物質はもはや、必ずしも効果のある薬ではなくなってきている。西欧諸国の病院では、抗生物質が効かない感染症が猛威をふるって年間数万人も殺しているし、アフリカやその他の発展途上国でも流行病を引き起こしている。そんな中、ハチミツはこのような感染症の多くに効果を発揮するだけでなく、入手の難しい抗生物質などよりはるかに安く、手に入りやすい。だから、いまふたたび、創傷被覆剤としてハチミツを使う医師たちが増えてきている。

今まで挙げたのは、これからの数年以内に、医療現場で最も重要となると考えられるハチミツの利用法だ。実は、これ以外にも興味が惹かれる利用法がある。それらについて、かいつまんで紹介しよう。

風邪薬

米国食品医薬品局は二〇〇七年に、六歳未満の子供たちに風邪薬を与えることを禁止する勧告を発令した。製薬会社はこの勧告に抵抗したが、結局、二歳未満の子供たちに対する風邪薬と咳止め薬については自発的に市場から撤収した。だが製薬会社はもっと踏み込んだ処置をとるべきだ。風邪薬が症状の緩和に役立つという証拠はほとんどないうえ、その危険性は寒気をもよおすほどなのだから。風邪薬は、毎年約七五〇人の子供たちを緊急救命室に送りつけ、一九六九年以来、少なくとも五四名の子供を殺している。主犯は、デキストロメトルファンだ（「ロビタシン」という商品名の製薬をはじめとして、市販されている多くの咳止め薬に含まれている）。子供たちは、この成分がうまく代謝できない。

それなら、夜間に子供の咳が始まったらどうしたらいいだろう？　そう、賢明な読者はもうお見通しだろう。ペンシルベニア州立大学の研究者たちは、子供たちの咳を抑えて安眠をもたらす比較研究において、ソバの花からできたハチミツを一回摂取するだけで、デキストロメトルファンやプラセボ群より有意に高い効果を上げることができたという結果を得ている。ソバの花のハチミツが選ばれたのは、抗酸化物質の含有量がもっとも多いハチミツのひとつだからだが、この結果をもたらしたのが、その抗酸化物質にあるのか、抗菌作用にあるのか、あるいは喉に皮膜を作る作用にあるのかは、研究者たちにもまだわかっていない。

糖尿病、肥満、心臓血管疾患、ストレス

子供たちに効き目があったのは、ただ単にハチミツがより深い眠りをもたらしたからかもしれない。こう考えたのは、スコットランドの運動生理学者で『冬眠ダイエット The Hibernation Diet』の著者、マイク・マキネスだ。マキネスは、回復に寄与する睡眠、つまり体の回復と成長がもっともよく生じる深い眠りを促進するグリコーゲンの役割の研究に一〇年を費やしてきた。グリコーゲンは脳の燃料で、脳はこの燃料が常に供給されるよう要求する。これは眠っているときも同じだ。グリコーゲンがなくなると、脳細胞が死んでしまうのだ。それにもかかわらず、一日のどの瞬間でも、脳にはグリコーゲンの備蓄が三〇秒分しかない。グリコーゲンは肝臓で作られる。だから、肝臓は昼間も夜も一日中グリコーゲンを脳に供給

しつづける。けれども肝臓が備蓄できるグリコーゲンも八時間分しかない。だから夕食を早めに食べたあと寝るまで何も食べないと、肝臓のグリコーゲン備蓄量は夜中に欠乏してしまう。これは脳にとっては緊急事態で、ストレスホルモン、特にコルチゾールを体中にあふれさせる。コルチゾールの警戒情報を受け取ると、体は筋肉組織を溶かしてグリコーゲンに変え、脳に供給する。これで脳は夜も活動できることになり、あなたが昏睡状態に陥ることもないわけだ。これはありがたいことだとはいえ、ストレスホルモンは、体が回復できる眠りも妨げてしまう。骨や筋肉を修復したり、免疫細胞を作ったり、ほかのメンテナンス作業をする代わりに（これらはみな脂肪を燃やして行われる）、あなたの緊張した体は朝が来るまでコルチゾールに駆られた「闘争か逃避か」という状態で過ごすわけだ。心臓の鼓動は早くなり、血中のグルコースとインスリン濃度が高くなる（こうやって結局実行に移すことにはならない行動のために無駄に備える）。そして脂肪は代謝される代わりに備蓄される。その結果は、糖尿病、肥満、心臓病、免疫崩壊、加齢の加速だ。

この連鎖反応を防ぐ鍵は、就寝前に肝臓にじゅうぶんな燃料を補給しておくこと。燃料はほんの少しでいい。肝臓の二大好物である果糖とグリコーゲン半々に代謝を促すミネラルを少し足した百キロカロリーもあればいい。この百キロカロリーの供給源をいろいろ探したマキネスは、ついに理想的な物質を見つけた。もう読者の方にはおわかりだろう。もしマキネスが正しいとすれば、寝る前にスプーン一、二杯のハチミツをとれば、深い安眠、体重減少、長期にわたる健康が手にできるのだ。子供においては、学習能力と成長が促進される。

できすぎた話だと思われるかもしれないが、マキネスの理論は、ほかの分野で行われた研究でも裏付けられている。ある種のハチミツ（とくにテュペロハチミツ）は、以前から糖尿病の人に最適な甘味料として知られてきたが、今ではそれが科学的に証明されている。食後にインスリン反応が起こる速度を表す血糖インデックス（GI値）が、ハチミツでは意外なほど低いのだ。言い換えれば、糖尿病の人がインスリンを必要とする量は、コーンシロップや砂糖よりも、ハチミツにおけるほうが低くてすむ。ニュージーランドで行われたある研究では、ハチミツを与えられたラットのほうが、ショ糖を与えられたラットやまったく糖分を与えられなかったラットより、低い血糖値を示した。ハチミツラットはまた、体脂肪も体重も不安の程度も低かったが、記憶テストの成績は他のラットよりも高かった。明らかにハチミツには、血液に対して何かとても優れた働きをする物質が含まれているらしい。ということは、脳に対しても有益だということだ。

ほかにもまだ、興味深い報告がある。ハチミツが含まれたバーベキューのたれは、焼肉の発がん性を防ぐ。ハチミツに備わる天然の消炎作用は、炎症性腸疾患に対して市販薬のプレドニゾンと同じくらい効果を発揮する。ハチミツを摂取した癌患者の四〇パーセントでは、化学療法後に免疫増強剤としてコロニー刺激因子（一日数千ドルもかかる）を投与する必要がなかった。ハチミツは体に良い菌を効果的に含む食品で、内臓の善玉菌群を増強する（ミツバチの体内でそうしているように）などなど。

もうおわかりだろう。私たちがミツバチと協調して暮らすことの恩恵は、ブルーベリーの収穫をはるかに超えている。人の健康に関するハチミツの効用研究の最新情報を知るには、「ハチミツと健康振興委員会　the Committee for the Promotion of Honey and Health」のウェブサイト、www.prohoneyandhealth.comにアクセスされたい。留意していただきたいのは、このような研究は、できる限り手が加えられていないハチミツを使って行われたということだ。ハチミツは活性作用を持つ生きている食品だ。ゆめゆめ加熱して殺してしまうことのないように。

ニホンミツバチというもうひとつの希望

訳者あとがきにかえて

本書は、二〇〇八年九月にアメリカで出版された『Fruitless Fall: The Collapse of the Honey Bee and the Coming Agricultural Crisis』の全訳である。このあとがきを書いている二〇〇八年一一月の時点でも、CCD禍が収束する兆しは見えていない。アメリカでは、二〇〇八年の農業法案に初めて花粉媒介者の問題がとりあげられ、今後五年間にわたってCCD関連の研究に毎年二〇〇〇万ドルが拠出されることになった。イギリスでは、英国養蜂家協会が、CCD対策助成金の陳情のために、燻煙器を手にして国会議事堂周辺をデモ行進するよう呼びかけている。事態はいよいよ緊迫感を帯びてきた。なにしろ、北半球のミツバチの四分の一が死んでしまったのだ。

少なくともアメリカとヨーロッパでは、ここ数年ミツバチのコロニーに大異変が起きている。そして、農産物の花粉交配を担っているミツバチの大量死という事態は、私たちの生きる糧である食糧の生産に影響を及ぼすことも事実だ。けれども、著者の意図はいたずらに不安を掻き立てることにあるのではない。むしろ、冷静なジャーナリストの目と巧みなストーリーテラーとしての手腕を発揮してCCDの謎を追う中で、ミツバチという昆虫のすばらしさと人間との共生関係を思いおこさせ、そこから見えてきたこと、すなわち、私たちは農業や土地（そして養蜂）に対する姿勢を問い直すべきときにきているのではないかと訴えている。食の安全性が問われ、食糧価格の高騰が世界中で問題を引き起こしている今、この主張はもっともなことに思われる。私たちはミツバチの動向を見守りながら、ミツバチが伝えていることに目を向けなければならない。

食と環境に関するライターである著者ローワン・ジェイコブセンが特に関心を寄せているのは「テロワール」だ。よく「地味（ちみ）」と訳されるこの言葉は、ワインの世界ではおなじみの概念で、食物に現れる、土壌、地勢、気候などといったその土地の個性を指す。著者の前作は『牡蠣の地理――グルメのための北米における牡蠣ガイド A Geography of Oysters: The Connoisseur's Guide to Oyster Eating in North America』であるし、現在執筆中の次作も、ずばり『アメリカの地味（テロワール） American Terroir』だ。本書に関するインタビュー（二〇〇八年十月）で、彼はこう語っている。

「今のところ、アメリカのCCDの状況は一向に改善する兆しがないが、希望がないわけじゃない。このおかげで、より有機的な養蜂が脚光を浴びるようになってきたんだ。有機農家と手を携えてミツバチを飼育している養蜂家は、長距離移動を頻繁に行っているような大規模養蜂家よりずっとうまくやっている」と。虫にとっても人にとっても毒になるものを極力使わず、地元の土地が提供するものを地元で消費する地産地消の形態こそ、私たちが立ち戻るべき姿だと著者は示唆しているようにみえる。

そこから実は日本の農業と国の行く末についても重要なヒントがえられるのである。

この本のなかで指摘された消えてしまったミツバチは、有史以来、欧米型の農業のなかで人間と共進化してきたセイヨウミツバチである。ラングストロスの効率的に蜜を採取する巣箱の開発から始まり、近年では、中国産などのまがいもののハチミツとの価格競争、そして二〇〇〇年代に突如勃興した金のなる木「アーモンド」の単位面積あたりの収穫量を規模の経済で極大化することによる、ポリネーターとしてのミツバチの酷使。「工業化された農業」にともなってセイヨウミツバチ自体も、その習慣を変えざるをえなかったことがこの本を読むとわかるのである。また中国では、農薬の規制が甘く、農薬漬けにして単位面積あたりの収穫量をあげようとしてかえって、授粉昆虫を死滅させ、人海戦術で梨の受粉をしなくてはならなくなった四川省の村のレポートもこの本には収められている。

さて、では、アメリカやヨーロッパの状況はわかったけれど、日本のミツバチは大丈夫なのだろうか？　日本にいるミツバチも大量失踪したり、大量死したりしていないのだろうか？　読者の方は当然こう思われるだろう。

結論から先に言うと、現在のところCCDに苦しむ北半球のセイヨウミツバチのなかにあって日本のセイヨウミツバチはそれほど大きく影響をうけていないようにみえる。

現在、独立行政法人の畜産草地研究所が、養蜂農家の団体である（社）日本養蜂はちみつ協会の会員約二千八百人を対象として、CCDが発生しているかどうかアンケートを実施している。

そのアンケートをとりまとめている木村澄博士に取材をしたところ、

「まだ一割ほどしか回答を得ていないが、ざっと言って、五人に一人ぐらいの割合で、突然ハチがいなくなる現象があると答えている。ただし、ハチは正常な状況下でも巣からいなくなることがあるので、このことが必ずしもCCDの兆候とは限らない。二〇〇八年の日本の状況には、(1)七月の終わりから猛暑に襲われた、(2)ダニ駆除剤の効き目が悪くなっていて、ダニの被害が増大している、(3)アメリカのCCDについて聞き及んでいるため、うちもそうなのではないかと思い込んでしまう可能性があるため、アンケートの回答がどれほどCCDに関する状況を反映しているかどうかについては精査が必要」とのことだった。

おおざっぱに言って、CCDが疑われるケースはあるが、欧米ほど顕著な被害はまだ現れてきていないというところだ。

このことに私は大きな鍵があるように思える。

日本でも、冷戦が崩壊し、米国の主導で市場開放が進む八〇年代以降、農業において米国型の大規模農業をめざすことが主張された。大規模な作付け面積から、機械化によって単位面積あたりの収穫高を限界利益にまでちかづけるという「工業化された農業」だ。そして農地の集約をうながすための政治的施策もとられてきた。

しかし、結局は、日本の狭い国土のなかで、規模の経済を働かせ価格面で国際競争に勝とうなどというのはどだい無理なことだ。柑橘類をはじめさまざまな作物が自由化されていったが、結局日本の農業で生き残っているのは、そうした大規模作付けの作物ではなく、山形のサクランボ、青森のりんごなどその土地その土地の地味をいかしつつ、丹精をこめてつくっている作物だ。

本書の担当編集者下山進氏は、数年前に小学生だったお嬢さんの夏休みの自由研究で山形のリンゴ農家を訪れ、その家族経営の果樹園の四季に耳を傾けたことがある。

冬、まだ雪深いうちから雪のうえに脚立をたてリンゴの余分な枝をとる剪定（せんてい）からリンゴ農家の年があける。そして五月になり、リンゴの白い花がほころびだすと、ミツバチの出番だ。養蜂家からミツバチを借りてきて果樹園で放し、ミツを採取させ、リンゴの花を受粉させる。りんごのめしべはひとつの花に五つあり、その五つがすべて受粉しないと、種が空洞のものができて、りんごの形が悪くなる。

「だからミツバチに授粉してもらうことはとても大切なの」

とはその農家の奥さんの言葉だ。

そして六月には花摘みがある。りんごの花はひとつの枝に通常五つの花をつける。そのうちひとつだけを残して花を摘むのである。ひとつの木にリンゴがなりすぎると形が悪くなったり味がおちたりするので、それをふせぐためだ。

さらに七月にも、摘果といって、青い実をさらに摘んで、間隔をあけ、まるまるとした美味しいリンゴがなるようにする。

八月には、日差しをまんべんなくあてるための「玉まわし」がある。りんごの葉を摘み、さらにリンゴの玉を回して、まんべんなく光をあて、色むらのないリンゴをつくるようにする。

このようにして実りの秋（Fruitfull Fall）に収穫されたリンゴは、色といい味といい格別である。

「近年は農薬の規制が厳しくなって、手間隙は以前にくらべてもっとかかるようになったけれど、りんごは年々いいものになっている」とその農家のご主人。

このような農業のなかで働くミツバチたちは幸福だ。日本ではアメリカのように数千箱も巣箱を擁する大規模養蜂を行っているわけではないし、授粉による金かせぎのためにトラックで何千キロも連れ回されるわけでもない。どこからつれてこられたかわからない他のミツバチと一緒に、びっしりと植えられた気が遠くなるように広いアーモンド畑であくせく働く必要もない。

ただ、気になる点もある。この本にも原因のひとつとして検討されたネオニコチノイド系農薬である。日本ではこの農薬の規制がなされておらず、カメムシなどの被害をきらう農家が稲作に使用するケースが多い。岩手で五〇〇群のセイヨウミツバチのコロニーが全滅し、最終的に隣接した水田で農薬を使用した側が養蜂家に補償したというケースも報告されている。

いずれにせよ、紹介した山形のリンゴ農家にみられるような小さくともその土地に根ざした特色ある日本の農業のありかたが、日本ではまだ大きなＣＣＤの被害が報告されていない大きな理由であるように思える。日本の農業の未来も、そうした方向の先にあるべきだ。

さて、この本を読んでいる大都市圏の読者の方に、とっておきの話を最後に披露しよう。東京や名古屋、大阪などの大都市にもミツバチはいる。しかもとびきりユニークな日本古来のミツバチが……。

玉川大学学術研究所ミツバチ科学研究センター吉田忠晴教授の書いた『ニホンミツバチの社会をさぐる』（玉川大学出版局）をソースとして、そのことを紹介しよう。

セイヨウミツバチが日本にはじめて輸入されたのは明治一〇年（一八七七年）のことだった。

アメリカから六群だけ輸入されたこのセイヨウミツバチはやがて日本の農家にひろまっていくが、それまで「日本書紀」が書かれた昔から、日本で花の蜜を集めていたのはニホンミツバチとよばれるトウヨウミツバチの亜種だった。「日本書紀」にはこのニホンミツバチを飼って蜜をとろうとした百済出身の役人の話がでてくるが、このニホンミツバチが近年、大都市の郊外などで増えているのである。

三重大学の松浦誠教授の報告によれば、二〇〇二年~二〇〇三年に横浜市、名古屋市、津市、大阪府北東部で野生で営巣していた四九四群のうち、セイヨウミツバチは三一群で、のこりはすべてニホンミツバチだった。

さらに最近はこのニホンミツバチを趣味として自宅の庭で飼うひとも増えているのである（なんと訳者と編集者の家の近所の中野区鷺宮の住宅街にもいた）。

ニホンミツバチはセイヨウミツバチと比べて一群あたりのミツバチの数が少なく、したがってとれる蜜の量も少ないので、農業としての養蜂はセイヨウミツバチにとってかわられていったのだが、趣味で飼う分には申し分ない特質をそなえている。

ひとつには、セイヨウミツバチに比べてもとても大人しい気質ということがある。セイヨウミツバチの場合、煙（燻煙器）でハチをなだめてから巣箱を扱う必要があるが、ニホンミツバチは、顔をおおう面布さえあれば充分だ。さらにセイヨウミツバチのような害敵や病気に対する保護も特に必要としない。セイヨウミツバチのように巣箱に農薬をぶちまけてダニを防ぐなんてこともまったく必要ない。

なぜならニホンミツバチは、ミツバチヘギイタダニのそもそもの宿主であるトウヨウミツバチの一種であるからだ（本文206ページ参照）。

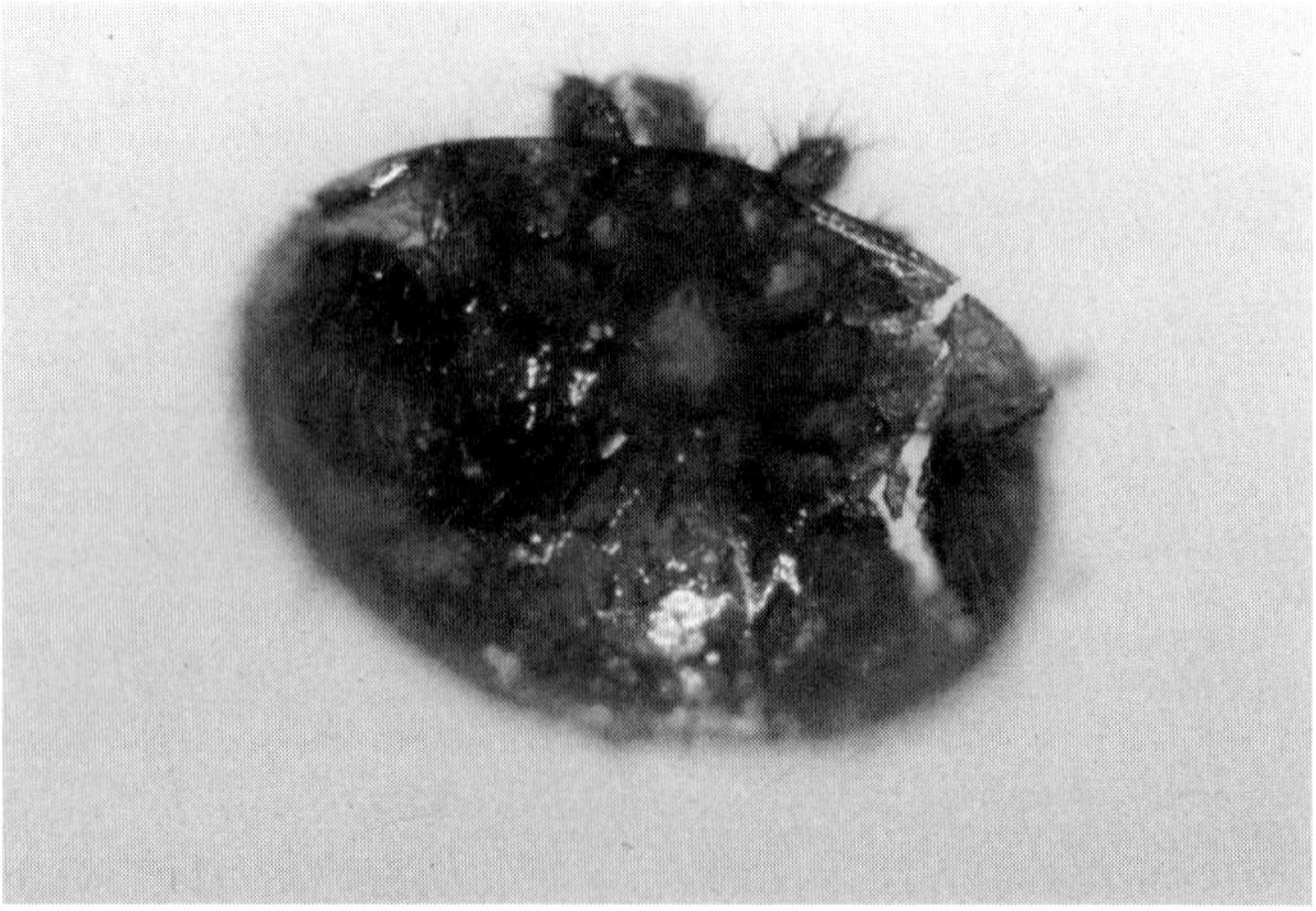

ニホンミツバチ働き蜂に噛み殺されたミツバチヘギイタダニ
肢と背版に損傷がある（玉川大学ミツバチ科学研究センター吉田忠晴提供）

トウヨウミツバチには大きくわけて五つの亜種があり、そのうちのひとつが日本に古来から生息しているニホンミツバチというわけで、ニホンミツバチもダニには圧倒的に強い。

吉田氏の調査によれば愛媛県下で飼育されている二六群から採取した四〇〇〇匹の働き蜂を調査した結果、みつかったダニはたったの三四匹。これが野外でみつけた巣になるともっと少なく一五〇〇の働き蜂の巣房のなかからダニは発見されず、同時に調べた雄蜂五〇〇の巣房のなかに、たった二匹のダニがみつかっただけだった。

その理由は、そもそもダニの繁殖に必要な働き蜂が羽化するまでの巣房のなかで蓋をしめられた状態でいる期間が短いことがひとつ、さらに働き蜂同士がクルーミングとよばれるけづくろいの動作をし、そのなかでダニをみつけると大顎でダニをとらえかみ殺してしまう。トウヨウミツバチがそもそものミツバチヘギイタダニの宿主だったことを考えると、その寄生虫との

巣箱内に侵入したオオスズメバチを熱殺するニホンミツバチ働き蜂
(玉川大学ミツバチ科学研究センター吉田忠晴提供)

共進化はとても興味深いものがある。

さらにこれに加えてニホンミツバチは外敵との競争のなかで、非常に特異な防御能力を進化させている。それはオオスズメバチにたいする対処法である。

オオスズメバチはミツバチの巣に数十匹で訪れ、その巣のなかに侵入し、巣のなかの幼虫やさなぎをみずからの幼虫のエサにする。

オオスズメバチはアジアにしか生息しておらず、セイヨウミツバチの原産地ヨーロッパにスズメバチはいなかった。

オオスズメバチがセイヨウミツバチの巣を十数匹で襲うと、セイヨウミツバチは巣から出て果敢にオオスズメバチにとびかかっていく、しかしオオスズメバチの大きな顎でかみ殺され、三、四時間で二～三万匹の一群が全滅してしまう。

ところがニホンミツバチは、このオオスズメバチを撃退する方法をもっているのである。

ニホンミツバチはオオスズメバチに襲われると、巣から出て反撃するということをせず、巣門近くに働き蜂が集まる。巣のなかにオオスズメバチがはいるやいなや、いっせいに働き蜂が飛び掛かり、何十匹もの体で蜂の球をつくりそのなかにオオスズメバチを閉じ込めてしまうのでだ。蜂球の働き蜂は飛翔筋による発熱で蜂球内の温度を一気に四八度まで上昇させ、二〇〜三〇分加熱してオオスズメバチを蒸し殺してしまうのである。

オオスズメバチの致死温度は四四〜四六度。それに対して、ニホンミツバチは四八度から五〇度まで耐えられる。このわずかな温度差を利用した「蒸し焼き」戦術は、玉川大学学術研究所ミツバチ科学研究センター教授の吉田忠晴氏のグループが一九八七年に最初に発見し、スイスの科学研究誌に発表して一躍注目をあびた「進化」の一例である。

ロシアの蜂がCCDの対処法として見直されたのと同様、ニホンミツバチもまた欧米の養蜂家の注目をあびる日も近いかもしれない。

さて、この本をここまで読み進めてきて、ミツバチを飼ってみたいと思われた方もいるかもしれない。実際、著者も本書のなかで、そうなってくれたらうれしいと言っている。本書の付録には趣味の養蜂のヒントが記載されているが、ミツバチが好む花のリストについては、日本の状況に合わないため割愛した。だが、とっておきの本がある。『庭で飼うはじめてのみつばち　ホビー養蜂入門』(和田依子著、中村純監修、山と渓谷社)。同書にはミツバチの好物である花のリストをはじめ、入門者が心得ておくべき注意も詳しく記載されているので、趣味の養蜂を目指す方にはぜひご一読いただきたい。

本書がきっかけでにわかミツバチ愛好家になった私は、ミツバチという昆虫がいかに多くの人に愛されているかを知って驚いた。「ぼくの上司の家には巣箱がある」、「わたしの伯父も飼ってるわ」という話から、気をつけてみればテレビでもミツバチの話がしょっちゅう取り上げられているし、図書館にもまとまった量の蔵書があり、インターネットでは無数といえるほどミツバチに関するサイトやブログがみつかる。そして調査を行うにつれ、ミツバチを飼う人は、みな善人で親切な方だという思いが深まった。著者もその一人で、メールを送れば、いつも快活な返事がすぐに返ってきた。玉川大学ミツバチ科学研究センターの中村純教授も、門外漢のお寒い質問に何度も親切に答えてくださった。この場を借りて厚く御礼申し上げたい。また、おなじ玉川大学ミツバチ科学研究センター吉田忠晴教授、畜産草地研究所の木村澄博士のご協力にも感謝申し上げたい。

本書の翻訳にあたっては、文藝春秋の下山進氏、翻訳家の田口俊樹先生、夫の早稲田大学教授エイドリアン・ピニングトンから、多くの助言と協力を頂戴した。最後に、決して育児を放棄しない働き蜂として長いあいだ見守ってきてくれた両親、中里英二と芙紗子に心からの感謝を捧げたい。この五名の方の支援のおかげで、本書は飛び立つことができた。

二〇〇八年一一月

中里京子

解説

自然界における動的平衡

福岡伸一

頭が痛い、お腹の調子がわるい、風邪をひいた、咳がでる。頭痛薬、整腸剤、風邪薬、去痰剤……。なにかというと、私たちはすぐに薬を飲む。そしてなんとなく直った気分になる。この間に起こったことは一体何だろう。生命現象における動的平衡がいっとき乱れ、そのシグナルとして不快な症状が表れ、まもなく動的平衡が回復されたのである。薬が何かを直してくれたわけではない。薬は単に、不快な症状が表れるプロセスに介入して、それを阻害しただけである。ひょっとするとその介入は、動的平衡状態に干渉して、復元を乱しただけかもしれない。

動的平衡は、生物の個体ひとつに留まっているわけではない。平衡が動的であるとの意味は、物質、エネルギー、情報のすべてが絶え間なく周りとのあいだで交換されていて、その間に精妙な均衡が保たれているということである。動的平衡の網目は自然界全体に広がっている。自然界に孤立した「部分」や「部品」と呼ぶべきものはない。だから、局所的な問題はやがて全体に波及する。局所的な効率の増加は、全体の効率の低下をもたらし、場合によっては、平衡全体の致命的な崩壊につながる。

その原題を「実りなき秋」(Fruitless Fall) と名づけられた本書は、アメリカのミツバチのあいだに急速に拡大しつつある奇妙な病気、蜂群崩壊症候群 (CCD, Colony Collapse Disorder) について克明に書かれたものである。

薄皮を一枚ずつ剝いでいくように謎を追う筆致はスリルを極め、近年読んだ科学ノンフィクションの中でも出色だ。

この本を読みながら、私の頭の中で、ずっと二重写しになっていたことがある。それは狂牛病の問題だった。狂牛病禍は、食物連鎖網という自然界のもっとも基本的な動的平衡状態が人為的に組み換えられたことによって発生し、その後の複数の人災の連鎖によって回復不可能なほどにこの地球上に広まった。

乳牛は、文字通り、搾取されるために間断なく妊娠させられ続ける。そして子牛たちは、生まれるとすぐに隔離される。ミルクは商品となり、母牛の乳房を吸うという幸福な体験を覚えた子牛を母牛から分離するのが困難になる前に。子牛たちを、できるだけ早く、できるだけ安く、次の乳牛に仕立て上げるために、安価な飼料が求められた。それは死体だった。病死した動物、怪我で使い物にならなくなった家畜、廃棄物、これらが集められ、大なべで煮、脂を濾し取ったあとに残った肉かす。それを乾燥させてできた肉骨粉。これを水で溶いて子牛たちに飲ませた。死体は死因によって選別されることなどなかった。そこにはあらゆる病原体が紛れ込んだ。それだけではない。安易にも人々は、燃料費を節約するため、原油価格が上がると工程の加熱時間を大幅に短縮した。こうして、羊の奇病であるスクレイピー病に罹患して死んだ羊の死体に潜んでいた病原体が、牛に乗り移った。消化機能が未完成の子牛たちに感染することなど、病原体にとってそれこそ赤子の手をひねるよりも簡単だったに違いない。ほどなくして、病原体は、牛を食べたヒトにも乗り移ってきた。草食動物である牛を、正しく草食動物として育てていれば、羊の病気が種の壁を越えて、牛やヒトに伝達されることは決してなかった。牛が草を食べるのは、自然界の中で自分の分際を守ることによって全体の動的平衡状態を維持するためである。三八億年の時間が、それぞれの生命に、それぞれの分際を与え、その関係性に均衡をもたらしたのだ。できあがるまでにとてつもない時間がかかる動的平衡は、しかし、ほんのわずかな組み換えと干渉と介入があれば、一瞬にして破られることがある。

植物と昆虫の共生関係は、自然界の動的平衡が最も精妙な形で実現されたものだといってよい。花は、私たちヒトの心を和(なご)ませるためにあるのではない。ハチをはじめとする虫たちの心を捉えるため、進化が選び取ったものである。もし、私たちが和むとすれば、それは均衡の精妙さのためであるべきだった。私たちはその観照をたやすく放擲(ほうてき)して、ただひたすら効率を求めた。高収益をもたらすアーモンドの受粉のために、ミツバチたちは完全に工業的なプロセスに組み込まれた。そして極端に生産性を重視したハチの遺伝的均一化が進められた。ハチを病気や寄生虫から守るため、各種の強力な薬剤が無原則に使用された。

この結果、何がもたらされたのか。ミツバチたちのコロニーは、崩壊寸前の、まさに薄氷の上におかれたのだ。

そしてそれがやってきた。狂牛病のケースと全く同じく、それは人為が作りだした新たな界面の接触を利用して、たやすくハチに乗り移ってきたのだ。ハチは狂いだした。細かく役割分担されていた集団の統制がたちまち乱れ、ハチたちはある日一斉に失踪する。女王蜂と夥しい数の幼虫、そして大量のハチミツだけが残され、巣は全滅する。

病原体の正体はなお明らかではない。この点も狂牛病と似ている。三章、四章にあるとおり、ここには病気の媒体としてある種のウイルスが関与しているように見える。ハチのコロニーが崩壊した巣箱を再利用すると、新しいコロニーも全く同じ症状に陥るからである。スクレイピー病が発生した草地で、新たに羊を飼うと感染が起こることに酷似している。原因が未知のウイルスなのか、あるいはその他に起因があるのか、それは今後の研究に期待するしかない。

本書は単に、ハチの奇病についてレポートしたものではない。より大きな問題についての告発の書であり、極めて優れた環境問題の書であるといえる。それは私たち人間が、近代主義の名において、自然という動的平衡に対して無原則な操作的介入を押し進めた結果、何がもたらされうるか、すでに何がもたらされたかという告発である。狂牛病は、そして蜂群崩壊症候群は、まぎれもなく動的平衡状態が乱されたことを示す悲痛な叫び声であり、自然界からのある種の報復でもある。

では、私たちは一体どうしたらよいのだろうか。その答えも本書の中にある。病気に対して手当たり次第、薬を飲むごとく、操作的な介入を行うごとき行為の果てに答えは存在しない。

答えは、自然界が持つ動的平衡の内部にしかない。ロシアのミツバチたちが身をもって示したことは何だったか。病気への対応は、乱された動的平衡状態が、次の安定状態に移行する過程で見出される復元力(リジリエンス)としてしかあらわれることはない。本書の最も重要なメッセージはここにある。復元もまた動的平衡の特質であり、本質なのだ。

事態はさらに深刻であり逼迫(ひっぱく)している。私たちはひょっとするとその復元力さえも損なうほどに、自然の動的平衡を撹乱(かくらん)しているかもしれないのだ。

ある人が私に語った言葉が忘れられない。狂牛病を防ぐために何をすればよいか。それは簡単なことです。牛を正しく育てればよいのです。

(分子生物学者　青山学院大学教授)

参考文献

第一章　あなたのその朝食は

私たち一般市民が花粉媒介者のことを考えるようになったきっかけは、一九九六年にスティーブン・L・バックマンとゲアリー・ポール・ナブハンが出版した非常に影響力のある本『The Forgotten Pollinators』によるところが大きい。この本は『沈黙の春』とおなじくらい重要な必読書として、あらゆる人に読まれるべきものだ。必ずや、過去四半世紀に書かれたもっとも重要な書物とみなされるようになるだろう。

Buchmann, Stephen L., and Gary Paul Nabhan. The Forgotten Pollinators. Washington, D.C.: Island Press, 1996.

Carson, Rachel. Silent Spring. New York: Houghton Mifflin, 1962.（レイチェル・カーソン著、青樹簗一訳『沈黙の春』新潮社）

第二章　集団としての知性

本書に記載したミツバチのコミュニケーションとフィードバックシステムに関する情報のほとんどは、トーマス・シーリーのすばらしい著書『ミツバチの知恵』から得たものだ。非常に専門的で、気楽に読める本とはとてもいえないものの、シーリーの無駄のない的確な実験、観察力、そして科学の冷徹さを突き破ってときおり顔を出す彼の情熱的な姿のために、読んでとても楽しい本になっている。ミツバチの歴史における究極の判断基準であり、本章の主な情報源ともなっているのは、エヴァ・クレイン著『World History of Beekeeping and Honey Hunting』だ。ミツバチの基本的な生態に関する良書には他にも、ホリー・ビショップ著『Robbing the Bees』、ビル・メアス著『Bees Besieged』およびロス・コンラッド著『Natural Beekeeping』などがある。ミツバチの栄養に関する非常に簡潔な情報源としては、ランディ・オリバーが

『アメリカン・ビー・ジャーナル』に連載した『Fat Bees』をお勧めしたい。オリバーはカリフォルニアの養蜂家で、おどろくほど活発かつ魅力的な精神の持ち主だ。彼が書くものはどんなものでも目を通す価値があるが、そのほとんどは彼のウエブサイト www.scientificbeekeeping.com で読むことができる。

Bishop, Holley. Robbing the Bees: A Biography of Honey. New York: Free Press, 2005.
Conrad, Ross. Natural Beekeeping: Organic Approaches to Modern Apiculture. White River Junction, VT: Chelsea Green, 2007.
Crane, Eva. World History of Beekeeping and Honey Hunting. New York: Routledge, 1999.
Lovell, John Harvey. The Flower and the Bee. London: Constable, 1919.
Mares, Bill. Bees Besieged: One Beekeeper's Bittersweet Journey to Understanding. Medina, OH: A. I. Root, 2005.
McGee, Harold. On Food and Cooking: The Science and Lore of the Kitchen. New York: Scribner, 2004. ワシントン・アービングの引用はここから。
Mangum, Wyatt. "Moving Beehives in Times Before Bobcat Loaders, Tractor Trailers, and Pickup Trucks (with Cup Holders)." American Bee Journal, February 2008. s M・G・ディダントの引用はここから。
Oliver, Randy. "Fat Bees." Pts. 1-4. American Bee Journal, August 2007–December 2007.
Seeley, Thomas D. The Wisdom of the Hive: The Social Physiology of Honey Bee Colonies. Cambridge, MA: Harvard University Press, 1995.（トーマス・D・シーリー著、長野敬、松香光夫訳『ミツバチの知恵——ミツバチコロニーの社会生理学』青土社）
University of Illinois at Urbana - Champaign. "Honey Bee Chemoreceptors Found for Smell and Taste." Press release, October 27, 2006.
Wilson, E. O. Success and Dominance in Ecosystems: The Case of the Social Insects. Oldendorf/Luhe, Germany: Ecology Institute, 1990.

第三章　何かがおかしい

養蜂の基本、ミツバチの生態、ミツバチの病気に関する得がたい情報源は、『the Mid-Atlantic Apiculture Research and Extension Consortium』(http://maarec.cas.psu.edu) である。このサイトは、科学者たちにとってCCD情報を交換する最良の場所となっている。

Barrionuevo, Alexei. “Honeybees Vanish, Leaving Keepers in Peril.” New York Times, February 27, 2007.

Boecking, Otto, and Kirsten Traynor. “Varroa Biology and Methods of Control.” Pt. 1. American Bee Journal, October 2007.

Chong, Jia- Rui, and Thomas H. Maugh II. “Suddenly, the Bees Are Simply Vanishing.” Los Angeles Times, June 10, 2007.

Kolbert, Elizabeth. “Stung.” New Yorker, August 6, 2007.

Laurenson, John. “Plight of France’s Honey Bee.” BBC News, October 14, 2003.

Pennsylvania State University. “Bee Mites Suppress Bee Immunity, Open Door for Viruses and Bacteria.” Press release, May 18, 2005.

Vidal, John. “Threat to Agriculture as Mystery Killer Wipes Out Honeybee Hives.” Guardian, April 12, 2007.

第四章　犯人を追う

American Bee Journal. “Questions and Answers About Colony Collapse Disorder and Israeli Acute Paralysis Virus.” November 2007.

Cameron, Craig, and Ilan Sela. “Characterization of Bee Viruses and an Investigation of Their Mode of Spread.” BARD US- 3205-01R, Final Scientific Report, March 31, 2005.

Chen, Yanping, and Jay Evans. "Historical Presence of Israeli Acute Paralysis Virus in the United States." American Bee Journal, December 2007.

Chong, Jia - Rui, and Thomas H. Maugh II. "Experts May Have Found What's Bugging the Bees." Los Angeles Times, April 26, 2007.

Christian Newswire. "Missing Bees, Cell Phones and Fulfillment of Bible Prophecy." April 27, 2007. http://christiannewswire.com/news/27552961.html.

Cox - Foster, Diana, et al. "A Metagenomic Survey of Microbes in Honey Bee Colony Collapse Disorder." Science Express, September 6, 2007.

Dayton, Leigh. "Bee Acquittal Stings Journal." Australian, November 21, 2007.

Fischer, James. "A Beekeeper Reads the Paper." Bee Culture, September 2007.

Harst, Wolfgang, Jochen Kuhn, and Hermann Stever. "Can Electromagnetic Exposure Cause a Change in Behaviour? Studying Possible Non - Thermal Influences on Honey Bees - An Approach within the Framework of Educational Informatics." Acta Systemica 6 (1), 2006.

Hayes, Jerry. "Colony Collapse Disorder: Research Update." American Bee Journal, December 2007.

Information Liberation. "No Organic Bee Losses." May 10, 2007. www.informationliberation.com/index.php?id=21912.

Johnson, Chloe. "Widespread Die Off May Be Affecting Area's Bees." Foster's Daily Democrat, April 22, 2007.

Milius, Susan. "Not- So- Elementary Bee Mystery." Science News, July 28, 2007.

Nikiforuk, Andrew. "Is the Bee Virus Bunk?" Toronto Globe and Mail, November 3, 2007.

Oldroyd, Benjamin P. "What's Killing American Honey Bees?" PLoS Biology, June 2007.

Oliver, Randy. "The Nosema Twins." Pt. 1. American Bee Journal, December 2007.

Wall Street Journal. "Bee Mystery: Virus Linked to Colony Deaths." August 6, 2007.

Bonmatin, J. M., et al. "Quantification of Imidacloprid Uptake in Maize Crops." Journal of Agriculture and Food Chemistry 53 (13), 2005.

Bortolotti, Laura, et al. "Effects of Sublethal Imidacloprid Doses on the Homing Rate and Foraging Activity of Honey Bees." Bulletin of Insectology 56 (1), 2003.

Chauzat, M. P., et al. "Survey of Pesticide Residues in Pollen Loads Collected by Honey Bees in France." Journal of Economic Entomology 99 (2), 2006.

Comité Scientifique et Technique de l'Etude Multifactorielle des Troubles des Abeilles. Imidaclopride utilisé en enrobage de semences (Gaucho®) et troubles des abeilles. Final report, September 18, 2003.

Cox, Caroline. "Imidacloprid." Journal of Pesticide Reform 21 (1), Spring 2001.

Fishel, Frederick M. "Pesticide Toxicity Profile: Neonicotinoid Pesticides." University of Florida Extension Ser vice, October 2005.

Frazier, Maryann. "Protecting Honey Bees from Pesticides." Crop Talk, May 2007.

Greatti, Moreno, et al. "Presence of the A.I. Imidacloprid on Vegetation Near Corn Fields Sown with Gaucho® Dressed Seeds." Bulletin of Insectology 59 (2), 2006.

Maus, Christian M., Gaëlle Curé, and Richard Schmuck. "Safety of Imidacloprid Seed Dressings to Honey Bees." Bulletin of Insectology 56 (1), 2003.

Medrzycki, P., et al. "Effects of Imidacloprid Administered in Sub-Lethal Doses on Honey Bee Behaviour." Bulletin of Insectology 56 (1), 2003.

Newark (NJ) Star-Ledger. "Possible Culprit Identified in Decline of Honeybees." May 28, 2007.

Preston, Richard. "A Death in the Forest." New Yorker, December 10, 2007.

Ramirex-Romero, Ricardo. "Effects of Cry1Ab Protoxin, Deltamethrin and Imidacloprid on the

Foraging Activity and the Learning Performances of the Honeybee Apis mellifera, a Comparative Approach." Apidologie 36, 2005.
Rortais, A., et al. "Modes of Honeybees Exposure to Systemic Insecticides: Estimated Amounts of Contaminated Pollen and Nectar Consumed by Different Categories of Bees." Apidologie 36, 2005.
Schneider, Franklin. "Buzz Kill." Washington City Paper, June 14, 2007.
U.S. Environmental Protection Agency. "Reregistration Eligibility Decision for Tau - fluvalinate." September 2005.

第六章　おかされた巣箱を見る

Barboza, David. "In China, Farming Fish in Toxic Waters." New York Times, December 15, 2007.
Ezenwa, Sylvia. "Contaminated Honey Imports from China: An Ongoing Concern." Pts. 1 and 2. American Bee Journal, July 2007 and August 2007.
Lee, Don. "Cleaning Up China's Honey." Los Angeles Times, May 3, 2007.
McKay, Rich. "Beekeepers Stung by Imports." Orlando Sentinel, July 8, 2000.
Pollan, Michael. "Our Decrepit Food Factories." New York Times Magazine, December 16, 2007.
Sanford, Malcolm. "Pollination of Citrus by Honeybees." University of Florida Extension Service, 1992.

第七章　人間の経済に組み込まれた

Agnew, Singeli. "The Almond and the Bee." SFGate.com, October 14, 2007.
Almond Board of California. Almond Industry Position Report. May 2007.
Blue Diamond. "A Historical Reference of the Almond." www.bluediamond.com/almonds/history.

Burke, Garance. "Beekeepers Get Stung by Hive Heists as California Nut Trees Bloom." North County (CA) Times, March 11, 2008.

Cline, Harry. "Almond Growers Facing Bee Crisis." Western Farm Press, May 27, 2005.

McGregor, S. E. Insect Pollination of Cultivated Crop Plants. Agriculture Handbook No. 496. Washington, D.C.: U.S. Government Printing Office, 1976.

Nachbaur, Andy. "SAD and BAD Bees." www.beesource.com, January 1989.

Traynor, Joe. "Improved Pollination Will Improve Yields." Pacific Nut Producer, February 2004.

第八章　複合汚染

ビル・メアズが二〇〇五年に著した『Bees Besieged』は、アフリカ化したミツバチとハチノスムクゲケシキスイの経緯を記したすぐれた書籍だ。フロリダ州農業消費者サービス省では、この二種類のやっかいな虫に関する豊富な最新情報を提供している（www.doacs.state.fl.us/pi）。トービアス・オロフソンとアレハンドラ・バスケスによるミツバチにおける乳酸菌の共同研究（本書の印刷時点では未刊行）の情報は、www.prohoneyandhealth.com で入手可能だ。「ツーソン・ビー・ダイエット」に関する詳細は、www.megabeediet.com で。ミツバチの栄養とビテロジェニンに関するランディ・オリバーの記事は、www.scientificbeekeeping.com で閲覧できる。このトピックに関する包括的な情報については、次のURLから無料でダウンロードできるダグ・ソマービルの著書『Fat Bees, Skinny Bees』を参照されたい。（http://www.rirdc.gov.au/reports/HBE/05-054.pdf）

Ferrari, Thomas. "When Bees Carry Dead Pollen." Bee Culture, December 2007.

Llauener, Paul, and Marie- Laure Combes. "French Beekeepers Brace for Asian Sting." Associated Press, April 13, 2007.

Mares, Bill. Bees Besieged: One Beekeeper's Bittersweet Journey to Understanding. Medina, OH: A. I. Root, 2005.

Oliver, Randy. "Fat Bees." Pts. 1 and 2. American Bee Journal, August 2007 and September 2007.
Salon.com. "Who Killed the Honeybees?" May 29, 2007. Quotes Eric Mussen.
Somerville, Doug. Fat Bees, Skinny Bees. Barton, Australia: Rural Industries Research and Development Corporation, 2005.
Tingek, Salim, et al. "A New Record of a Parasite of Honey Bees in Sabah, Malaysia, Borneo: An Additional Danger for Worldwide Beekeeping?" American Bee Journal, December 2007.

第九章　ロシアのミツバチは「復元力」をもつ

私がカーク・ウエブスターの存在を知ったのは、『オライオン』誌二〇〇六年七〜八月号で彼のことを書いたビル・マキベンの記事からだった。ウエブスター自らが書いた記事は、『アメリカン・ビー・ジャーナル』に掲載されている（www.dadant.com）。この雑誌では、サー・アルバート・ハワードの業績の概略についても知ることができるが、より詳しくは、マイケル・ポーランの『The Omnivore's Dilemma』を。ロシアミツバチの女王蜂育種プロジェクトに関する経緯については、www.ars.usda.gov まで。復元力運動のバイブルは、ブライアン・ウォーカーとデイヴィッド・ソルト著の『Resilience Thinking』だ。チップ・ウォードの記事『Diesel-Driven Bee Slums and Impotent Turkeys: The Case for Resilience』は、このトピックに関するすぐれた手引きである。

Burley, Lisa Marie. "The Effects of Miticides on the Reproductive Physiology of Honey Bee (Apis mellifera L.) Queens and Drones." Master of science thesis, Virginia Polytechnic Institute, 2007.
Chang, Kenneth. "Mathematics Explains Mysterious Midge Behavior." New York Times, March 7, 2008.
Flottum, Kim. "Cold Country Queens." Bee Culture, December 2007.

Garreau, Joel. "Honey, I'm Gone." Washington Post, June 1, 2007. Quotes Barry Lopez.
Harder, Ben. "Powerful Pollinators, Wild Bees May Favor Eco - Farms." National Geographic news, October 28, 2004.
Kremen, Claire, et al. "The Area Requirements of an Ecosystem Service: Crop Pollination by Native Bee Communities in California." Ecology Letters 7, 2004.
McKibben, Bill. "Of Mites and Men." Orion, July-August 2006.
North Carolina Cooperative Extension Service. "A Comparison of Russian and Italian Honey Bees," May 2005.
Pollan, Michael. The Omnivore's Dilemma. New York: Penguin, 2006.
Richard, Freddie - Jeanne, David R. Tarpy, and Christina M. Grozinger. "Effects of Insemination Quantity on Honey Bee Queen Physiology." PLoS One 2 (10), 2007.
Romanov, Boris, "Russian Bees in USA and Canada." www.beebehavior.com .
Surowiecki, James. "Bonds Unbound." New Yorker, February 11 and 18, 2008. スロウィッキーはこの記事で、社会学者チャールズ・ペローの考えをわかりやすく言い換えている。
Walker, Brian, and David Salt. Resilience Thinking: Sustaining Ecosystems and People in a Changing World. Washington, D.C.: Island Press, 2006.
Ward, Chip. "Diesel - Driven Bee Slums and Impotent Turkeys: The Case for Resilience." www.TomDispatch.com,July30,2007.
Webster, Kirk. "A Beekeeping Diary." American Bee Journal, January-December 2007.

第十章　もし世界に花がなかったら?

マイケル・ポーランの精神は、本書の各所に現れているが、この章では彼の存在がより鮮明になっている。『欲望の植物誌』のチューリップの章は、花と美と欲望に関する明敏な洞察だ。私はこの本を、本書にとりかかる何年も前に読んでいたが、彼の思想は思ったより私の脳に深く刻みこまれていたらしい。本書の章題はすべて私のオリジナルのつもりでいたが、本書の推敲中に『欲望の植物誌』を読み返してみたところ、なんと、次の文を見つけてしまったのだ。「美の誕生はそれよりさらに遡り、……人間の欲望よりもさらに前、世の中がほとんど枝葉ばかりに埋め尽くされていたときに、最初の花が開いたのだ」（第十章の英語の原題は"The Birth of Beauty"）。花の戦略と進化に関する、心躍るように愉しい説明については、バスティアン・ミーユーズとショーン・モリス共著の『The Sex Life of Flowers』を。このトピックに関するもう一冊のすばらしい書籍は、『The Forgotten Pollinators』とベルント・ハインリッヒの『Bumblebee Economics』だ。

Buchmann, Stephen L., and Gary Paul Nabhan. The Forgotten Pollinators. Washington, D.C.: Island Press, 1996.

Heinrich, Bernd. Bumblebee Economics. Cambridge, MA: Harvard University Press, 1979. ハインリッヒのクローバーに関する引用は、ここから。

Meeuse, Bastiaan, and Sean Morris. The Sex Life of Flowers. New York: Facts on File, 1984.

Pollan, Michael. The Botany of Desire: A Plant's-Eye View of the World. New York: Random House, 2001.（マイケル・ポーラン著、西田佐知子訳『欲望の植物誌——人をあやつる4つの植物』八坂書房）

Raine, Nigel, and Lars Chittka. "The Adaptive Significance of Sensory Bias in a Foraging Context: Floral Colour Preferences in the Bumblebee Bombus terrestris." www.plosone .org, June 20, 2007.

University of Chicago. "Amino Acids in Nectar Enhance Butterfly Fecundity: A Long Awaited Link." Press release, February 23, 2005.

第十一章　実りなき秋

花粉媒介者の苦境に関する最良の情報源は、『The Forgotten Pollinators』だが、この本は一九九六年に刊行されているため、最近の情報については、クセルクセス協会（the Xerces Society）のウエブを参考にするとよいだろう。URLは、www.xerces.org。

Berenbaum, May. “The Birds and the Bees: How Pollinators Help Maintain Healthy Ecosystems.” Written testimony before the Subcommittee on Fisheries, Wildlife and Oceans, Committee on Natural Resources, U.S. House of Representatives, June 26, 2007.

Biesmeijer, J. C., et al. “Parallel Declines in Pollinators and Insect-Pollinated Plants in Britain and the Netherlands.” Science, July 21, 2006.

Bodin, Madeline. “A Mysterious Nighttime Disappearance.” Times Argus, July 15, 2007.

———. “The Plight of the Bumblebee.” Times Argus, August 5, 2007.

Buchmann, Stephen L., and Gary Paul Nabhan. The Forgotten Pollinators. Washington, D.C.: Island Press, 1996.

Goddard Space Flight Center. “Tropical Deforestation Affects US Climate.” Press release, September 20, 2005.

Harder, Ben. “Powerful Pollinators, Wild Bees May Favor Eco-Farms.” National Geographic news, October 28, 2004.

Harrar, Sari. “Bee Crisis.” Organic Gardening, November-January 2007-2008.

Klein, Alexandra-Maria, et al. “Importance of Pollinators in Changing Landscapes for World Crops.” Proceedings of the Royal Society B 274, October 27, 2006.

Levine, Ketzel. “Rock Star Botany 202.” NPR.org, January 2, 2008.

Losey, John, and Mace Vaughan. “The Economic Value of Ecological Services Provided by Insects.” Bioscience, April 2006.

National Research Council. Status of Pollinators in North America. Committee report. Washington, D.C.: National Academies Press, 2007.

Partap, Uma, and Tej Partap. “Declining Apple Production and Worried Himalayan Farmers:

Promotion of Honeybees for Pollination." Issues in Mountain Development 1, 2001.
Raver, Anne. "To Feed the Birds, First Feed the Bugs." New York Times, March 6, 2008.
Science Daily. "Flowers' Fragrance Diminished by Air Pollution, Study Indicates." April 11, 2008.
———. "Wild Bees Make Honeybees Better Pollinators." September 24, 2006.
Tang, Ya, et al. "Hand Pollination of Pears and Its Implications for Biodiversity Conservation and Environmental Protection: A Case Study from Hanyuan County, Sichuan Province, China." College of the Environment, Sichuan University, 2003.
Xerces Society. "Bumble Bees in Decline." www.xerces.org.bumblebees/index.html.

付録一　アフリカ化したミツバチのパラドックス

小型巣房の巣箱に関するディー・ラスビーの記事は、www.beesource.com で読むことができる。自然巣房の巣箱に関するデニス・マレルの広範な研究については、www.bwrangler.com を参照されたい。

Roubik, David. "The Value of Bees to the Coffee Harvest." Nature 417, June 13, 2002.

付録四　ハチミツの治癒力

本付録で言及した諸研究のほとんどは、本書が印刷所に回された時点では、まだ公表待ちの段階にある。それぞれの最新情報に関しては、www.prohoneyandhealth.com を参照されたい。

Harris, Gardner. "FDA Panel Urges Ban on Medicine for Child Colds." New York Times, October 20, 2007.
McInnes, Mike, and Stuart McInnes. The Hibernation Diet. London: Souvenir Press, 2006.
Pifer, Jennifer. "Child Deaths Lead to FDA Hearing on Cough, Cold Meds." CNN .com, October 17, 2007.

TSUTAYA

蔦屋書店 宮崎高千穂通り
TEL 0985-61-6711

★★お得情報★★
水・土・日
ポイント2倍キャンペーン 実施中
レジNo.0012
伝票No.0012175867 -001
2009年05月27日(水) 16時08分

取引レシート
営業日 2009年05月27日(水)

会員NO.0000-8309-00754801 V

書	ハチはなぜ大量死したのか		
	9784163710303	1	2,000
小 計		1	2,000

合 計(税込) 2,000
(内 消費税額 95)
現金計 2,000
お預り 2,000
お釣り 0

今回ポイント 通常 20P
ボーナス 20P
利用可能ポイント数 0P

扱者 藤井 春菜

表紙写真説明

ミツバチの頭部の拡大図

解説・福岡伸一（ふくおか・しんいち）

分子生物学者。1959年東京生まれ。京都大学卒。青山学院大学理工学部教授。研究テーマは、狂牛病感染機構、細胞膜タンパク質解析など。著書に狂牛病禍の背景を考察した『もう牛を食べても安心か』や、『ロハスの思考』、『生物と無生物のあいだ』（サントリー学芸賞受賞）『プリオン説はほんとうか？』（講談社出版文化賞受賞）『できそこないの男たち』などがある。

ローワン・ジェイコブセン（Rowan Jacobsen）

食物、環境、そして両者のつながりについて『アート・オブ・イーティング』誌、『ニューヨークタイムズ』紙、『ワイルド・アース』誌、『ワンダータイム』誌、『カルチャー&トラベル』誌、『NPR.org』ウエブサイトなどに記事を書いてきた。著書には、『Chocolate Unwrapped』と『A Geography of Oysters』がある（ともに未訳)。現在、バーモント州の田園地帯に妻と息子とともに暮らしている。

訳・中里京子（なかざと・きょうこ）

1955年、東京生まれ。早稲田大学卒。主な訳書は、『ピアノ・レッスン』（学樹書院)、『乳幼児突然死症候群』（メディカ出版）など。実務翻訳の世界ではよく名を知られており、国際医学会 A-PART (the international Association of Private Assisted Reproductive Technology clinics and laboratories) の事務局を担当している。

ハチはなぜ大量死したのか

二〇〇九年一月三十日　第一刷
二〇〇九年五月十五日　第六刷

著　者　ローワン・ジェイコブセン
訳　者　中里京子
解　説　福岡伸一
発行者　木俣正剛
発行所　株式会社文藝春秋
〒一〇二－八〇〇八
東京都千代田区紀尾井町三－二三
電話　〇三－三二六五－一二一一
印刷所　大日本印刷
製本所　大口製本

ISBN978-4-16-371030-3